高等学校食品科学"十四五"应用型人才培养实用教材

U0169315

功能食品学

主　编　余海忠　杨国华

主　审　黄升谋

西南交通大学出版社
·成　都·

图书在版编目（ＣＩＰ）数据

功能食品学 / 余海忠，杨国华主编. —成都：西
南交通大学出版社，2022.12
ISBN 978-7-5643-9066-2

Ⅰ．①功… Ⅱ．①余… ②杨… Ⅲ．①疗效食品
Ⅳ．①TS218

中国版本图书馆 CIP 数据核字（2022）第 246444 号

Gongneng Shipinxue

功能食品学

主　编 / 余海忠　杨国华　　　　　责任编辑 / 赵永铭
　　　　　　　　　　　　　　　　　封面设计 / 何东琳设计工作室

西南交通大学出版社出版发行
（四川省成都市金牛区二环路北一段 111 号西南交通大学创新大厦 21 楼　610031）
发行部电话：028-87600564　　028-87600533
网址：http://www.xnjdcbs.com
印刷：四川煤田地质制图印务有限责任公司

成品尺寸　185 mm×260 mm
印张　11　　字数　275 千
版次　2022 年 12 月第 1 版　　印次　2022 年 12 月第 1 次

书号　ISBN 978-7-5643-9066-2
定价　38.00 元

党的二十大报告指出，人民健康是民族昌盛和国家强盛的重要标志。功能食品是除了具有一般食品的营养价值和感官特性外，还具有调节人体生理活动、促进生长、延缓衰老、提高免疫力、预防疾病、改善记忆、抗疲劳等特定保健功能的食品。功能食品学是食品科学与预防医学相融合，研究功能食品原理的一门科学。随着人民生活水平的提高，人们对食品的要求已不再局限于解决温饱、享受美味，越来越多的人希望通过膳食达到预防疾病、促进健康。功能食品学即在此背景下诞生并迅速发展起来，成为食品学科的前沿热点。

本书结合食品营养学、人体生理学、人体病理学、免疫学、生物化学和分子细胞生物学的前沿进展，简明扼要又系统地介绍了食品营养成分和食品活性成分的功能，人体免疫机理及人体免疫功能食品，人体生长发育及衰老的机理及促进生长发育延缓衰老的功能食品。最后介绍了减肥、降血糖、降尿酸、降血压等的方法及其相关功能食品。

编者根据自己的研究，提出了一些创新观点：

高血糖之所以对人体有害是因为葡萄糖含有醛基、羰基、羟基较多，可与血液和细胞内功能蛋白、酶分子、膜脂分子等形成氢键、盐键而结合，破坏蛋白质、酶分子的功能，影响膜分子的透性，从而影响人体生长发育，导致全身各种疾病。当血液中葡萄糖浓度过高时，就会形成过高含量的糖化血红蛋白（GHb），影响红细胞对氧的亲和力，使组织与细胞缺氧，并导致血脂和血黏度增高，进而诱发心脑血管病变。当血液中葡萄糖与免疫球蛋白、补体、细胞因子等免疫相关蛋白结合时，免疫相关蛋白活性降低，使患者的免疫力下降。

女性相较于男性长寿主要是因为女性雄性激素分泌少，基础代谢比较弱，产生的活性氧、自由基比较少，对细胞核酸、蛋白质膜脂等生命物质的伤害比较小，细胞功能下降慢，延缓了衰老。同理，运动员等身体健壮的人不一定长寿主要是因为雄性激素分泌多，基础代谢旺盛，产生的活性氧、自由基多，对细胞核酸、蛋白质膜脂等生命物质的伤害大，细胞功能下降快，促进了衰老，所以不一定长寿。

功能食品学是一门新兴学科，目前国内已出版的与功能食品学相关教材和参考书较少，部分书只有理论介绍，没有或很少有实践应用，或者只有简单应用，缺乏理论根据，难以令人信服。而本书把功能食品学中人体生长发育、人体免疫、疾病防治等内容与细胞、分子生物学前沿进展结合起来，把深奥的理论与人们的生活实际结合起来，具有前沿性与实用性的特点，既适合食品科学与工程、食品质量与安全、生物科学等相关专业的本科生使用，也适合身体保健的人们学习。

由于编者水平有限，书中难免有不足之处，敬请广大读者批评指正。

编者

2022 年 11 月

目 录

第一章
人体组成与健康标准

一、人体组成

人体是由细胞构成的。细胞是构成人体形态结构和功能的基本单位。形态相似和功能相关的细胞借助细胞间质结合起来称为组织。几种组织结合起来，共同执行某一种特定功能，并具有一定形态特点，构成器官。若干个功能相关的器官联合起来，共同完成某一特定的连续性生理功能，即形成系统。人体由九大系统组成，即运动系统、消化系统、呼吸系统、泌尿系统、生殖系统、内分泌系统、循环系统、免疫系统、神经系统。

（一）运动系统

运动系统由骨、关节和骨骼肌组成，约占成人体重的 60%。全身各骨借关节相连形成骨骼，起支持体重、保护内脏和维持人体基本形态的作用。骨骼肌附着于骨，在神经系统支配下收缩和舒张，收缩时，以关节为支点牵引骨改变位置，产生运动。骨和关节是运动系统的被动部分，骨骼肌是运动系统的主动部分。

（二）循环系统

循环系统由人体的细胞外液（包括血浆、淋巴和组织液）及其循环流动的管道组成，分心脏和血管两大部分，又称心血管系统。循环系统是生物体内的运输系统，它将消化道吸收的营养物质和肺吸进的氧输送至各组织器官，并将各组织器官的代谢产物输入血液，经肺、肾排出，同时还输送热量到身体各部以保持体温，输送激素到靶器官以调节其功能。

（三）呼吸系统

呼吸系统由呼吸道、肺血管、肺和呼吸肌组成，呼吸系统的主要功能是进行气体交换。通常称鼻、咽、喉为上呼吸道，气管和各级支气管为下呼吸道，肺由实质组织和间质组成，前者包括支气管和肺泡，后者包括结缔组织、血管、淋巴管和神经等。

（四）泌尿系统

泌尿系统主要功能是排出机体新陈代谢中产生的废物，保持机体内环境的平衡、稳定，由肾、输尿管、膀胱和尿道组成。肾过滤血液，产生尿液，输尿管将尿液输送至膀胱储存，尿液经尿道排出体外。

（五）生殖系统

生殖系统的功能是繁殖后代和形成并保持性征。男性生殖系统和女性生殖系统包括内生殖器和外生殖器两部分。内生殖器由生殖腺、生殖管道和附属腺组成，外生殖器是位于腹腔外的生殖器部分。男性外生殖器包括阴茎、阴囊，女性外生殖器包括阴阜、大小阴唇、阴蒂、尿道口及前庭。

（六）内分泌系统

内分泌系统是神经系统以外的一个重要的调节系统，其功能是传递信息，参与调节机体新陈代谢，生长发育和生殖活动，维持机体内环境稳定。

（七）免疫系统

免疫系统是人体抵御病原菌侵犯最重要的保卫系统。这个系统由免疫器官（骨髓、胸腺、脾脏、淋巴结、扁桃体、小肠集合淋巴结、阑尾、胸腺等）、免疫细胞[淋巴细胞、单核吞噬细胞、中性粒细胞、嗜碱粒细胞、嗜酸粒细胞、肥大细胞、血小板（因为血小板里有 Ig）等]，以及免疫分子（补体、免疫球蛋白、干扰素、白细胞介素、肿瘤坏死因子等细胞因子等）组成。免疫应答分为固有免疫和适应免疫，其中适应免疫又分为体液免疫和细胞免疫。

（八）神经系统

神经系统包括中枢神经系统和周围神经系统。中枢神经系统包括脑和脊髓，周围神经系统包括脑神经、脊神经和内脏神经。神经系统是人体结构和功能最复杂的系统，对人体生理功能活动的调节起主导作用，控制和调节其他系统的活动，维持机体内外环境的统一。

（九）消化系统

消化系统包括消化道和消化腺两大部分（见图1-1）。消化道是指从口腔到肛门的管道，可分为口、咽、食道、胃、小肠、大肠和肛门。通常把从口腔到十二指肠的这部分管道称为上消化道，空肠、回肠、结肠、直肠等管道称为下消化道。消化腺按体积大小和位置不同可分为大消化腺和小消化腺。大消化腺位于消化管外，如肝和胰。小消化腺位于消化管内黏膜层和黏膜下层，如胃腺和肠腺。

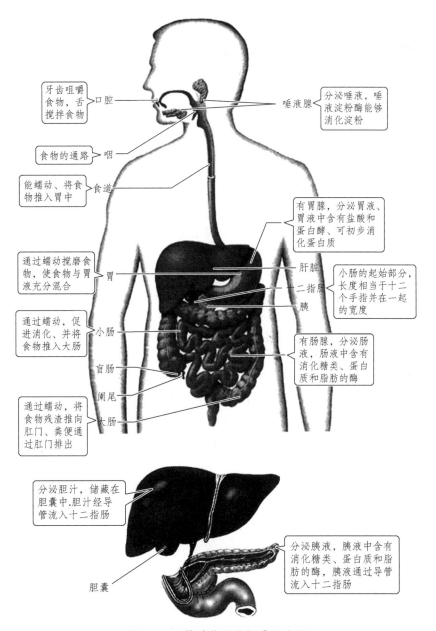

图 1-1　人体消化系统组成及功能

　　人体消化食物是在细胞外进行,食物在消化道内各种消化酶的作用下消化。细胞外消化能消化细胞不能吞入的各种食物,有专门分泌消化酶的细胞,酶的种类多,消化腔的容积大。

　1.消化道

消化道从上至下依次是:口腔→咽→食道→胃→小肠→大肠→肛门。

　2.消化腺

(1)消化道内消化腺。

肠腺→肠液;

胃腺→胃液；

唾液腺→唾液。

（2）消化道外消化腺。

胰腺→胰液；

肝脏→胆汁。

二、人体健康标准

功能食品的主要功能是促进人体的健康，那么，怎样的人体才是健康的呢？

人体健康包括生理健康和心理健康两方面。生理健康是指人体各系统功能正常并相互协调，在生活中所表现出的力量、速度、耐力、灵敏度、柔韧性等方面的能力，同时还能反映人体血液循环和新陈代谢的状况。心理健康是指心理的各个方面及活动过程处于一种良好或正常的状态。生理健康与心理健康相互联系，密不可分。当生理产生疾病时，其心理也必然受到影响，会产生情绪低落、烦躁不安、容易发怒，从而导致心理不适。因此，健全的心理有赖于健康的身体，而健康的身体有赖于健全的心理。

世界卫生组织（WHO）提出，健康是一种生理、心理与社会适应都臻于完满的状态，而不仅是没有疾病和虚弱的状态。并进一步指出健康的新标准：

（1）有充沛的精力，能从容不迫地担负日常工作和生活，而不感到疲劳和紧张。

（2）处事乐观，态度积极，乐于承担责任，事无大小，不挑剔。

（3）精神饱满，情绪稳定，善于休息，睡眠良好。

（4）自我控制及应变能力强，善于排除干扰，能适应外界环境的各种变化。

（5）能够抵抗一般性感冒和传染病。

（6）体重适当，身体匀称，站立时，头、肩、臂位置协调。

（7）眼睛明亮，反应敏捷，眼睑不易发炎。

（8）牙齿清洁，无空洞，无痛感，无出血现象，牙龈颜色正常。

（9）头发有光泽，无头屑。

（10）肌肉和皮肤富有弹性，步伐轻松自如。

身体健康中的各项指标不是孤立存在的，而是相互制约、相互促进的整体。单项素质好不等于体质好。身体健康最终表现是：代谢快、力量强、免疫力强、长寿。人们常用"五快"来表示：

（1）吃得快：进食胃口良好，不挑剔食物，能快速吃完一餐。说明消化系统功能正常。

（2）走得快：行走自如，活动灵敏。说明精力充沛，身体状态良好。

（3）说得快：语言表达正确，说话流利。表示头脑敏捷，心肺功能正常。

（4）睡得快：有睡意，上床后能很快入睡，且睡得好，醒后精神饱满，头脑清醒。说明中枢神经系统兴奋、抑制功能协调，且内脏无病理信息干扰。

（5）便得快：一旦有大小便意，能很快排泄完毕，且感觉良好。说明胃肠肾功能良好。

我国传统医学认为，一个人身体健康应具备如下生理特征：

（1）眼有神。眼睛是人心灵的窗户，我国传统医学认为，肾开窍于耳，肝开窍于目；而且为肝气所通，肝肾充足，则耳聪目明。目光炯炯有神，说明视觉器官、大脑皮层、心、肝、肾生理功能良好。

（2）声息和。说话声音洪亮，呼吸从容不迫（呼吸16~20次/分），说明发音器官、语言中枢、呼吸以及循环系统的生理功能良好。我国传统医学认为声息和是正气内存的表现，正气充裕，邪不可干，就不容易得病。健康的老年人声音洪亮，呼吸均匀通畅。

（3）前门松。指小便顺畅，说明泌尿、生殖系统大体无恙。我国传统医学认为若小便淋沥不畅，可谓"膀胱气化失利"，表明泌尿或生殖系统功能有损。健康的老年人尿量每天1 000~1 500毫升，每次200~250毫升左右，尿色清亮。

（4）后门紧。指肛门的约束力较强。我国传统医学认为进入老年，由于肾阳衰弱，脾阳虚导致中气下陷，脾脏和大肠传送运化失调，容易发生大便失常。但若多食少便或规律性的一两天大便一次，则说明肾、脾和大肠功能并未衰减。健康的老年人一般每天一次或二次大便，或隔日一次，大便呈淡黄色。

（5）形不丰。千金难买老来瘦，中老年人体形应偏瘦，始终保持标准体形。中老年人肥胖易容易引起"肥胖综合征"，即高血压、高血脂、冠心病、糖尿病和胆囊炎、胆石症等。在高血压、冠心病和糖尿病等疾病患者中，肥胖者的发病率明显高于体重正常者。

（6）牙齿坚。说明老年人肾精充足。我国传统医学认为："齿为骨之余，肾主骨生髓"。肾精充足，则牙齿坚固，自然多寿。如肾虚则骨败齿摇，同时，坚固的牙齿还是消化功能良好的保证。

（7）腰腿灵。人老腿先衰，人弱腰先病。腰灵腿便，说明其筋骨、经络及四肢关节皆强健，肝、脾、肾尚实。因为肝主筋，脾主肉，肾主骨，肝好筋强，脾好肉丰，肾好骨硬。

（8）脉形小。脉形小说明动脉血管硬化程度低，心脏功能强盛，血压不高，心率正常，气血两调。我国传统医学认为老年人多因肾水亏虚，肝阳偏亢，故脉常粗大而强。正常人每分钟心跳次数保持在（60~80次/分钟）较好。

三、影响身体健康的因素

决定身体健康最主要的因素是遗传，父母双方身体好者，其子女身体好的比例很高，父母双方一方身体好，一方较差的子女身体好的比例也较高，父母双方身体较差的子女身体好的比例较低。

除了遗传因素，人的心情、运动、生活习惯，特别是营养对人体健康有着巨大的影响，摄取富含营养的食品十分重要。

第二章
食品的营养成分与功能

第一节 碳水化合物及其功能

营养是人体组织细胞进行生长发育、修补更新组织，调节新陈代谢、维持生理功能所必需的物质。人体需要的营养有碳水化合物、蛋白质、脂肪、维生素、矿物质和水六大类。

碳水化合物又称糖，是含有多羟基醛或酮或经水解转化为多羟基醛或酮的化合物，由碳、氢、氧三种元素组成，所含的氢氧的比例为二比一，和水一样，故称为碳水化合物，可用通式 $C_x(H_2O)_y$ 来表示。碳水化合物与蛋白质、脂肪同为生物界三大基础物质，为生物的生长、运动、繁殖提供主要能源，是人类生存发展不可少的重要物质之一。

碳水化合物包括单糖（葡萄糖、果糖、半乳糖）、双糖（蔗糖、乳糖、麦芽糖）和多糖（纤维素、淀粉、糖原）。食物中的碳水化合物分成两类：人可以吸收利用的有效碳水化合物和人不能消化的无效碳水化合物（如纤维素）。

一、碳水化合物（糖）的消化和吸收

食物中的糖类主要是植物淀粉（starch）和动物糖原（glycogen）两类可消化吸收的多糖，少量蔗糖（sucrose）、麦芽糖（maltose）、异麦芽糖（isomaltose）、乳糖（lactose）、葡萄糖等寡糖或单糖。这些糖首先在口腔被唾液中的淀粉酶（α-amylase）部分水解 α-1,4 糖苷键（α-1.4glycosidic bond），在小肠被胰液中的淀粉酶进一步水解生成麦芽糖、异麦芽糖和含 4 个糖基的临界糊精（α-dextrins），最终被小肠黏膜刷毛缘的麦芽糖酶（maltase）、乳糖酶（lactase）和蔗糖酶（sucrase）水解为葡萄糖（glucose）、果糖（fructose）、半乳糖（galatose）等单糖，这些单糖可吸收进入小肠细胞。

糖的吸收是一个主动耗能的过程，由特定载体完成，同时伴有 Na+ 转运，不受胰岛素的调控。由于人体内无 β-糖苷酶，食物中含有的糖类[纤维素（cellulose）]无法被人体分解利用，但是其具有刺激肠蠕动等作用，对于身体健康也是必不可少的。临床上，有些患者由于缺乏乳糖酶等双糖酶，导致食物中糖类消化吸收障碍，未消化吸收的糖类进入大肠，被大肠中细菌分解产生 CO_2、H_2 等，引起腹胀、腹泻等症状。

二、碳水化合物的生理功能

（1）碳水化合物（糖）主要功能是供给热能，是人体主要的能量营养素。每克碳水化合物产热 16.75 焦耳。人体所需能量的 70% 以上是由糖氧化分解供应的。

（2）构成细胞和组织。人体每个细胞都有碳水化合物，其含量为 2%~10%，主要以糖脂、糖蛋白的形式存在，分布在细胞膜、细胞器膜、细胞浆以及细胞间质中。如核糖和脱氧核糖是细胞中核酸的成分；糖与脂类形成的糖脂是组成神经组织与细胞膜的重要成分；糖与蛋白质结合的糖蛋白在细胞识别、信号传递中起重要作用。

（3）节省蛋白质。食物中碳水化合物不足，机体不得不动用蛋白质来满足机体活动所需的能量，这将影响机体蛋白质合成和组织更新。因此，如果摄取碳水化合物严重不足，人体组织将消耗蛋白质产热，影响人体的生长发育和各项生理功能。

（4）合成脂肪，影响脂肪代谢。如果摄取充足，多余的葡萄糖就会以高能的脂肪形式储存起来，多吃碳水化合物发胖就是这个道理。

（5）维持脑细胞的功能。葡萄糖是维持大脑正常功能的必需营养素，当血糖浓度下降时，脑组织可因缺乏能源而使脑细胞功能受损，出现头晕、心悸、出冷汗，甚至昏迷。

（6）解毒。糖类代谢可产生葡萄糖醛酸，葡萄糖醛酸与体内毒素（如胆红素）结合进而解毒。

（7）一些碳水化合物具有特殊的生理活性。例如：肝脏中的肝素有抗凝血作用；血型中的糖与免疫活性有关。核糖和脱氧核糖是遗传物质核酸的组成成分。

膳食中碳水化合物过少，人体就会分解脂类供能，同时产生酮体，导致高酮酸血症，造成组织蛋白质分解以及阳离子的丢失，头晕、心悸、疲乏、脑功能障碍，血糖含量降低，严重者会导致低血糖昏迷。

当膳食中碳水化合物过多时，就会转化成脂肪储存于身体内，使人过于肥胖而导致高血脂、糖尿病等各类疾病。

三、碳水化合物来源

每人每天应至少摄入 50~100 克可消化的碳水化合物。碳水化合物的主要食物来源有：谷物（如水稻、小麦、玉米、大麦、燕麦、高粱等）、水果（如甘蔗、甜瓜、西瓜、香蕉、葡萄等）、干果类、干豆类、根茎蔬菜类（如胡萝卜、番薯等）等。

碳水化合物只有经过消化分解成葡萄糖、果糖和半乳糖才能被吸收，而果糖和半乳糖又经肝脏转换变成葡萄糖。血中的葡萄糖简称为血糖，某些碳水化合物含量丰富的食物会使人体血糖和胰岛素激增，从而引起肥胖，甚至糖尿病。世界卫生组织、联合国粮农组织及 2002 年重新修订的我国健康人群的碳水化合物供给量为总能量摄入的 55%~65%。同时对碳水化合物的来源也做了要求，即应包括复合碳水化合物淀粉、不消化的抗性淀粉、非淀粉多糖和低聚糖等碳水化合物；限制纯能量食物如糖的摄入量，提倡摄入营养素/能量密度高的食物，以保障人体能量和营养素的需要及改善胃肠道环境和预防龋齿的需要。

第二节　脂类及其功能

食物中脂类包括甘油三酯、胆固醇和磷脂，是身体的重要成分。其中甘油三酯占 95% 以上。

一、脂肪的消化和吸收

脂肪消化吸收主要在小肠上段进行，中链、短链脂肪酸构成的甘油三酯乳化后即可吸收进入肠黏膜细胞内水解为脂肪酸及甘油，经门静脉入血。长链脂肪酸构成的甘油三酯在肠道分解为长链脂肪酸和甘油一酯，再吸收进入肠黏膜细胞内再合成甘油三酯，与载脂蛋白、胆固醇等结合成乳糜微粒经淋巴入血。

二、血浆脂蛋白组成结构

血浆脂蛋白主要由蛋白质、甘油三酯、磷脂、胆固醇（VLDL、HDL）及其酯组成。游离脂肪酸通过与清蛋白结合而运输。乳糜微粒（CM）为人血浆中最大的脂蛋白颗粒，含甘油三酯最多，蛋白质最少，密度最小。极低密度脂蛋白（VLDL）含甘油三酯亦较多，但其蛋白质含量高于 CM。低密度脂蛋白（LDL）含胆固醇及胆固醇酯最多。高密度脂蛋白（HDL）含蛋白质量最多。

血浆各种脂蛋白具有大致相似的基本结构。脂蛋白分子呈球状，疏水性较强的甘油三酯及胆固醇酯位于脂蛋白的内核，而载脂蛋白、磷脂及游离胆固醇等双性分子则以单分子层覆盖于脂蛋白表面，其非极性向朝内，与内部疏水性内核相连，其极性基团朝外。CM 及 VLDL 主要以甘油三酯为内核，LDL 及 HDL 则主要以胆固醇酯为内核。因脂蛋白分子朝向表面的极性基团亲水，故增加了脂蛋白颗粒的亲水性，使其能均匀分散在血液中。从 CM 到 HDL，直径越来越小，故外层所占比例增加，所以 HDL 含载脂蛋白，磷脂最高。

脂蛋白中的蛋白质部分称载脂蛋白，主要有 A、B、C、D、E 五类。载脂蛋白是双性分子，疏水性氨基酸组成非极性面，亲水性氨基酸组成极性面，其非极性面与疏水性的脂类核心相连，使脂蛋白的结构更稳定。

乳糜微粒主要功能是转运外源性甘油三酯及胆固醇。空腹血中不含 CM。外源性甘油三酯消化吸收后，在小肠黏膜细胞内再合成甘油三酯、胆固醇，与载脂蛋白形成 CM，经淋巴入血运送到肝外组织中，在脂蛋白脂肪酶作用下，甘油三酯被水解，产物被肝外组织利用，CM 残粒被肝摄取利用。

极低密度脂蛋白是运输内源性甘油三酯的主要形式。肝细胞及小肠黏膜细胞自身合成的甘油三酯与载脂蛋白，胆固醇等形成 VLDL，分泌入血，在肝外组织脂肪酶作用下水解利用，水解过程中 VLDL 与 HDL 相互交换，VLDL 变成中间密度脂蛋白（IDL）被肝摄取代谢，未被摄取的 IDL 继续变为 LDL。

人血浆中的 LDL 是由 VLDL 转变而来的，它是转运肝合成的内源性胆固醇的主要形式。肝是降解 LDL 的主要器官，肝及其他组织细胞膜表面存在 LDL 受体，可摄取 LDL，其中的胆固醇酯水解为游离胆固醇及脂肪酸，水解的游离胆固醇可抑制细胞本身胆固醇合成，减少细胞对 LDL 的进一步摄取，且促使游离胆固醇酯化在胞液中储存，此反应是在内质网脂酰 CoA 胆固醇脂酰转移酶（ACAT）催化下进行的。

除 LDL 受体途径外，血浆中的 LDL 还可被单核吞噬细胞系统清除。

高密度脂蛋白主要作用是逆向转运胆固醇，将胆固醇从肝外组织转运到肝组织。新生 HDL 释放入血后经一系列转化，将体内胆固醇及其酯不断从 CM、VLDL 转入 HDL，其中起主要作用的是血浆卵磷脂胆固醇脂酰转移酶（LCAT），最后新生 HDL 变为成熟 HDL，成熟 HDL 与肝细胞膜 HDL 受体结合被摄取，其中的胆固醇合成胆汁酸或通过胆汁排出体外，如此可将外周组织中衰老细胞膜中的胆固醇转运至肝组织内代谢，并排出体外。

血脂高于正常参考值上限即为高脂血症，表现为甘油三酯、胆固醇含量升高，在脂蛋白水平上，表现为 CM、VLDL、LDL 升高，但 HDL 一般无明显改变。

三、脂类的生理功能

（1）脂类中的脂肪（甘油三酯）是供热营养成分，被吸收后，一部分被氧化变成二氧化碳和水，产生能量并维持体温。一部分则储存于体内。人体饥饿时首先动用脂肪供给热能，避免体内蛋白质的消耗，其产热量在所有营养成分中最高，每克脂肪产热 37.68 焦耳，约为等量的蛋白质或碳水化合物的 2.2 倍。脂肪不是良好的导热体，皮下的脂肪组织构成身体保护的隔离层，有助于维持体温和御寒。

（2）脂肪是构成身体细胞的重要成分之一，尤其是脑神经，肝脏、肾脏等重要器官中含有大量脂肪，细胞的各种膜——细胞膜、细胞器膜等都是由脂类与蛋白质结合而成。

（3）促进脂溶性维生素等营养素的吸收。有些不溶于水而只溶于脂类的维生素如维生素 A、D、E、K 等，只有通过溶于脂肪中才能被吸收利用。因此，摄取脂肪能促进食物中的脂溶性维生素的吸收。

（4）供给必需脂肪酸。脂肪中含有的必需脂肪酸具有多种生理功能，如促进发育，维持皮肤和毛细血管的健康，参与精子的形成、前列腺素的合成等。

（5）磷脂、糖脂在体内还构成生物活性物质。磷脂是所有细胞膜的重要成分，在脂肪代谢中起重要作用。糖脂与蛋白质结合形成糖蛋白，在细胞识别、信号传递中起重要作用。

（6）胆固醇是细胞膜的重要成分，是人体新陈代谢不可缺少的物质，如：维生素 D、类固醇激素等是由胆固醇衍生而来，人体缺少胆固醇时，细胞膜就会遭到破坏，噬异变细胞的活性减弱，无法有效识别、杀伤和吞噬包括癌细胞在内的变异细胞，人体即可罹患癌症、抑郁症等疾病，而且可加速衰老。

胆固醇又分为高密度胆固醇和低密度胆固醇两种，前者对心血管有保护作用，通常称之为"好胆固醇"，后者偏高，会造成动脉粥样硬化，而动脉粥样硬化又是冠心病、心肌梗死和脑猝死的主要因素，通常称之为"坏胆固醇"。

四、饱和脂肪酸和不饱和脂肪酸

脂肪是由一个甘油分子支架和连接在支架上的三个分子的脂肪酸组成，不同脂肪甘油分子是相同的，而脂肪酸的种类和长短却各不相同，因此脂肪的性能和作用主要取决于脂肪酸。

根据脂肪酸有无双键可分为两大类：饱和脂肪酸和不饱和脂肪酸。

饱和脂肪酸的主要来源于家畜、乳类的脂肪及热带植物油（如棕榈油、椰子油等），其主要作用是为人体提供能量，合成胆固醇和中性脂肪。若饱和脂肪摄入不足，可导致血管变脆，易引发脑出血、贫血、患肺结核和神经障碍等疾病。

根据双键的数目不饱和脂肪酸分为单不饱和脂肪酸和多不饱和脂肪酸。只有一个双键的不饱和脂肪酸叫单不饱和脂肪酸。含义两个以上的双键的不饱和脂肪酸叫多不饱和脂肪酸。根据双键离甲基的距离可分为 $\omega-3$、$\omega-6$ 等不饱和脂肪酸。单不饱和脂肪酸主要是油酸，是一种 $\omega-9$ 不饱和脂肪酸，具有降低坏的胆固醇（LDL），提高好的胆固醇（HDL）比例，预防动脉硬化的作用。含单不饱和脂肪酸较多的油品为：橄榄油、芥花籽油、花生油等。多不饱和脂肪酸中的亚油酸、亚麻酸、花生四烯酸、二十碳五烯酸（Eicosa Pentaenoic Acid, EPA）、二十二碳六烯酸（Docosa Hexaenoic Acid，DHA）人体无法合成，只能从食物中摄取，称为必需脂肪酸。含多不饱和脂肪酸较多的油有：玉米油、黄豆油、葵花油等。人体能自身合成的脂肪酸，称为非必需脂肪酸。

1. 亚油酸

亚油酸是 $\omega-6$ 系列多不饱和脂肪酸，人体不能合成，必须从食物中摄取，为必需脂肪酸，具有改善高血压、预防心肌梗死、预防胆固醇过高造成的胆结石和动脉硬化的作用。但亚油酸摄取过多时，会引起过敏、衰老等病症，还会抑制免疫力、减弱人体的抵抗力，大量摄取时还会引发癌症。

2. α-亚麻酸

α-亚麻酸（全顺式 9,12,15-十八碳三烯酸）进入人体后，在 $\triangle^6$-脱氢酶和碳链延长酶的催化下，可转化成 EPA（Eicosa Pentaenoic Acid,EPA,二十碳五烯酸）、DHA（Docosa Hexaenoic Acid,DHA,二十二碳六烯酸）和三烯前列腺素（PGI_3、TXA_3）。α-亚麻酸和 EPA、DHA 均为 $\omega-3$ 系列多不饱和脂肪酸。

羟甲基戊二酰辅酶 A（HMG-COA）还原酶和脂肪酰辅酶 A 胆固醇脂肪转移酶（ACAT）是胆固醇合成的主要限速酶。α-亚麻酸能使 HMG-COA 还原酶活性降低，ACAT 活性升高，促进类固醇分解，抑制内源性胆固醇合成，降低血清总胆固醇含量。α-亚麻酸可减少极低密度脂蛋白中的甘油三酯及载脂蛋白 B 的生物合成，降低血清甘油三酯，还可抑制低密度脂蛋白的合成，抑制肝内皮细胞脂酶的活性，从而抑制高密度脂蛋白的降解，降低低密度脂蛋白水平，提高高密度脂蛋白水平，对于降低临界高血压是非常有效的，对于更高的血压或易产生出血性脑中风的状况也有一定的预防和治疗效果。

α-亚麻酸是人体合成前列腺素和前列腺环素的前体，前列腺素能抑制血管紧张素的合成，扩张血管，降低血管张力，对高血压病人的收缩压和舒张压都有降低作用。前列腺环素可以扩张血管、抑制血小板凝集、改善血液循环；TXA2（血栓素 A2），是一种促进血液凝集的重要物质，α-亚麻酸在细胞膜磷脂中竞争环加氧酶和脂加氧酶，抑制 TXA2 的产生，并生成 TXA3（血栓素 A3）和 PGI3（前列腺素 3）。TXA3 可以提高环腺苷酸（cAMP）的浓度，cAMP 可使血小板内环氧化酶的活性下降，从而使 TXA2 生成减少，因而阻止血管收缩和血小板凝集。α-亚麻酸能改变血小板膜流动性，从而改变血小板对刺激的反应性及血小板表面受体数目。所以 α-亚麻酸可预防血栓性疾病，预防心肌梗死和脑梗死。

α-亚麻酸能增强 T 淋巴细胞反应，具有抗炎作用。另外，α-亚麻酸可抑制产生过敏性的血小板活化因子的释放，从而调节过敏反应。当人体摄入过量的饱和脂肪酸时，体内$\triangle^6$-脱氢酶受到抑制，影响了α-亚麻酸转化为具有重要生理功能的二十碳五烯酸（EPA）和二十二碳六烯酸（DHA）的生成，导致各种疾病的发生。

3. EPA 和 DHA

EPA 和 DHA（脑黄金）在鱼的头部和眼窝含量较高，在深海鱼油中含量最高。具有抗癌、提高智力、降血脂、降血压、抗动脉粥样硬化的功能。

（1）EPA 和 DHA 与抗癌免疫。

许多研究表明，人体饱和脂肪酸和反式脂肪酸摄入过多是导致癌症、心脑血管疾病的直接原因。

肿瘤细胞内环氧酶 2（COX-2）活性较正常细胞高，增加了 PGE2 的合成，PGE2 诱导细胞增殖，并刺激 B 细胞淋巴瘤-2（BLC-2）蛋白的表达，BLC-2 蛋白抑制细胞凋亡，促进肿瘤发生。PGE2 也能促进细胞外基质降解，产生血栓烷促进血小板聚集，有利于癌细胞的侵袭和转移。摄入过多的ω-6 系列多不饱和脂肪酸会在人体内转变成促进肿瘤增大的前列腺素 E2（PGE2），而ω-3 系列多不饱和脂肪酸抑制 PGE2 的产生，抑制肿瘤的产生。

磷脂酶 A2（PLA2）促进磷脂释放花生四烯酸，进而在 COX-2 的作用下生成 PGE2，促进肿瘤发生、侵袭和转移。磷脂酰肌醇特异的磷脂酶 C（PI-PLC）催化磷脂酰肌醇产生二酰甘油（DAG）和 1,4,5-三磷酸肌醇（IP3），激活蛋白激酶 C，使多种蛋白磷酸化，增加细胞质 Ca^{2+} 浓度，促进细胞增殖。EPA 和 DHA 使磷脂酶 A2（PLA2）、磷脂酰肌醇磷脂酶 C（PI-PLC）以及 COX-2 活性降低，从而抑制肿瘤的发生。

现在已经发现并分离出某些顽固的肿瘤所产生的，能导致癌症患者身体消瘦的一种物质——法奇非洛克因子，它利用脂肪供给肿瘤，促使肿瘤的生长，从而使患者身体消瘦。而 EPA 能够控制"法奇非洛克因子"的活动，从而控制癌症患者的消瘦，抑制肿瘤生长。

DHA 能促进 T 淋巴细胞的增殖，提高细胞因子 TNF-α、IL-β、IL-6 的转录，提高免疫系统对肿瘤的杀伤能力，DHA 能下调 T 淋巴细胞表面死亡受体 Fas，使其凋亡减少，延长其抗肿瘤作用时间。所以 EPA 和 DHA 与抗癌免疫有关。

（2）EPA、DHA 降血脂、降血压、抗动脉粥样硬化。

EPA、DHA 抑制内源性胆固醇及甘油三酯的合成，促进血液中胆固醇、甘油三酯及低密度脂蛋白的代谢，降低血脂，从而降低动脉硬化因子——胆固醇、甘油三酯及低密度脂蛋白及极低密度脂蛋白水平，并且增加卵磷脂-胆固醇转移酶、脂蛋白脂酶的活性，抑制肝内皮细胞脂酶的活性，从而使抗动脉硬化因子——高密度脂蛋白升高。

EPA、DHA 抑制血小板聚集，延长凝血时间，使血小板减少，降低对肾上腺素敏感性，具有抗血栓作用，并能增加红细胞变形性，降低血液黏度，降低收缩压和舒张压，对收缩压的降低效果更明显。因此 EPA、DHA 具有抗动脉粥样硬化，防治心血管疾病的功能。

（3）抗炎作用。

EPA 能抑制中性细胞和单核细胞的 5'-脂合酶的活性，抑制 LTB4（具有强的收缩平滑肌与致炎作用）介导的中性白细胞机能，并通过降低白介素-1 的浓度而影响白介素-1 的代谢。

（4）DHA 补脑健脑，提高视力。

DHA 是大脑、视网膜神经系统磷脂的主要成分，对婴幼儿智力和视力的发育有重要作用。它选择性地渗入大脑皮质、视网膜中，参与神经元细胞膜乙醇胺磷脂和神经磷脂的构成，使细胞膜呈液态，具有更好的流动性、通透性及细胞活力。

DHA 能促进脑内核酸、蛋白质及单胺类神经递质的合成，对于脑神经元、神经胶质细胞，神经传导突触的形成、生长、增殖、分化、成熟和神经传导网络的形成具有重要的作用。它能够增加大脑神经膜、突触前后膜的通透性，使神经信息传递通路畅通，提高神经反射能力，进而增强人的思维能力、记忆能力、应激能力，对于提高儿童智力和防止老年人大脑功能衰退都是必需的。

DHA 可以活化衰落的视网膜细胞，对老花眼、视力模糊、青光眼、白内障等有防治作用。

人体缺乏 DHA 将引起人体脂质代谢紊乱，大脑灰白质发育不良，视神经传导速度降低，引起健忘、疲劳、视力减退，免疫力下降，婴幼儿、严重影响青少年智力和视力的发育。

虽然 ω-3 系列多不饱和脂肪酸具有重要的生理功能，但摄入过量的 ω-3 系列多不饱和脂肪酸会使血小板减少，出血时间延长，精液中前列腺素减少，精子活力降低，甚至消失。

ω-3 系列多不饱和脂肪酸双键化学性质活泼，容易被氧化分解，产生丙二醛，使蛋白质交联，肌肉失去弹性，黑色素增多。氧化产生的自由基有致癌作用，脂类氧化物还可使心血管粥样硬化，损坏血管内壁，使之变脆，导致高血压和脑出血。

ω-3 系列多不饱和脂肪酸受热时氧化分解加快，因此在加工时，应避免其在空气中长期暴露或加热油炸。世界卫生组织（WHO）与联合国粮农组织（FAO）向世界郑重建议，食物中饱和脂肪酸：单不饱和脂肪酸：多不饱和脂肪酸应为 1∶1∶1，世界卫生组织推荐亚油酸与 α-亚麻酸摄入标准 ω-6∶ω-3 应小于 6∶1。但目前已严重偏离为 25∶1。亚油酸虽然也是一种必需脂肪酸，但是人体的摄入量已经过剩了。亚油酸摄入过多，就会和 α-亚麻酸在人体内争夺相同的酶进行代谢，α-亚麻酸就得不到足够的酶进行转化。所以，必须控制亚油酸和 α-亚麻酸摄入量的比值。

第三节　蛋白质及其功能

一、多肽及蛋白质

蛋白质是构成生命的物质基础，由 20 多种氨基酸组成。氨基酸由碳、氢、氧、氮、硫等多种元素构成。一个氨基酸的羧基与另一个氨基酸的氨基缩合，除去一分子水形成的酰胺键即肽键（peptide bond）。两个或两个以上氨基酸通过肽键共价连接形成的聚合物被称为肽（peptide）。按其组成肽的氨基酸数目分为二肽、三肽和四肽等，一般含 10 个以下氨基酸组成的称寡肽（oligopeptide），由 10 个以上氨基酸组成的称多肽（polypeptide）。

蛋白质是多肽化合物，一般由 50 个以上氨基酸组成，多肽中氨基酸数较蛋白质少，一般少于 50 个，但它们之间在数量上也没有严格的分界线。多肽由于氨基酸数目较少，一般不能形成严密且相对稳定的空间结构，其空间结构易变、具有可塑性，而蛋白质分子分子较大，能形成相对严密、稳定的空间结构，这也是蛋白质发挥生理功能的基础。

多肽包括开链肽和环状肽，在人体内主要是开链肽。肽链氨基和羧基在生成肽键过程中被结合，氨基酸为非游离的氨基酸分子，故多肽和蛋白质分子中的氨基酸均称为氨基酸残基（amino acid residue）。开链肽具有一个游离的氨基末端和一个游离的羧基末端，分别保留有游离的 α-氨基和 α-羧基，故又称为多肽链的 N 端（氨基端）和 C 端（羧基端），书写时一般将 N 端写在分子的左边，并以此开始对多肽分子中的氨基酸残基依次编号，而将肽链的 C 端写在分子的右边。

目前已有约 20 万种多肽和蛋白质分子中的氨基酸组成和排列顺序被测定出来，其中多数具有重要的生理功能或药理作用。例如谷胱甘肽在红细胞中含量丰富，分子中谷氨酸是以 γ-羧基与半胱氨酸的 α-氨基脱水缩合生成肽键，在细胞中可进行可逆的氧化还原反应，具有保护细胞膜结构，使细胞内酶蛋白处于还原的活性状态。又如一些"脑肽"与人体的记忆、睡眠、食欲和行为都有密切关系。

二、蛋白质的消化和吸收

1. 消化

胃中的消化：胃分泌的盐酸可使蛋白质变性，容易消化，还可激活胃蛋白酶，保持其最适 pH，并能杀菌。胃蛋白酶被激活后，分解蛋白质产生蛋白胨。胃的消化作用不是必需的，胃全切除的人仍可消化蛋白。

肠是蛋白质消化的主要场所。肠分泌的碳酸氢根可中和胃酸，为胰蛋白酶、糜蛋白酶、弹性蛋白酶、羧肽酶、氨肽酶等提供合适的 pH 环境。肠激酶激活胰蛋白酶，再激活其他酶。胰蛋白酶在蛋白质消化起核心作用，胰液中有抑制其活性的小肽，防止其在细胞或导管中过早激活。外源蛋白在肠道分解为氨基酸和小肽，经特异的氨基酸、小肽转运系统进入肠上皮细胞，小肽再被氨肽酶、羧肽酶和二肽酶彻底水解，进入血液。

2. 氨基酸的吸收机制

蛋白质消化的终产物为氨基酸和小肽（主要为二肽、三肽），可被小肠黏膜吸收。小肽吸收进入小肠黏膜细胞后，即被胞质中的肽酶（二肽酶、三肽酶）水解成游离氨基酸，然后离开细胞进入血循环，因此门静脉血中几乎找不到小肽。

（1）Na^+ 的主动转运吸收。肠黏膜上皮细胞的黏膜面的细胞膜上有若干种特殊的运载蛋白（载体），能与某些氨基酸和 Na^+ 在不同位置上同时结合，结合后可使运载蛋白的构象发生改变，从而把膜外（肠腔内）氨基酸和 Na^+ 都转运入肠黏膜上皮细胞内。Na^+ 则被钠泵依靠 ATP 供能泵出至胞外，造成黏膜面内外的 Na^+ 浓度差，有利于肠腔中的 Na^+ 继续通过运载蛋白携带氨基酸进入。因此肠黏膜上氨基酸的吸收动力是肠腔和肠黏膜细胞内 Na^+ 梯度的电位势，是间接消耗 ATP。氨基酸的不断进入使得小肠黏膜上皮细胞内的氨基酸浓度高于毛细血管内，于是氨基酸通过浆膜面其相应的载体而转运至毛细血管血液内。黏膜面的氨基酸载体

是 Na^+ 依赖的，而浆膜面的氨基酸载体则不依赖 Na^+。现已证实前者至少有 6 种氨基酸转运载体：

① 中性氨基酸，短侧链或极性侧链（丝、苏、丙）载体。

② 中性氨基酸，芳香族或疏水侧链（苯丙、酪、甲硫、缬、亮、异亮）载体。

③ 亚氨基酸（脯、羟脯）载体。

④ β-氨基酸（β-丙氨酸、牛磺酸）载体。

⑤ 碱性氨基酸和胱氨酸（赖、精、胱）载体。

⑥ 酸性氨基酸（天、谷）载体。

肾小管对氨基酸的重吸收也是通过上述机制进行的。

（2）γ-谷氨酰基循环吸收。1969 年 Meister 发现：小肠黏膜和肾小管还可通过γ-谷氨酰基循环吸收氨基酸，谷胱甘肽在这一循环中起着重要作用，这也是一个主动运送氨基酸通过细胞膜的过程。由于氨基酸无法自由通过细胞质膜，氨基酸在进入细胞之前，在细胞膜上转肽酶的催化下，与细胞内的谷胱甘肽作用生成γ-谷氨酰氨基酸并进入细胞质内，然后再经其他酶催化将氨基酸释放出来，同时使谷氨酸重新合成谷胱甘肽，进行下一次转运氨基酸的过程。

三、蛋白质的功能

蛋白质是生命的第一要素，细胞的一切功能都是由蛋白质完成的，其主要功能如下：

（1）构成机体和组织。蛋白质是构成人体的基本物质，人体任何一个细胞组织和器官都含有蛋白质，蛋白质占人体干重一半以上。人体新组织的形成、外伤的痊愈都需要合成新的蛋白质。生命的产生、存在和消亡，无一不与蛋白质有关。如果人体缺少蛋白质，轻者体质下降，发育迟缓，抵抗力减弱，贫血乏力，重者形成水肿，甚至危及生命，故称蛋白质为"生命的载体"。

（2）参与物质的代谢调节。蛋白质中的酶是人体物质代谢的催化剂，促进人体物质代谢，促进生长发育。有些激素也是蛋白质，调控人的新陈代谢和生长发育。

（3）增强人体免疫力。人体抗体也是由蛋白质组成，因此蛋白质增强人体免疫能力。

（4）提供能量。当糖类和脂肪摄入不足时，人体利用蛋白质提供能量。每克蛋白质可提供 16.75 焦耳的热能。

（5）提供人体必需氨基酸。蛋白质水解可以产生人体必需氨基酸，满足人体生长发育对必需氨基酸的需要。

（6）运动功能。蛋白质作为肌肉的重要成分，引起肌肉收缩和舒张，完成运动功能。

（7）信号传递。蛋白质作为细胞接收信号的受体和细胞相互识别的物质在信号传递、细胞识别中起重要作用。

（8）感光功能。眼球视网膜细胞光受体是蛋白质，具有感光功能，使人具有视觉。

（9）物质运输功能。细胞膜上物质运输的载体、离子通道等是蛋白质，促进物质运输。

四、蛋白质氨基酸种类

天然的氨基酸的有 300 多种，参与蛋白质组成的氨基酸共 20 种，叫基本氨基酸。它们是：甘氨酸、丙氨酸、缬氨酸、亮氨酸、异亮氨酸、甲硫氨酸（蛋氨酸）、脯氨酸、色氨酸、丝氨酸、酪氨酸、半胱氨酸、苯丙氨酸、天冬酰胺、谷氨酰胺、苏氨酸、天门冬氨酸、谷氨酸、赖氨酸、精氨酸和组氨酸等。这些氨基酸在植物体内都能合成，其中色氨酸、苏氨酸、蛋氨酸、缬氨酸、赖氨酸、亮氨酸、异亮氨酸和苯丙氨酸 8 种是人体不能合成的，必须由食物提供，叫作必需氨基酸。其他则是非必需氨基酸。组氨酸、精氨酸在人体内合成，但其合成速度不能满足身体需要，有人也把它们列为必需氨基酸。胱氨酸、酪氨酸、精氨酸、丝氨酸和甘氨酸在体内虽能合成，但其合成原料是必需氨基酸，长期缺乏可能引起生理功能障碍，故列为半必需氨基酸。胱氨酸可取代 80%~90% 的蛋氨酸，酪氨酸可替代 70%~75% 的苯丙氨酸，起到必需氨基酸的作用。

除组成天然蛋白质的 20 种氨基酸外，还发现某些蛋白质存在几种特殊的氨基酸，这些特殊氨基酸都是 20 种母体氨基酸掺入多肽链后经酶促修饰产生的，例如 4-羟基脯氨酸、5-羟基赖氨酸、N-甲基赖氨酸、γ-羧基谷氨酸等。

五、氨基酸一般功能

1. 人体对蛋白质的需要实际上是对氨基酸的需要

作为机体内第一营养要素的蛋白质在人体内并不能直接被利用，而是在胃肠道中经过多种蛋白酶的消化后，分解为低分子的多肽或氨基酸，在小肠内被吸收，沿着肝门静脉进入肝脏。一部分氨基酸在肝脏内被分解或合成蛋白质；另一部分氨基酸继续随血液分布到各个组织器官，合成各种特异性的组织蛋白质。在正常情况下，氨基酸进入血液速度与其输出速度几乎相等，所以正常人血液中氨基酸含量相当恒定。如以氨基氮计，每百毫升血浆中含量为 4~6 毫克，每百毫升血球中含量为 6.5~9.6 毫克。饱餐后，大量氨基酸被吸收，血中氨基酸水平暂时升高，经过 6~7 小时后，其含量又恢复正常。说明体内氨基酸代谢处于动态平衡，以血液氨基酸为其平衡枢纽，肝脏是血液氨基酸的重要调节器。食物蛋白质经消化分解为氨基酸后被人体所吸收。人体对蛋白质的需要实际上是对氨基酸的需要。

2. 合成组织蛋白质，起氮平衡作用

当人体需要时，合成蛋白质，满足人体对蛋白质的需要。每日膳食中蛋白质的质、量适宜时，摄入的氮量和经粪、尿和皮肤排出的氮量相等，称之为氮的总平衡，实际上是蛋白质和氨基酸之间不断合成与分解之间的平衡。人体每日摄入的蛋白质在一定范围内少量增减时，机体尚能调节蛋白质的代谢，维持氮平衡。当食入蛋白质量超出机体调节能力，氮的平衡就会被破坏。完全不吃蛋白质，体内组织蛋白依然分解，出现负氮状况，如不及时纠正，将导致机体死亡。

3. 转变为糖或脂肪

氨基酸分解代谢产生 α-酮酸，也可再合成新的氨基酸，或转变为糖或脂肪，或进入三羧酸循环氧化分解成 CO_2 和 H_2O，并放出能量。

4. 参与构成酶、激素、抗体、部分维生素

酶、激素、维生素在维持人体生理机能、调节代谢过程中起着十分重要的作用。酶的化

学本质是由氨基酸分子构成的蛋白质，一些含氮激素的成分是蛋白质或其衍生物，如生长激素、促甲状腺激素、肾上腺素、胰岛素、促肠液激素等。有的维生素是由氨基酸转变而成。

5. 促进物质代谢，产生能量

氨基酸在人体中不仅能氧化分解，产生能量，提供合成蛋白质的基本原料，而且对于促进生长，维持正常生命活动具有重要的作用。例如：精氨酸和瓜氨酸对尿素形成十分重要；胱氨酸摄入不足可引起胰岛素减少，血糖升高。又如创伤后胱氨酸和精氨酸的需要量大增，如缺乏，即使热能充足仍无法顺利合成蛋白质。

6. 产生一碳单位

丝氨酸、色氨酸、组氨酸、甘氨酸分解代谢过程产生含有一个碳原子的基团，包括甲基、亚甲基、甲烯基、甲炔基、甲酰基及亚氨甲基等，另外蛋氨酸（甲硫氨酸）可通过 S-腺苷甲硫氨酸（SAM）提供"活性甲基"（一碳单位），然后以四氢叶酸为载体参与各种一碳单位的物质代谢。其中最重要的是作为嘌呤和嘧啶的合成原料，成为氨基酸和核苷酸联系的纽带。

六、特殊氨基酸的生理功能

氨基酸通过肽键连接起来成为肽与蛋白质，对生命活动具有举足轻重的作用。某些氨基酸还参与一些特殊的代谢反应，表现出特殊的生理功能。

1. 赖氨酸

由于我国主食是大米、面粉等谷物类，这类粮食中 L-赖氨酸含量较低，且在加工过程中易被破坏，赖氨酸的缺乏会限制其他氨基酸的功能，故赖氨酸被称为第一限制性氨基酸。

L-赖氨酸能增强记忆力，促进抗体产生、提高免疫力，促进肠道钙的吸收，加速骨骼生长，对防治儿童骨骼生长发育不良，佝偻病有协同治疗作用。赖氨酸促进骨细胞分泌 ALP（骨碱性磷酸酶）、IGF-1（胰岛素样生长因子）、TGF-b（转移生长因子）、OC（osteocalin，骨钙素）、NO（nitricoxide，一氧化氮）等活性因子，促进脑垂体分泌生长激素，刺激胃蛋白酶与胃酸的分泌，增进食欲、促进幼儿生长发育。

赖氨酸为肉碱合成成分，促进肉碱的合成，而肉碱促进脂肪酸的合成，调节人体代谢。缺乏赖氨酸，会造成胃液分泌不足，出现厌食、营养性贫血，中枢神经发育受阻。

赖氨酸在医药上还可作为利尿剂的辅助药物，治疗血中氯化物减少引起的铅中毒现象；还可与酸性药物（如水杨酸等）作用，生成盐来减轻不良反应；可与蛋氨酸合用，抑制重症高血压病。

单纯性疱疹病毒是引起唇疱疹、热病性疱疹与生殖器疱疹的病原体，而其近属带状疱疹病毒是水痘、带状疱疹和传染性单核细胞增生症的病原体。补充赖氨酸能加速疱疹感染的康复并抑制其复发。

2. 蛋氨酸

蛋氨酸（甲硫氨酸）是含硫必需氨基酸，与生物体内各种含硫化合物的代谢密切相关。

蛋氨酸可通过 S-腺苷甲硫氨酸（SAM）提供"活性甲基"（一碳单位），可甲基化有毒物而起解毒的作用，也可缓解砷、三氯甲烷、四氯化碳、苯、吡啶和喹啉等有害物质的毒性反应。

蛋氨酸是合成胱氨酸的原料，可通过甲基的转移参与体内磷的代谢和肾上腺素、胆碱和肌酸的合成。

人体缺乏蛋氨酸，会引起食欲减退、生长减缓、肾脏肿大和肝脏铁堆积等现象，最后导致肝坏死或纤维化。因此，蛋氨酸可用于防治慢性或急性肝炎、肝硬化等肝脏疾病。

3. 色氨酸

色氨酸可转化生成人体大脑中的重要神经递质——5-羟色胺，而 5-羟色胺有中和肾上腺素与去甲肾上腺素的作用，并可改善睡眠。当动物大脑中的 5-羟色胺含量降低时，会出现神经错乱、幻觉以及失眠等。此外，5-羟色胺有很强的血管收缩作用，存在于许多组织，包括血小板和肠黏膜细胞中，受伤后的机体通过释放 5-羟色胺来止血。医药上常将色氨酸用作抗闷剂、抗痉挛剂、胃分泌调节剂、胃黏膜保护剂和抗昏迷剂等。

4. 缬氨酸、亮氨酸、异亮氨酸和苏氨酸

缬氨酸、亮氨酸与异亮氨酸均属支链氨基酸，同时都是必需氨基酸。当缬氨酸不足时，大鼠中枢神经系统功能会发生紊乱，共济失调而出现四肢震颤。通过解剖大鼠脑组织，发现有红细胞核变性现象。晚期肝硬化病人因肝功能损害，易形成高胰岛素血症，致使血中支链氨基酸减少，支链氨基酸和芳香族氨基酸的比值由正常人的 3.0~3.5 降至 1.0~1.5，故常用缬氨酸等支链氨基酸的注射液治疗肝功能衰竭等疾病，也可作为加快创伤愈合的治疗剂。

亮氨酸可用于治疗小儿的突发性高血糖症，也可用作头晕治疗剂及营养滋补剂。异亮氨酸能治疗神经障碍、食欲减退和贫血，在肌肉蛋白质代谢中也极为重要。

苏氨酸是必需氨基酸之一，参与脂肪代谢，缺乏苏氨酸时出现肝脂肪病变。

5. 天冬氨酸、天冬酰胺

天冬氨酸通过脱氨生成草酰乙酸而促进三羧酸循环，是三羧酸循环中的重要成分。天冬氨酸也与鸟氨酸循环密切相关，使血液中的氨转变为尿素而排泄。同时，天冬氨酸还是合成乳清酸等核酸前体物质的原料。

天冬氨酸钙、镁、钾或铁等盐能通过主动运输透过细胞膜进入细胞内发挥作用。天冬氨酸钾盐与镁盐的混合物，可用于消除疲劳，临床上用来治疗心脏病、肝病、糖尿病等疾病。

癌细胞的增殖需要消耗大量某种特定的氨基酸。寻找这种氨基酸的类似物——代谢拮抗剂被认为是治疗癌症的一种有效手段。动物试验表明，天冬酰胺的类似物 S-氨甲酰基-半胱氨酸对白血病有明显的治疗效果。天冬酰胺酶能阻止需要天冬酰胺的癌细胞（白血病）的增殖。目前已试制的氨基酸类抗癌物有 10 多种，如 N-乙酰-L-苯丙氨酸、N-乙酰-L-缬氨酸等，其中有的对癌细胞的抑制率可高达 95% 以上。

6. 胱氨酸、半胱氨酸

胱氨酸及半胱氨酸是含硫的非必需氨基酸，可降低人体对蛋氨酸的需要量。胱氨酸是皮肤形成不可缺少的物质，能加速烧伤伤口的康复及保护放射性损伤部位，刺激红、白细胞的生成。

半胱氨酸的巯基（-SH）可减轻有毒物（酚、苯、萘、氰离子）的中毒程度，对放射线辐射也有防治作用。此外，半胱氨酸能促进毛发的生长，可用于治疗秃发症。半胱氨酸的衍生物 N-乙酰-L-半胱氨酸可作为黏液溶解剂，使其黏度下降，用于防治支气管炎等排痰困难的疾病，L-半胱氨酸甲酯盐可用于治疗支气管炎、鼻黏膜渗出性发炎等。

7.甘氨酸

甘氨酸是最简单的氨基酸，它可由丝氨酸失去一个碳而生成。甘氨酸参与嘌呤类、卟啉类、肌酸和乙醛酸的合成。甘氨酸可与种类繁多的物质结合，使之从胆汁或尿中排出。此外，甘氨酸能改进氨基酸注射液在体内的耐受性。将甘氨酸与谷氨酸、丙氨酸一起使用，可防治前列腺肥大并发症、排尿障碍、频尿、残尿等症状。

8.组氨酸

组氨酸的咪唑基能与 Fe^{2+} 或其他金属离子形成配位化合物，促进铁的吸收，因而可用于防治贫血。组氨酸能降低胃液酸度，缓和胃肠手术的疼痛，减轻妊娠期呕吐及胃部灼热感，抑制由植物神经紧张引起的消化道溃烂，对过敏性疾病，如哮喘等也有疗效。

此外，组氨酸可扩张血管，降低血压，临床上用于心绞痛、心功能不全等疾病的治疗。类风湿性关节炎患者血中组氨酸含量显著减少，使用组氨酸后发现其握力、走路与血沉等指标均有好转。

组氨酸在组氨酸脱羧酶的作用下，脱羧形成组胺。组胺具有很强的血管舒张作用，并与多种变态反应及炎症有关。此外，组胺会刺激胃蛋白酶与胃酸的分泌。

组氨酸为成人非必需氨基酸，但对幼儿却为必需氨基酸。在慢性尿毒症患者的膳食中添加少量的组氨酸，氨基酸结合进入血红蛋白的速度增加，肾原性贫血减轻，所以组氨酸也是尿毒症患者的必需氨基酸。

9. 谷氨酸、谷氨酰胺

谷氨酸、天冬氨酸是哺乳动物中枢神经系统含量最高的氨基酸，具有兴奋中枢递质作用，对改进和维持脑功能必不可少。当谷氨酸含量达 9%时，只要增加 10~15 mol 的谷氨酸就可对皮层神经元产生兴奋性作用。谷氨酸经谷氨酸脱羧酶的脱羧作用形成的 γ-氨基丁酸，是存在于脑组织中的一种具有抑制中枢神经兴奋的物质，对记忆障碍、语言障碍、麻痹和高血压等都有疗效，γ-氨基β-羟基丁酸对局部麻痹、记忆障碍、语言障碍、本能性肾性高血压、癫痫等都有疗效。

谷氨酸与天冬氨酸一样，也与三羧酸循环有密切的关系，临床上用于治疗肝昏迷等症。谷氨酸的多种衍生物，如二甲基氨乙醇乙酰谷氨酸可治疗因大脑血管障碍而引起的运动障碍、记忆障碍和脑炎等。

谷氨酸的酰胺衍生物——谷氨酰胺能把氨基转移到葡萄糖上，生成消化器官黏膜上皮组织黏蛋白的组成成分葡萄糖胺，对治疗胃溃疡有明显的效果。

谷氨酰胺能强化免疫系统，是近年来日益受到重视的免疫营养素之一。服用谷氨酰胺，体内生长素的分泌出现瞬时性增长，促进身体长高。谷氨酰胺为早产儿的条件必需氨基酸，对孕妇有一定的益处，有报道证实羊水中谷氨酰胺含量较高，相信谷氨酰胺作为出生体重较轻的婴儿的营养补充剂是安全、有效的。

10. 丝氨酸、丙氨酸与脯氨酸

丝氨酸是合成嘌呤、胸腺嘧啶与胆碱的前体。丙氨酸通过脱氨生成酮酸，参与葡萄糖代谢途径生成糖。丙氨酸对蛋白质合成也起重要作用。羟脯氨酸是胶原的组成成分之一。脯氨酸、羟脯氨酸浓度不平衡会造成牙齿、软骨及韧带组织的韧性减弱。脯氨酸衍生物与利尿剂合用，具有抗高血压的作用。

11. 精氨酸

精氨酸是鸟氨酸循环中的组分，可以增加肝脏中精氨酸酶的活性，有助于将血液中的氨转变为尿素排泄出去。对高氨血症、肝脏机能障碍等疾病颇有帮助。

精氨酸具有免疫调节功能，增加胸腺的重量，防止胸腺的退化（尤其是受伤后的退化），促进胸腺中淋巴细胞的生长。活化吞噬细胞酶系统，增加吞噬细胞的活力，杀死肿瘤细胞或细菌等靶细胞，降低肿瘤的转移率。吞噬细胞利用 L-精氨酸生成的 NO 来抑制细胞生长或细胞毒性作用以抵抗真菌、细菌和寄生虫。

精氨酸还能抑制抑长素（Somatostatin）的分泌，提高生长激素的产生，口服精氨酸能明显促进小孩垂体释放生长激素。

精氨酸是一种双氨基氨基酸，对成人来说虽然不是必需氨基酸，但在严重应激情况下，如果缺乏精氨酸，机体无法维持正常氮平衡，导致血氨过高，甚至出现昏迷。精氨酸对先天性缺乏尿素循环的某些酶的婴儿是必需的。

精氨酸能促进胶原组织的合成，改善伤口周围的微循环，促使伤口早日痊愈。在伤口分泌液中精氨酸酶活性的升高，表明伤口附近的精氨酸需求量大增。

七、如何摄取蛋白质

要满足人体对蛋白质的需要，就要保证摄取适量优质蛋白质。蛋白质需求量随年龄、生活及劳动环境而定。一般来说，18~40 岁成年男性，体重 60 千克，每日蛋白质的供给量应为 70~105 克；18~40 岁的成年女性，体重 53 千克，每日蛋白质的供给量应为 60~85 克。如以摄入植物性蛋白为主，可酌情增量。

而优质蛋白质具有以下特点：

（1）蛋白质消化、吸收率高。蛋白质被人体消化、吸收得越彻底，其营养价值就越高。整粒大豆由于含有蛋白酶抑制剂，抑制人体对其蛋白质的消化，其消化、吸收率为 60%，做成豆腐、豆浆后其蛋白酶抑制剂变性或被破坏失活，其消化、吸收率提高到 90%。其他蛋白质在煮熟后消化、吸收率也能提高，如米饭为 82%，肉类为 93%，乳类为 98%，蛋类为 98%。

（2）蛋白质利用率高。被人体吸收后的蛋白质，由于其氨基酸与人体蛋白质组成不同，利用的程度也有差异。利用程度越高，其营养价值也越高。利用的程度高低，叫蛋白质的生理价值。动物蛋白质由于其氨基酸与人体蛋白质组成接近，其生理价值一般比植物蛋白质高。

常用食物蛋白质的生理价值是：鸡蛋 94%，牛奶 85%，鱼肉 83%，虾 77%，大米 77%，牛肉 76%，白菜 76%，小麦 67%。

（3）蛋白质所含必需氨基酸种类齐全，含量丰富，比例适当。蛋白质所含必需氨基酸种类齐全，含量充足，比例适当，叫完全蛋白质，如动物蛋白质和豆类蛋白质。种类齐全，但比例不适当，叫半完全蛋白质，如谷物蛋白质。种类不全，叫不完全蛋白质，如肉皮中的胶质蛋白。

动物性蛋白食物如猪、牛、羊的肉、肝、肾，鸡、鸭、鱼、虾、蟹、鸡蛋、鸭蛋、牛奶、羊奶等蛋白质消化吸收率高，利用率高，必需氨基酸种类齐全，含量丰富，比例适当，生理价值高，为优质蛋白质，其中蛋类蛋白质最容易消化，必需氨基酸种类齐全，含量最丰富，比例最适当，也不易引起痛风，是所有蛋白质食物中品质最好的。蛋黄蛋白质含量略高于蛋白，其维生素、矿物质含量丰富，是营养最全面的食物。蛋黄也是高热量食物，蛋黄的热量是蛋白的 6 倍，含大量油脂，若将蛋黄置于微波炉煎烤，即可发现大量的油溢出，在咸蛋的蛋黄中也可看到蛋黄的油脂。一个蛋黄含高达 300 毫克的胆固醇，是预防心脑血管疾病和减肥的人群需要节制的食物，而蛋白的胆固醇含量是 0。

牛奶除蛋白质含量高、品质好外，还含有丰富的钙质，可预防缺钙。脱脂奶粉的含钙量最高，几乎不含有油脂，故脱脂奶粉泡成的牛奶，是中老年人预防心脑血管疾病最佳蛋白质和钙的来源。

植物性食物如大豆、青豆、黑豆、豆腐、豆浆、花生、核桃、榛子、瓜子等蛋白质含量较高，其中大豆蛋白质含量最高，达 30%，是素食者最主要的蛋白质来源。豆制品可降胆固醇，是物美价廉的食物。大豆含有丰富的异黄酮，异黄酮是一种类似雌激素的化合物，可抑制因雌激素失调所引发的肿瘤细胞的生长，但大豆异黄酮会抵消雄激素的作用，导致男性性能力降低，甚至不育，男性不宜食用过多。

在常用的每 100 克食物中，肉类含蛋白质 10~20 克，鱼类含 15~20 克，全蛋含 13~15 克，豆类含 20~30 克，谷类含 8~12 克，蔬菜、水果含 1~2 克。饮食中将两种以上的食物混合食用，使其氨基酸相互补充，更能满足人体的需求。特别是动物性食物不仅蛋白质含量较豆类以外的植物性食物含量高，而且品质好，含有人体生长发育所必需的氨基酸多，但价格较贵；而植物蛋白质除黄豆外大多缺少赖氨酸，豆类蛋白质又缺少蛋氨酸和胱氨酸，因此，在饮食中应该以动物蛋白质为主，动、植物蛋白质相互搭配，也即荤素搭配，更能满足人体对蛋白质的需要。

第四节　维生素及其功能

维生素是维持人体新陈代谢和生理功能不可缺少的一类营养，被称为"维持生命的营养素"，也称维他命，其化学本质为低分子有机化合物。

人体进行的各种生化反应都与酶的催化作用有密切关系，许多酶必须有辅酶结合才有活性。许多维生素是酶的辅酶或者是辅酶的组成分子，调节酶的活性，促进物质代谢和生长发育。

维生素具有以下四个特点：

（1）外源性：人体自身不可合成，或者所合成的量难以满足机体的需要（如维生素 D），需要通过食物补充；

（2）微量性：人体所需量很少，但是可以发挥巨大作用；

（3）调节性：维生素能够调节人体新陈代谢或能量转变；

（4）特异性：缺乏了某种维生素后，人将呈现特有的病态。

一、维生素的种类及作用

维生素的种类很多，通常按其溶解性分为脂溶性维生素和水溶性维生素两大类。脂溶性维生素有维生素 A、D、E、K，不溶于水，而溶于脂肪及脂溶剂中，在食物中与脂类共同存在，在肠道吸收时与脂类吸收密切相关。当脂类吸收不良时，如胆道梗阻或长期腹泻，脂溶性维生素的吸收大为减少，甚至会引起缺乏症。脂溶性维生素排泄效率低，故摄入过多时可在体内蓄积，产生有害作用，甚至发生中毒。

水溶性维生素包括 B 族维生素（B_1、B_2、B_6、B_{12}、PP 等）和抗坏血酸——维生素 C。水溶性维生素溶于水，不溶于脂肪及有机溶剂，容易从尿中排出体外，且排出效率高，一般不会产生蓄积和毒害作用。

二、脂溶性维生素

（一）维生素 A（视黄醇类）

1. 维生素 A 的功能

维生素 A 并不是单一的化合物，而是一系列视黄醇的衍生物。维生素 A 对眼睛有营养作用，可明目，维持正常视力，预防夜盲症，别称抗干眼病维生素。其分子结构如图 2-1 所示。

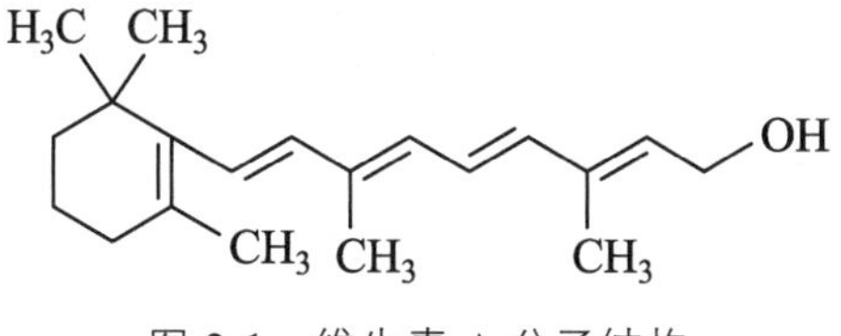

图 2-1 维生素 A 分子结构

眼视网膜中的杆状细胞和锥状细胞都存在感光色素，即感弱光的视紫红质和感强光的视紫蓝质。视紫红质与视紫蓝质都是由视蛋白与视黄醛所构成的。视紫红质经光照射后，11-顺视黄醛异构成反视黄醛，并与视蛋白分离，若进入暗处，不能见物。

分离后的反式视黄醛进一步转变为反式视黄酯（或异构为顺式）并储存于色素上皮中，被视黄酯水解酶水解为反式视黄醇，经氧化和异构化，形成 11-顺视黄醛，再与视蛋白重新结合为视紫红质，运送至视网膜，参与视网膜的光化学反应，恢复对弱光的敏感性，从而能在一定照度的暗处见物，此过程称暗适应（dark adaptation）。

若维生素 A 充足，则视紫红质的再生快而完全，故暗适应恢复时间短；若维生素 A 不足，则视紫红质再生慢而不完全，故暗适应恢复时间延长，严重时可产生夜盲症（night blindness）。

我国古代《巢氏病源》中提到"人有昼而睛明，至瞑则不见物"的病，即为夜盲症，并且提出了吃猪肝可治此症。其原因是肝脏中含有较多的维生素 A，维生素 A 缺乏而致夜盲症，而故吃猪肝可以治夜盲症。

维生素 A 促进蛋白质的合成和骨细胞的分化，维护骨骼、牙齿的正常生长，维持牙齿、皮肤和上皮细胞组织健康。当维生素 A 缺乏时，成骨细胞与破骨细胞间平衡被破坏，或由于成骨活动增强而使骨质过度增殖。

维生素 A 能增强免疫系统功能，增强对传染病的抵抗力。最新研究表明，免疫球蛋白是一种糖蛋白，维生素 A 能促进该蛋白的合成，增加绵羊红细胞或蛋白质免疫小鼠的脾脏 PFC 数目，增强非 T 细胞依赖抗原所导致抗体的产生，还可增强人外周血淋巴细胞对 PHA 反应和 NK 细胞活性，提高巨噬细胞活性，刺激 T 细胞增殖和 IL 2 产生，增强免疫系统功能。

维生素 A 具有还原性，具有抗氧化功能，保护细胞免受自由基的侵害，防止脂质过氧化，调节表皮及角质层新陈代谢，可以抗衰老，去皱纹。在化妆品中用作营养成分添加剂，能防止皮肤粗糙。氧化型 LDL 会导致血管上皮细胞的损伤，从而加速脂质在损伤部位的沉积形成斑块，以至阻塞血管，引发阻塞性动脉粥样硬化等疾病。维生素 A 阻止 LDL 被氧化形成氧化型 LDL，而能防治阻塞性动脉粥样硬化、冠心病、中风等多种老年性疾病。

维生素 A 可参与糖蛋白的合成，对于呼吸道、消化道、泌尿道及性腺等器官上皮细胞组织的正常形成及保持黏膜湿润和完整，防止病毒、细菌感染十分重要。当维生素 A 不足或缺乏时，可导致糖蛋白合成中间体的异常，引起上皮基底层增生变厚，表层细胞变扁、不规则、干燥等。呼吸道、消化道、泌尿道、生殖系统内膜角质化，削弱了防止细菌侵袭的天然屏障（结构）而易于感染。

维生素 A 影响生殖功能。维生素 A 缺乏时，影响雄性动物精索上皮产生精母细胞，影响雌性阴道上皮周期变化，也影响胎盘上皮，使胚胎形成受阻，降低催化黄体酮前体形成所需要的酶的活性，减少肾上腺、生殖腺及胎盘中类固醇激素的产生。孕妇缺乏维生素 A 时会直接影响胎儿发育，甚至造成胎儿死亡。

维生素 A 抑制肿瘤生长。维生素 A（视黄酸）有防止化学致癌剂的作用，延缓或阻止癌前病变，特别是对于上皮组织肿瘤有辅助治疗的效果。

维生素 A 调节甲状腺功能，促进细胞增殖，促进儿童少年生长发育，有助于肺气肿、甲状腺功能亢进症的治疗。动物缺乏维生素 A 时，食欲降低及蛋白利用率下降，生长停滞。

2. 维生素 A 的吸收与代谢

维生素 A 极易吸收，主要在肝脏中贮存，几乎全部在体内被代谢，β 胡萝卜素是维生素 A 的前体，在动物肠黏膜内可转化为活性维生素 A，主要经由尿、粪排泄，而乳汁中仅有少量排泄。

小肠中的胆汁，是维生素 A 乳化所必需的，足量膳食脂肪可促进维生素 A 的吸收，抗氧化剂，如维生素 E 和卵磷脂等有利于其吸收。服用矿物油及肠道寄生虫不利于维生素 A 的吸收。

维生素 C 对维生素 A 有破坏作用。尤其是大量服用维生素 C 以后，会促进体内维生素 A 的排泄。

维生素 A 与维生素 B、维生素 D、维生素 E、钙、磷和锌配合使用时，能充分发挥其功效（必须有锌才能把储藏在肝脏里的维生素 A 释放出来）。服用降胆固醇的药物如胆苯烯胺（Cholesty ramine）时，对维生素 A 的吸收就会减低。

3. 维生素 A 的需求量

成人每天维生素 A 的需求量是 0.8 毫克。长期过量摄入维生素 A，就会导致骨质疏松、食欲不振、皮肤干燥、头发脱落、骨骼和关节疼痛，甚至引起流产。

维生素 A 在蛋黄、奶油、排骨、动物的肝脏中含量丰富；在绿色蔬菜如：菠菜、胡萝卜、西红柿、南瓜、杏、红辣椒、含量较高，有色蔬菜中的胡萝卜素经吸收后可转化为维生素 A。

（二）维生素 D

维生素 D 为类固醇衍生物，与动物骨骼的钙化有关，能促进钙和磷的吸收利用，调节人体钙、磷代谢，对骨骼生长及牙齿形成都是必需的。故又称为钙化醇、骨化醇、抗佝偻病维生素。

1. 维生素 D 的结构

维生素 D 是一族 A、B、C、D 环结构相同，但侧链不同的一类复合物的总称，A、B、C、D 环的结构来源于类固醇的环戊氢烯菲环结构，目前已知的维生素 D 至少有 10 种，但最重要的是维生素 D2（麦角骨化醇）和维生素 D3（胆钙化醇）。

维生素 D3 是生物活性最高的一种维生素，也是人体唯一一种可以少量合成的维生素，由大多数高级动物的表皮和真皮内的 7-脱氢胆固醇经紫外线（波长 265~228 纳米）照射转变而成（见图 2-2）。如果人体接受阳光直射皮肤 4~6 小时以上，自身合成的维生素 D3 就基本能满足人体需要。维生素 D3 不溶于水，只能溶解在脂肪或脂肪溶剂中，在中性及碱性溶液中能耐高温和氧化。但在酸性条件下则逐渐分解，一般食物烹调过程中，不会损失，但脂肪酸败时可以引起维生素 D3 的破坏。

维生素 D2 是紫外线照射植物中的麦角固醇产生（见图 2-2），在自然界存在较少。

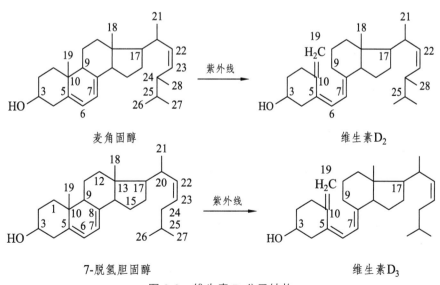

图 2-2　维生素 D 分子结构

2. 维生素 D 的生理功能

维生素 D 促进肌体对钙、磷的吸收，促进人体生长和骨骼和牙齿钙化；如体内缺乏维生素 D，即使提供足够的钙质，大部分钙不能被吸收，造成人体钙、磷缺乏，影响牙齿、骨骼的正常生长，出现"软骨病"、佝偻病、抵抗力减弱。

维生素 D 能降低高血压。美国堪萨斯大学医学中心对 1500 名骨质疏松症患者的研究显示：高血压病与血内维生素 D 水平低有关。

维生素 D 防治自身免疫性疾病和感染性疾病，降低乳腺癌、肺癌、结肠癌等常见癌症的发生率。维持血液中柠檬酸盐的平衡；防止氨基酸通过肾脏损失。

维生素 D 调节胎盘的发育和功能，预防流产和早产等妊娠并发症。胎儿及婴幼儿获得足够的维生素 D 可降低 1 型糖尿病、哮喘与精神分裂症的发生率。

3. 维生素 D 的需求量

成人一般不缺维生素 D。人体维生素 D 的需要量与日照时间有关，紫外线促进人体维生素 D 的合成，由于阳光紫外线照射会引起皮肤癌，各国人群接受日照的时间都在减少，因此世界范围内维生素 D 呈现广泛缺乏的现象。特别是婴幼儿成长过程中需要钙较多，若不晒太阳，又不补充含有维生素 D 的食物，就容易发生佝偻病。中国部分居民血液检测发现，约 60%的居民维生素 D 缺乏，其中孕妇、婴幼儿、老年人较多，主要是这三类人群接受日照时间相对较少。

2000 年中国营养学会制定的中国居民膳食维生素 D 推荐摄入量见表 2-1。

表 2-1　中国居民膳食维生素 D 推荐摄入量（RNI）

年龄/岁	RNI/（IU/D）	时 期	RNI/（IU/D）
0~10	400	孕妇	400
11~49	200	乳母	400
50~	400		

维生素 D 在动物的肝、奶及蛋黄中含量较多，尤以鱼肝油含量最丰富。

通过膳食来源的维生素 D 一般不会引起中毒，而大剂量的化学维生素 D 和强化维生素 D 的奶制品有发生维生素 D 过量和中毒的可能。长期过量摄入维生素 D 可能造成恶心、头痛、肾结石、肌肉萎缩、关节炎、动脉硬化、高血压、腹泻、口渴，体重减轻，多尿及夜尿多等症状。严重中毒时则会损伤肾脏，使软组织（如心、血管、支气管、胃、肾小管等）钙化。

（三）维生素 E

维生素 E 包括生育酚和三烯生育酚两类共 8 种化合物，生育酚和三烯生育酚各有四种，α-生育酚是自然界中分布最广泛，含量最丰富，活性最高的维生素 E。

维生素 E 对酸、热都很稳定，对碱不稳定，铁盐、铅盐或油脂酸败的条件会加速其氧化而被破坏。维生素 E 分子结构如图 2-3 所示。

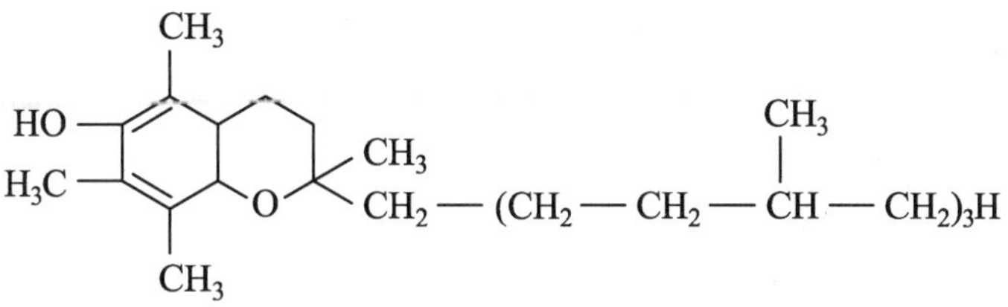

图 2-3　维生素 E 的分子结构

1. 维生素 E 的生理功能

维生素 E 能促进卵巢功能，促进性激素分泌，使女子雌性激素浓度增高，促进卵泡的成熟，黄体增大，抑制孕酮氧化，保持血流通畅，促进胎儿发育，防止流产，提高生育能力。维生素 E 对月经过多、外阴瘙痒、夜间性小腿痉挛、痔疮症具有辅助治疗作用。维生素 E 使女性乳房组织变得更加丰满，且富有弹性。维生素 E 促进男性精子的产生，增强精子数量和活力，是真正的"后代支持者"。维生素 E 缺乏时男性睾丸萎缩，精子产生减少，不育；女性脑垂体调节卵巢雌激素分泌发生障碍，胚胎与胎盘萎缩，引起流产，诱发更年期综合征。在临床上常用维生素 E 治疗先兆流产和习惯性流产和防治男性不育症。

维生素 E 通过利尿剂的作用方式降血压，是一种很重要的血管扩张剂和抗凝血剂，抑制血小板聚集，防止血液的凝固，预防冠心病、动脉粥样硬化，降低心肌梗死和脑梗死的危险性。

维生素 E 加速伤口的愈合。对烧伤、冻伤、毛细血管出血、更年期综合征、美容等方面有很好的疗效。

维生素 E 具有还原性，有很强的抗氧化作用，抑制过氧化脂质生成，减慢组织细胞的衰老过程，被广泛用于抗衰老方面，可防止脂肪、维生素 A、硒（Se）、两种含硫氨基酸和维生素 C 的氧化。酯化形式的维生素 E 还能消除由紫外线、空气污染等因素造成的过多的氧自由基，延缓光老化、预防晒伤和日晒红斑生成，消除脂褐素在细胞中的沉积，祛除黄褐斑；抑制酪氨酸酶的活性，从而减少黑色素生成，减少皱纹的产生，令肌肤滋润有弹性。维生素 E 可抑制眼睛晶状体内的过氧化脂反应，使末梢血管扩张，改善血液循环。

维生素 E 水平与记忆力成正比。老年人记忆力差与其血液中维生素 E 水平低有极大的关系。

2. 维生素 E 的吸收与代谢

维生素 E 在胆酸、胰液和脂肪的存在时，在脂酶的作用下以混合微粒的形式在小肠上部经非饱和的被动弥散方式被肠上皮细胞吸收，然后大多由乳糜微粒携带经淋巴系统到达肝脏。肝脏中的维生素 E 通过乳糜微粒和极低密度脂蛋白（VLDL）的载体作用进入血浆。乳糜微粒在血循环的过程中，将吸收的维生素 E 转移进入脂蛋白循环，其他的成为乳糜微粒的残骸。

α-生育酚的主要氧化产物是 α-生育醌，脱去醛基生成葡糖醛酸，葡糖醛酸可通过胆汁排泄，或进一步在肾脏中被降解产生 α-生育酸从尿酸中排泄。

3. 维生素 E 的摄取

成人每天食物中有 50 毫克维生素 E 即可满足需要，妊娠及哺乳期需要量略增。

维生素 E 含量最为丰富的是小麦胚芽，富含维生素 E 的食物有：瘦肉、乳类、蛋类、压榨植物油、柑橘皮、猕猴桃、菠菜、卷心菜、菜塞花、羽衣甘蓝、莴苣、甘薯、山药、杏仁、榛子和胡桃。

维生素 E 和其他脂溶性维生素不一样，在人体内储存的时间比较短，一天摄取量的60%~70%将随着排泄物排出体外。过多摄入维生素E可引起血中胆固醇和甘油三酯水平升高；血小板增加，活力增强，血小板聚集，血压升高，男女两性均可出现乳房肥大；恶心，肌肉萎缩，头痛乏力，视力模糊、皮肤豁裂、唇炎、口角炎、荨麻疹，糖尿病或心绞痛症状明显加重；激素代谢紊乱，免疫功能减退，每天摄入的维生素 E 超过 300 毫克会导致高血压，伤口愈合缓慢，甲状腺功能受到限制。长期服用大剂量维生素 E 可引起血栓性静脉炎或肺栓塞。

（四）维生素 K

维生素 K 是一系列具有促进凝血的功能的萘醌衍生物的统称，又称凝血维生素。天然的维生素 K 有维生素 K_1、维生素 K_2。维生素 K_1 是由植物合成；维生素 K_2 则由微生物合成。如人体肠道细菌可合成维生素 K_2。临床所常用人工合成的维生素 K 有维生素 K_3 和维生素 K_4。维生素 K 的分子结构如图 2-4 所示。

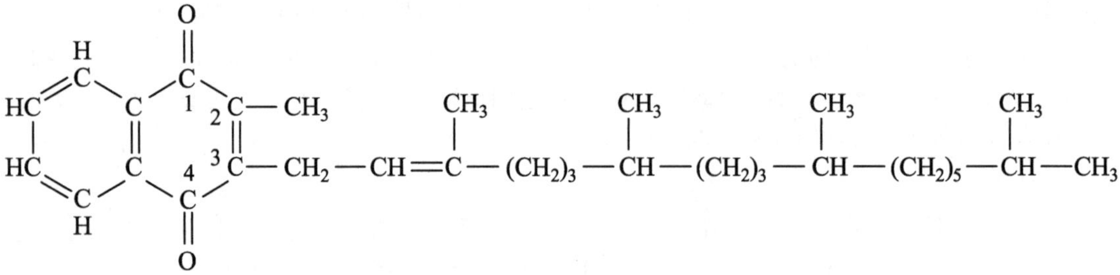

维生素K_1

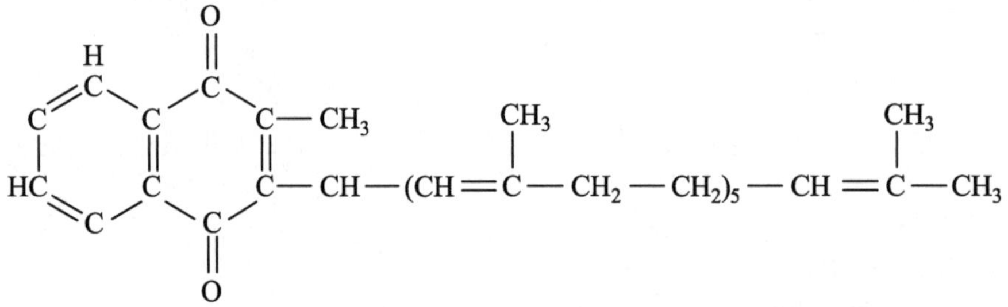

维生素K_2

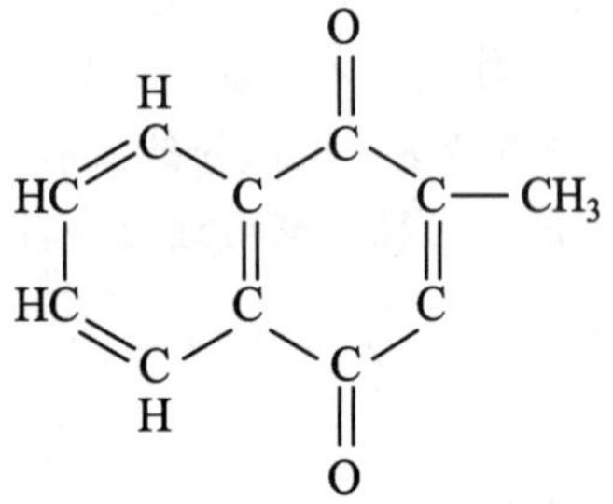

维生素K_3

图 2-4　维生素 K 的分子结构

1. 维生素 K 生理功能

（1）促进血液凝固。维生素 K 是凝血因子 γ-羧化酶的辅酶，是四种凝血蛋白（凝血酶原、转变加速因子、抗血友病因子和司徒因子）在肝脏内合成必不可少的物质，可减少女性生理期大量出血，还可防止内出血及痔疮。人体维生素 K 缺乏，凝血时间延长，严重者会流血不止，甚至死亡。

（2）参与骨骼代谢。维生素 K 参与合成 BGP（维生素 K 依赖蛋白质），BGP 能调节骨骼中磷酸钙的合成。老年人的骨密度和维生素 K 呈正相关。

2. 吸收与代谢

膳食中维生素 K 都是脂溶性的，其吸收需要胆汁协助，主要由小肠吸收入淋巴系统，在正常情况下其中约 40%~70% 可被吸收。其在人体内的半减期比较短，约 17 小时。

3. 维生素 K 需要量

维生素 K 缺乏会减少凝血酶原的合成，导致出血时间延长，出血不止，即便是轻微的创伤也可能引起血管破裂，出现皮下出血以及肌肉、脑、胃肠道、腹腔、泌尿生殖系统等器官或组织的出血或尿血、贫血甚至死亡。如：新生儿吐血，脐带及包皮部位出血；小儿慢性肠炎；热带性下痢。成人凝血不正常，低凝血酶原症，血液凝固时间延长、皮下出血，流鼻血、尿血、胃出血及瘀血等症状；摄入过量的维生素 K 可引起溶血、正铁血红蛋白尿和卟啉尿症。

人类维生素 K 一方面来源于肠道细菌合成，主要是 K_2，占 50%~60%。另一方面来源于食物，主要是 K_1，占 40%~50%。维生素 K_1 在菠菜、苜蓿、白菜、肝脏中含量较高。每 100 克绿叶蔬菜可以提供 50~800 微克的维生素 K，是最好的维生素 K 食物来源，其次是奶及肉类，水果及谷类含量低。一般成年人每公斤体重一天自食物中摄取约 1~2 毫克便足够，一般人不会缺乏。人工合成的水溶性维生素 K 更易于人体吸收，已广泛地用于医疗上。

三、水溶性维生素

（一）维生素 B_1

维生素 B_1 又称硫胺素，由嘧啶环和噻唑环通过亚甲基结合而成，为白色结晶或结晶性粉末，味苦，易吸收水分。维生素 B_1 在酸性溶液中很稳定，在碱性溶液中不稳定，易被氧化和受热破坏。还原性物质亚硫酸盐、二氧化硫等能使维生素 B_1 失活。维生素 B_1 分子结构如图 2-5 所示。

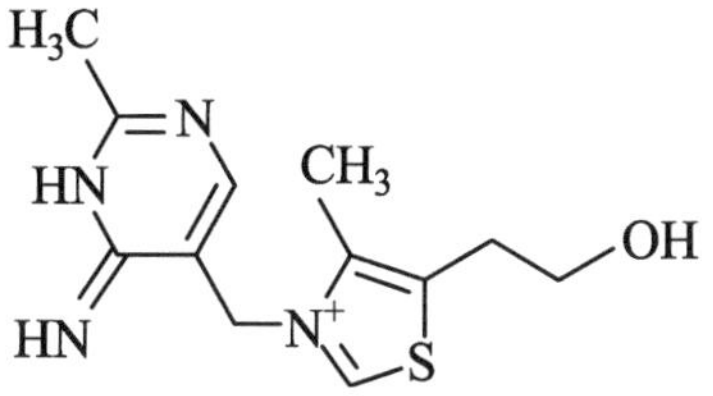

图 2-5　维生素 B_1 分子结构

1. 维生素 B₁ 吸收与代谢

食物中的维生素 B₁ 有游离形式、硫胺素焦磷酸酯和蛋白磷酸复合物三种形式。结合形式的维生素 B₁ 在消化道裂解后在空肠和回肠被吸收。口服维生素 B1 主要是十二指肠吸收。吸收后可分布于机体各组织中，也可进入乳汁，体内不储存。大量饮茶会降低肠道对维生素 B1 的吸收，叶酸缺乏也会导致维生素 B₁ 吸收障碍。维生素 B₁ 在肝、肾和白细胞内转变成硫胺素焦磷酸酯，经肾排泄，不能被肾小管再吸收。血浆半衰期约为 0.35 小时，在体内不储存。

2. 维生素 B₁ 生理功能

维生素 B₁（硫胺素）与焦磷酸生成硫胺素焦磷酸（Thiamine pyrophosphate,TPP）即羧化辅酶（cocarboxylase），在糖代谢中丙酮酸脱羧分解和 α 酮酸的氧化脱羧起辅酶作用，促进糖代谢，增进食欲，促进食物消化吸收。

维生素 B₁ 是维持心脏、神经系统功能所必需的维生素。维生素 B₁ 促进糖的代谢，而神经组织和心脏主要依靠糖代谢提供能量，所以维生素 B₁ 能保持脑神经、心脏和肌肉的功能正常；预防多发性神经炎、脑灰质炎、精神疲劳和倦怠，预防心脏病，被称为"心脏与神经的维生素"。

维生素 B₁ 缺乏时，线粒体功能紊乱和慢性氧化应激，出现脚气病、Wernicke（韦尼克氏）脑病及多神经炎性精神病（Korsakoff 综合征），引起浮肿、流产、早产以及抑郁症。维生素 B₁ 能改善产后抑郁症，预防脚气病。"吃糙米，可以治脚气病"是因为糙米中的维生素 B₁ 含量比较高。

3. 维生素 B₁ 的摄取

随着中国正进入快速的营养转型期，谷物的过度加工以及脂肪和动物性食物供能比例的显著提高，我国居民维生素 B₁ 摄入水平呈现逐年下降的趋势。维生素 B₁ 缺乏时，糖代谢三羧酸循环发生障碍，神经组织的供能减少，引起神经组织功能异常，磷酸戊糖代谢障碍，磷脂类的合成受阻，使周围和中枢神经组织出现脱髓鞘和轴索变性样改变。

当人体的能量主要来源于糖类时，维生素 B₁ 的需要量大。维生素 B₁ 大剂量用药时，可能发生过敏性休克。

成人每日推荐摄入 1.0~1.5 毫克维生素 B₁。维生素 B₁ 在小麦胚芽、全谷物、蛋黄、鱼卵、动物肾脏和肝脏、酵母、菠萝含量较高。

（二）维生素 B₂

维生素 B₂（化学式：$C_{17}H_{20}N_4O_6$，式量 376.37）又叫核黄素，微溶于水，在碱性溶液中易溶解，在强酸溶液中稳定，耐热、耐氧化，光照及紫外照射引起不可逆的分解。维生素 B₂ 分子结构如图 2-6 所示。

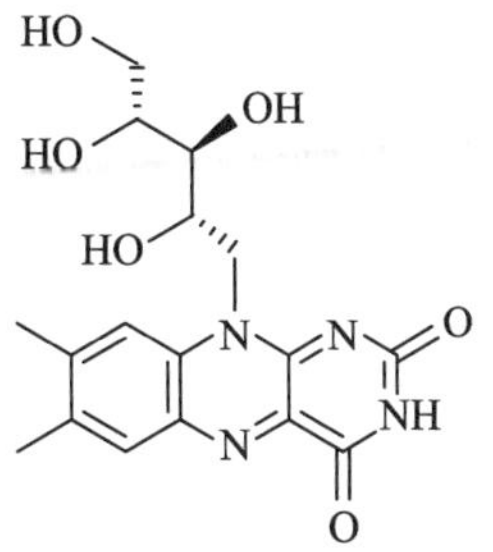

图 2-6 维生素 B_2 结构分子

1. 维生素 B_2 的生理功能

维生素 B_2 在人体内以黄素腺嘌呤二核苷酸（FAD）和黄素单核苷酸（FMN）两种形式参与氧化还原反应，其分子中异咯嗪上 1，5 位 N 存在的活泼共轭双键，既可作氢供体，又可作氢受体，起传递氢的作用，是机体中一些重要的氧化还原酶的辅基，这一类酶又叫脱氢酶，如：琥珀酸脱氢酶、黄嘌呤氧化酶及 NADH 脱氢酶等。FAD 和 FMN 作为辅基主要参与呼吸链能量产生，氨基酸、脂类氧化，嘌呤碱转化为尿酸，芳香族化合物的羟化，蛋白质与某些激素的合成，叶酸的代谢，色氨酸转化为尼克酸，维生素 B_6 转化为磷酸吡哆醛，促进生长发育，是蛋白质、糖、脂肪酸代谢和能量利用所必需的物质。

维生素 B_2 维护细胞膜的完整性，保护皮肤毛囊黏膜及皮脂腺的功能，预防和消除口腔生殖综合症，如口腔内、唇、舌及皮肤的炎反应，保护眼睛，是肌体组织代谢和修复的必需营养素。

维生素 B_2 促进机体铁的吸收、储存和动员，具有一定的其抗氧化活性，其抗氧化活性与黄素酶-谷胱甘肽还原酶有关。

维生素 B_2 促进乳汁分泌、益肝、止痒、抗焦虑，调节肾上腺素的分泌，预防动脉硬化，增进脑记忆功能。

维生素 B_2 堪称人体的解毒大师，分解有害物质。牛油、火腿和酱油中的添加物进入人体内之后可以被维生素 B2 转化为无害的物质。

2. 维生素 B_2 的吸收与代谢

维生素 B_2 是水溶性维生素，容易消化和吸收。膳食中的大部分维生素 B_2 是以黄素单核苷酸（FMN）和黄素腺嘌呤二核苷酸（FAD）辅酶形式和蛋白质结合存在，进入胃后，在胃酸的作用下，与蛋白质分离，在上消化道转变为游离型维生素 B_2 后，在小肠上部被吸收。当摄入量较大时，肝肾的浓度较高，但身体贮存维生素 B_2 的能力有限，超过肾阈即通过泌尿系统，以游离形式排出体外，因此每日必须由饮食供给。

3. 维生素 B_2 摄取

维生素 B2 摄入不足、酗酒、某些药物（如治疗精神病的普吗嗪、丙咪嗪，抗癌药阿霉素，抗疟药阿的平）抑制维生素 B_2 转化为活性辅酶形式，会引发维生素 B_2 的缺乏症：

（1）口腔-生殖综合征（orogenital syndrome）。

人体腔道内的黏膜层就会出现病变，黏膜细胞代谢失调，黏膜变薄、黏膜层损伤、微血管破裂。

口部：嘴唇发红、口角呈乳白色、有裂纹甚至糜烂、口角炎、口腔黏膜溃疡、舌炎、肿胀、疼痛及地图舌等。

眼部：睑缘炎、怕光、易流泪、易有倦怠感、视物模糊、结膜充血、角膜毛细血管增生、引起结膜炎等。

皮肤：鼻唇沟、眉间、眼睑和耳后脂溢性皮炎。

女性生殖器官：女性阴唇炎，阴道壁干燥、阴道黏膜充血、溃破，造成性欲减退、性交疼痛，畏惧同房。

男性阴囊炎：丘疹或湿疹性阴囊炎，常分红斑型、丘疹型和湿疹型。红斑型多见，表现为阴囊对称性红斑，境界清楚，上覆有灰褐色鳞屑；丘疹型为分散在群集或融合的小丘疹；湿疹型为局限性浸润肥厚、苔藓化，可有糜烂渗液、结痂。

（2）胎儿发育不良，儿童生长迟缓，轻中度缺铁性贫血。

成人每日需 1.2~1.7 毫克维生素 B_2。维生素 B_2 在各类食品中广泛存在，但通常动物性食品中的含量高于植物性食物，如各种动物的肝脏、肾脏、心脏、蛋黄、鳝鱼以及奶类等。许多绿叶蔬菜和豆类含量也多，谷类和一般蔬菜含量较少。

由于核黄素溶解度相对较低，肠道吸收有限，故一般来说，核黄素不会引起过量中毒。摄取过多，可能引起瘙痒、麻痹、流鼻血、灼热感、刺痛等。

（三）维生素 B_3（烟酸）

维生素 B_3 也称烟酸或维生素 PP，又名尼克酸，分子式 $C_6H_5NO_2$（见图 2-7）耐热，能升华。烟酸经氨基转移作用生成烟酰胺，在血流中的主要形式是烟酰胺。烟酰胺与磷酸核糖焦磷酸反应形成烟酰胺单核苷酸，后者与 ATP 结合成烟酰胺腺嘌呤二核苷酸（nico-tinamide adenine dinucleotide，NAD），又称辅酶Ⅰ（CoⅠ）。NAD 与腺苷三磷酸（ATP）结合成烟酰胺腺嘌呤二核苷酸磷酸（nico-tinamide adenine dinucleotide phosphate，NADP），又称辅酶Ⅱ（CoⅡ） NAD 与 NADP 起脱氢辅酶的作用，为细胞氧化还原反应的主要辅酶。烟酸、烟酰胺均溶于水及酒精，性质比较稳定，不易被酸、碱、氧、光或加热破坏；一般烹调加工损失很小，但会随水流失。人们把烟酸和烟酰胺都称为维生素 B_3。

图 2-7　维生素 B_3 分子结构

1. 维生素 B_3 吸收与代谢

烟酸和烟酰胺几乎全部在胃和小肠吸收，低浓度时依赖钠的易化吸收，高浓度时则以被动扩散为主。烟酸存在于所有细胞中，仅少量可在体内储存，过多的烟酸在肝中甲基化成为甲基烟酰胺和 2-吡啶酮自尿排出。

烟酸可由色氨酸转化而来，膳食中约15%的色氨酸可转化为烟酸，色氨酸先变成犬尿氨酸，需要色氨酸吡咯酶与甲酰酶，水解甲酰犬尿氨酸为犬尿氨酸，再由1-犬尿酸水解酶分解犬尿酸或黄尿酸为3-羟氨基苯甲酸，然后在5-磷酸核糖焦磷酸的作用下，由哺乳类肝脏的酶系统变成烟酸。色氨酸转化为烟酸的效率受到各种营养素的影响，当维生素 B_6、维生素 B_2 和铁缺乏时其转化变慢，当蛋白质、色氨酸、能量和烟酸的摄入受限制时，色氨酸的转化率增加。

烟酸经代谢产物为 N'-甲基烟酰胺及 N'-甲基-2-吡酮-5-甲酰胺，前者为尿中排泄量的20%~30%，后者为尿中排泄量的40%~60%。也有与甘氨酸结合而成的烟酰甘氨酸。

2. 维生素 B_3 的生理功能

烟酸在体内以辅酶 I、辅酶 II 形式作为脱氢酶的辅酶在生物氧化中起递氢体的作用，参与葡萄糖酵解、丙酮酸代谢、戊糖的生物合成、氨基酸、蛋白质、嘌呤、脂质代谢。在动物的能量利用及脂肪、蛋白质和碳水化合物合成与分解方面都起着重要的作用。

烟酸有较强的扩张周围血管作用，促进血液循环，降低血浆甘油三酯,抑制胆固醇的形成，具有降血脂、降血压的作用，是防治心血管疾病的优良药物。

烟酸是人体抗糙皮病因子，促进皮肤健康，可用于糙皮病、舌炎、口炎及其他皮肤病的防治。

烟酸提高锌和铁的利用率，烟酸缺乏时锌吸收率、肠道锌和肝内铁的含量明显降低。

烟酸促进消化系统的功能，减轻胃肠障碍，减轻腹泻现象。临床用于治疗头痛、偏头痛、耳鸣、内耳眩晕症等。

3. 维生素 B_3 的摄入

烟酸及烟酰胺广泛存在于食物中。植物性食物中主要存在的是烟酸，动物性食物中以烟酰胺为主。烟酸是少数相对稳定的维生素，即使经烹调及储存亦不会大量流失。烟酸和烟酰胺在肝、肾、瘦畜肉、鱼以及坚果类中含量丰富；乳、蛋中的含量虽然不高，但色氨酸较多，可转化为烟酸。谷物中的烟酸80%~90%存在于种皮中，故加工影响较大。

一般膳食中并不缺乏烟酸，只有以玉米为主食的地区易缺乏烟酸，主要因玉米中的烟酸为结合型，不被吸收利用，且玉米中色氨酸少，不能满足人体合成烟酸的需要。某些胃肠道疾患和长期发热等使烟酸的吸收不良或消耗增多，均可诱发烟酸缺乏。服用大量异烟肼可干扰吡哆醇作用，影响色氨酸转变为烟酸，也可引起烟酸缺乏。

烟酸缺乏时,易患糙皮病、精神错乱、定向障碍、癫痫发作、紧张性精神分裂症、幻觉、意识模糊、谵妄，周围神经炎的症状如四肢麻木、烧灼感、腓肠肌压痛及反射异常，有时有亚急性脊髓后侧柱联合变性症状。

成人每日摄入烟酸13~20毫克为宜，酵母、肉、鱼、家禽、花生、豆类和全谷物为其良好来源。

（四）维生素 B_5

维生素 B_5 也叫泛酸，是丙氨酸借肽键与 α,γ-二羧-β-β-二甲基丁酸缩合而成，是辅酶A（CoA）及酰基载体蛋白（acyl carrier protein,ACP）的组成部分，在组织中，泛酸会转变为辅酶 A，有旋光性，仅 D 型（[a]=+37.5°）有生物活性。游离泛酸是一种淡黄色黏稠的油状物，具酸性，易溶于水和乙醇，不溶于苯和氯仿，在酸、碱、光及热等条件下都不稳定。消旋泛酸具有吸湿性和静电吸附性。维生素 B5 分子结构如图 2-8 所示。

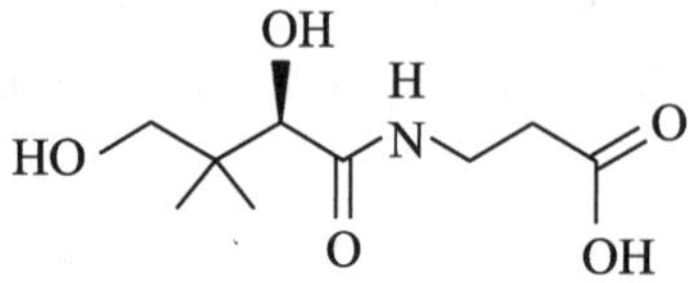

图 2-8　维生素 B₅ 分子结构

1. 维生素 B₅ 的吸收

泛酸依靠 Na^+ 依赖的多维生素转运体主动吸收。该转运体为泛酸硫辛酸、生物素所共享，由膜内负电位活化。每转运一个泛酸需要两个 Na^+ 协同。泛酸在肠内被吸收进入人体后，经磷酸化并与巯基乙胺结合生成 4-磷酸泛酰巯基乙胺。4-磷酸泛酰巯基乙胺是辅酶 A（CoA）及酰基载体蛋白（ACP）的组成部分，CoA 及 ACP 为泛酸在体内的活性型。

2. 维生素 B₅ 生理功能

泛酸的活性形式辅酶 A（CoA）是生物体内酰基的载体，参与丙酮酸、α 酮戊二酸和脂肪酸的氧化作用，在糖、脂类及蛋白质的代谢中起转移酰基的作用。在糖代谢中丙酮酸转变为乙酰辅酶 A，合成脂肪酸，或与草酰乙酸形成柠檬酸进入三羧酸循环。泛酸也是体内乙酰化酶的辅酶。12 种氨基酸（丙、甘、丝、苏、半胱、苯丙、亮、酪、赖、色、苏及异亮氨酸）的碳链分解代谢都形成乙酰辅酶 A，参加体内能量的形成。

泛酸为脂肪酸合成类固醇（steroids）所需，有助于体内类固醇的分泌，可以保持皮肤和头发的健康。

泛酸促进肾上腺分泌足够的肾上腺激素（可的松），使蛋白质转化成脂肪及糖，对维持肾上腺正常机能非常重要；

泛酸能增加抗体合成，抵抗传染病，并有助于伤口的愈合，预防关节炎、艾迪森氏病（Addison's disease）、红斑狼疮（Lupus erythematosus）等缺乏泛酸所引起的疾病。

泛酸是大脑神经必需的营养物质，是人体利用对氨基苯甲酸和胆碱的必需物质；另外，泛酸以 CoA 的形式清除自由基，保护细胞质膜不受损害，CoA 也可以通过促进磷脂合成帮助细胞修复自由基的损伤，具有抗脂质过氧化作用。

3. 维生素 B₅ 日需要量

健康人的血糖因转化为能量而降低时，身体中所储存的淀粉或肝糖立即转化为糖，补充血糖的浓度。如果所储存的肝糖已经消耗完毕，肾上腺激素会立刻使身体中的蛋白质转化成脂肪及糖，这些糖一部分补充血糖至正常浓度，而一部分转变为肝糖储存起来。人体缺乏泛酸时，无法合成能将蛋白转化为糖（及脂肪）的肾上腺激素，血糖持续偏低，将导致紧张、哮喘、胃溃疡、急躁、倦怠、眩晕、头痛甚至晕倒等症状，过氧化物酶体脂肪酸氧化受到抑制，并可能导致脑部伤害，心跳加速、抽筋、沮丧不安、暴躁易怒、挑衅、双手颤抖、血液中的 α-球蛋白减少，抗体减少，无法入睡，双脚有烧灼疼痛的感觉，血压偏低，胃酸、消化酶分泌减少，肠道蠕动减弱，消化不良、便秘，过敏。

泛酸缺乏导致肾上腺肿大或出血，无法分泌可的松，导致关节炎、爱迪森氏病（Addison's disease）、红斑狼疮（Lupus erythematosus）等。体重过重又缺泛酸的人，容易罹患关节炎及痛风。

人类对泛酸的需要量随着每天所承受的压力大小而异。健康的成人每天摄取 30~50 毫克适当。泛酸在食物中广泛存在，肉类、动物肾脏与心脏、未精制的谷类、麦芽与麦麸、绿叶蔬菜、啤酒酵母、坚果类、未精制的糖蜜含量丰富，肠道细菌又可合成，人类未发现典型的缺乏症。

（五）维生素 B_6（吡哆醇类）

维生素 B_6 包括吡哆醇、吡哆醛及吡哆胺，在体内以磷酸酯的形式存在。维生素 B_6 为无色晶体，是一种水溶性维生素，易溶于水及乙醇，在酸液中稳定，在碱液或遇光易被破坏。吡哆醇耐热，吡哆醛和吡哆胺不耐高温。维生素 B6 的分子结构如图 2-9 所示。

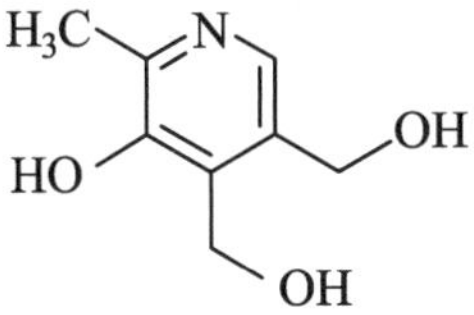

图 2-9 维生素 B_6 分子结构

1. 维生素 B_6 的功能

（1）参与蛋白质合成与分解代谢。维生素 B_6 为转氨酶的辅酶，在蛋白质代谢中起重要作用，主要以磷酸吡哆醛（PLP）形式参与近百种酶反应，多数与氨基酸代谢有关，包括转氨基、脱羧、侧链裂解、脱水及转硫化作用。如参与同型半胱氨酸向蛋氨酸的转化，轻度高同型半胱氨酸血症被认为可能是血管疾病的一种危险因素，维生素 B_6 可降低血浆同型半胱氨酸含量。

（2）维生素 B_6 参与糖异生、UFA（不饱和脂肪酸）代谢，与血红素的代谢、色氨酸合成烟酸、糖原、神经鞘磷脂和类固醇的代谢有关。

（3）维生素 B_6 参与某些神经介质（5-羟色胺、牛磺酸、多巴胺、去甲肾上腺素和 γ -氨基丁酸）合成，能治疗神经衰弱、眩晕，防治妊娠呕吐。

（4）维生素 B_6 与一碳单位、维生素 B_{12} 和叶酸盐的代谢有关，如果其代谢障碍可造成巨幼红细胞贫血。

（5）维生素 B_6 参与 RNA（核糖核酸）和 DNA（脱氧核糖核酸）合成，与维生素 B_2 的关系+分密切，维生素 B_6 缺乏常伴有维生素 B_2 缺乏症状。

（6）维生素 B_6 对治疗糖尿病有效，缺乏维生素 B_6 会阻碍胰岛素因子的产生。

2. 吸收与代谢

食物中维生素 B_6 包括 PLP（磷酸吡哆醛）、PMP（磷酸吡哆胺）、PN（吡哆醇），PLP、PMP 在小肠腔内必须由非特异性磷解酶（nospecific phosphoh Ydrolase）分解为 PL（吡哆醛）、PM（吡哆胺）才能吸收。给予饥饿的人以 PN、PL、PM，0.5~3 小时达到高峰，剂量小（0.5~4

毫克）时，血浆维生素 B_6 水平在 3~5 小时后又恢复到饥饿时水平。服用 PL 后血浆维生素 B_6 水平及尿中 PA（前白蛋白）升高较快。摄入 PN 后，血浆 PL 可以增加 12 倍。PM 吸收代谢较 PN，PL 都慢。

摄入大剂量（如 10mg）PLP 时，血浆维生素 B6 及 PLP 在 24 小时内持续上升，维持在高水平上。血浆中 PLP 虽占血浆中维生素 B6 的 60%，但与蛋白相结合，不易为其他细胞所利用。血浆中 PL 与白蛋白结合不牢固，为运输形式，能被组织摄取，并氧化为 PA。PN 运输至小肠黏膜，可在肠黏膜中合成 PNP，血流中 PN 可扩散到肌肉中，然后磷酸化。

PN 及 PL 通过扩散进入到红细胞中，并为激酶磷酸化。人的红细胞可将 PNP（磷酸吡哆醇）氧化为 PLP。PN 在超过红细胞 PL 激酶饱和浓度时，可在 3~5 分钟进入到红细胞中。PL 在浓度超过磷酸激酶的浓度时，与血红蛋白 α-链中末端缬氨酸相结合，在红细胞中积累，在红细胞中的浓度可为血浆中之 4~5 倍。红细胞中的 PL 可能也是一种运输方式。

PN 为肝细胞纳入后，相继为 PL 激酶及 PNP 氧化酶作用而生成 PLP，然后再经磷解作用转变为 PL，进入循环系统中，运至有磷酸激酶的组织形成 PLP。维生素 B_6 缺乏的动物（大鼠）PL 激酶有所下降，饲养 5 周的大鼠肝中，PL 肝激酶下降 50%，而脑中仅下降 14%，这也说明维生素 B_6 对神经系统的重要性。

维生素 B_6 在血流中可扩散到肌肉中而磷酸化，若 PN 剂量增加，肌肉中 PN 的含量增加，而 PNP 的含量减少。大鼠 60% 维生素 B_6 在肌肉中，其中 75%~95% 与糖原磷酸化酶（Glycogenphosphorylase）相联系。此酶占肌肉可溶性蛋白之 5%，可能为维生素 B_6 的储存场所。通过肌肉蛋白的转换，将维生素 B_6 分解出来以满足最低需要量。

维生素 B_6 的主要代谢产物 PA，可代表维生素 B_6 摄取入量的 20%~40%，尿中 PA 只可作为摄入量的指标，而不能作为体内的储存指标。尿中除 PA 外，尚有小量的 PN、PL 等。给以生理剂量时，在 3 小时内大部分以 PA 排出。PN 在肾小管中积累，当 PN 浓度较大时，可由肾排出。PL 不易被肾排除，也不易被肾纳入，纳入后以磷酸化形式积累。人口服大剂量（100 毫克）PL、PM、PN 后，在 36 小时内大部分原物从尿中排出。

3. 维生素 B_6 的摄入

人体缺乏维生素 B_6 容易引起过敏性反应，如过敏性湿疹的荨麻疹。如果体质过敏，更需补充足够的维生素 B_6。血液中高浓度的高半胱氨酸与动脉血栓疾病症状具有高度的相关性，荷兰科研人员通过长达 2 年的实验发现，每天服用维生素 B_6 250 毫克和叶酸 5 毫克，能够减少血浆高半胱氨酸浓度，并使心电图运动测试的异常表现恢复正常。

成人每天维生素 B_6 需要量为 2 毫克，妇女怀孕期为 2.2 毫克。维生素 B_6 在食物中广泛存在，肉类、全谷物、肝脏、蛋类、乳制品、绿叶蔬菜含量较高，肠道细菌又可合成，人类未发现典型的缺乏症。

（六）维生素 B_7（生物素）

维生素 B_7（生物素）又名维生素 H，为无色长针状结晶，具有尿素与噻吩相结合的骈环，并带有戊酸侧链；极微溶于水（22 毫克/100 毫升水，25℃）和乙醇（80 毫克/100 毫升，25℃），遇强碱或氧化剂则分解。维生素 B_7 分子结构如图 2-10 所示。

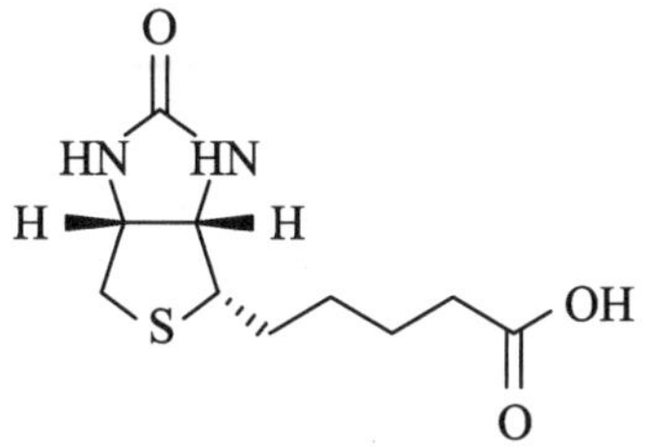

图 2-10 维生素 B_7 分子结构

1. 维生素 B_7 的吸收与分布

生物素从胃和肠道迅速吸收，血液中生物素的 80% 以游离形式存在，分布于全身各组织，在肝、肾中含量较多，大部分生物素以原形由尿液中排出，仅小部分代谢为生物素硫氧化物和双降生物素。

2. 维生素 B_7 的生理功能

维生素 B_7 的主要功能是在脱羧——羧化反应和脱氨反应中起辅酶作用，参与丙酮酸羧化而转变成为草酰乙酸，乙酰辅酶 A 羧化成为丙二酰辅酶 A 等糖及脂肪代谢中的主要生化反应，帮助脂肪、肝糖和氨基酸在人体内进行正常的合成与代谢；与碳水化合物和蛋白质互变，以及碳水化合物和蛋白质向脂肪转化等有关，还参与维生素 B_{12}、叶酸、泛酸的代谢；促进尿素合成与排泄。

维生素 B_7 是维持机体上皮组织健全所必需的物质。维生素 B_7 缺乏时，可引起黏膜与表皮的角化、增生和干燥，产生干眼症，严重时角膜角化增厚、发炎，甚至穿孔、失明，消化道、呼吸道和泌尿道上皮细胞组织不健全，易于感染。

维生素 B_7 促进胸腺增生，使正常组织的溶酶体膜稳定，促进一系列细胞因子的分泌，维持机体的体液免疫、细胞免疫正常，增强机体免疫力。

维生素 B_7 促进神经组织、骨髓、男性性腺、皮肤及毛发的生长，减轻湿疹、皮炎症状；预防白发及脱发，有助于治疗秃顶；生物素缺乏时，生殖功能衰退，骨骼生长不良，胚胎和幼儿生长发育受阻，皮脂腺及汗腺角化，皮肤干燥，毛囊丘疹和毛发脱落。

人的视网膜内有两种感光细胞，其中杆细胞对弱光敏感，与暗视觉有关，因为杆细胞内含有感光物质视紫红质，它是由视蛋白和顺视黄醛构成。维生素 B_7 在体内氧化生成顺视黄醛和反视黄醛，构成视觉细胞感光物质。当维生素 B_7 缺乏时，顺视黄醛得不到足够的补充，杆细胞不能合成足够的视紫红质，从而出现夜盲症。

维生素 B_7 能帮助糖尿病患者控制血糖水平，并防止该疾病造成的神经损伤，缓和肌肉疼痛；对忧郁、失眠有一定助益。

3. 维生素 B_7 的摄入

维生素 B_7 缺乏使人头皮屑增多，容易掉发，少年白发；肤色暗沉、面色发青、皮肤炎；湿疹，萎缩性舌炎，感觉过敏，厌食和轻度贫血、忧郁、失眠、疲倦、肌肉疼痛，打瞌睡等神经症状。

维生素 B$_7$ 的毒性很低，大剂量的维生素 B$_7$ 治疗脂溢性皮炎未发现蛋白代谢异常或其他代谢异常。

人体每天维生素 B$_7$ 需要量 100~300 微克。生物素在食物中广泛存在，在牛奶、牛肝、蛋黄、动物肾脏、草莓、柚子、葡萄等水果、瘦肉、糙米、啤酒、小麦、蘑菇和坚果中含量丰富，肠道细菌又可合成，人类未发现典型的缺乏症。生鸡蛋清中有一种抗维生素 B$_7$ 的蛋白质能和生物素结合，使维生素 B$_7$ 不能由消化道吸收。

（七）维生素 B$_9$（叶酸）

叶酸由蝶啶、对氨基苯甲酸和 L-谷氨酸组成，也叫蝶酰谷氨酸。1941 年，因为从菠菜叶中发现，所以被命名为叶酸。叶酸是黄色结晶，微溶于水，在酸性溶液中不稳定，易被光破坏，在室温下储存易损失。叶酸分子结构和代谢图如图 2-11 所示。

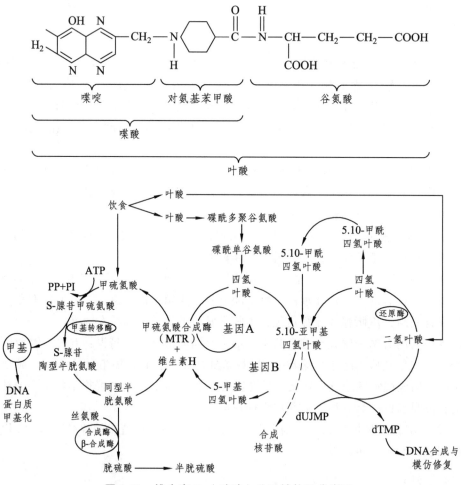

图 2-11　维生素 B$_9$（叶酸）分子结构及代谢图

1. 叶酸的吸收与排泄

叶酸在肠道吸收后，经门静脉进入肝脏，在肝内二氢叶酸还原酶的作用下，转变为具有活性的四氢叶酸。经口服给药，在胃肠道（主要是十二指肠上部）几乎完全被吸收，5~20 分钟后可出现在血中，1 小时后可达最高血药浓度。大部分储存在肝内，体内的叶酸主要被分解为蝶呤和对氨基苯甲酰谷氨酸。血浆半衰期约为 40 分钟。由胆汁排至肠道中的叶酸可再被吸收，形成肝肠循环。

维生素 C 与叶酸同服，可抑制叶酸在胃肠中吸收，大量的维生素 C 会加速叶酸的排出。

2. 叶酸的生理功能

叶酸作为一碳单位转移酶系的辅酶，在体内以四氢叶酸的形式起作用，四氢叶酸参与嘌呤核苷酸和嘧啶核苷酸的合成和转化，在甘氨酸与丝氨酸、组氨酸和谷氨酸、苯丙氨酸与酪氨酸，同型半胱氨酸与蛋氨酸之间的相互转化过程中充当一碳单位的载体，参与血红蛋白卟啉基的形成及肾上腺素、胆碱、肌酸等甲基化合物如的合成，对蛋白质、核酸的合成、各种氨基酸的代谢及细胞分裂和增殖有重要作用。

叶酸参与红细胞和白细胞的快速增生，叶酸与维生素 B_{12} 共同促进红细胞的成熟，具有抗贫血功能。

3. 叶酸的摄取

叶酸缺乏时，脱氧胸苷酸、嘌呤核苷酸的形成及氨基酸的互变受阻，细胞内 DNA 合成减少，细胞的分裂成熟发生障碍，血中高半胱氨酸水平提高，易引起动脉硬化，巨幼红细胞性贫血及细胞球减少，诱发结肠癌和乳腺癌。孕妇缺乏叶酸有可能导致胎儿出生时出现低体重、唇腭裂、心脏缺陷等。

叶酸是水溶性维生素，一般超出成人最低需要量 20 倍也不会引起中毒。凡超出血清与组织中和多肽结合的量均从尿中排出。服用大剂量叶酸可能干扰抗惊厥药物的作用，诱发病人惊厥发作。口服叶酸 350 毫克可能影响锌的吸收而导致锌缺乏，使胎儿发育迟缓，出生儿体重降低，掩盖维生素 B_{12} 缺乏的早期表现，而导致神经系统损害。

天然叶酸广泛存在于动植物类食品中，凡是含维生素 C 高的食物如新鲜蔬菜、水果都含叶酸，尤以酵母、肝及绿叶蔬菜中含量比较多，通常不需另外补充叶酸。成人的建议每天摄入 400 微克，孕期 600 微克，最高摄入量（UL）为每日 1 000 微克。

由于天然的叶酸极不稳定，易受阳光、加热的影响而发生氧化，叶酸生物利用度较低，在 45%左右。合成的叶酸在数月或数年内可保持稳定，容易吸收且人体利用度高，约高出天然制品的一倍。

（八）维生素 B_{12}（钴胺素）

维生素 B_{12} 又叫钴胺素，是唯一含矿物质的维生素，其分子核心结构是一个 3 价钴与 4 个吡咯环连在一起组成 1 个咕啉大环（与卟啉相似，见图 2-12）。高等动植物不能制造维生素 B_{12}，自然界的维生素 B_{12} 都是微生物合成的，是唯一的一种需要一种肠道分泌物（内源因子）帮助才能被吸收的维生素,在肠道内停留时间长，大约需要 3 小时（大多数水溶性维生素只需要几秒钟）才能被吸收。维生素 B_{12} 因含钴而呈浅红色的针状结晶，易溶于水和乙醇，在 pH 值 4.5~5.0 弱酸条件下最稳定，强酸（pH<2）或碱性溶液中分解，遇热可有一定程度破坏，遇强光或紫外线易被破坏。普通烹调过程损失量约 30%。

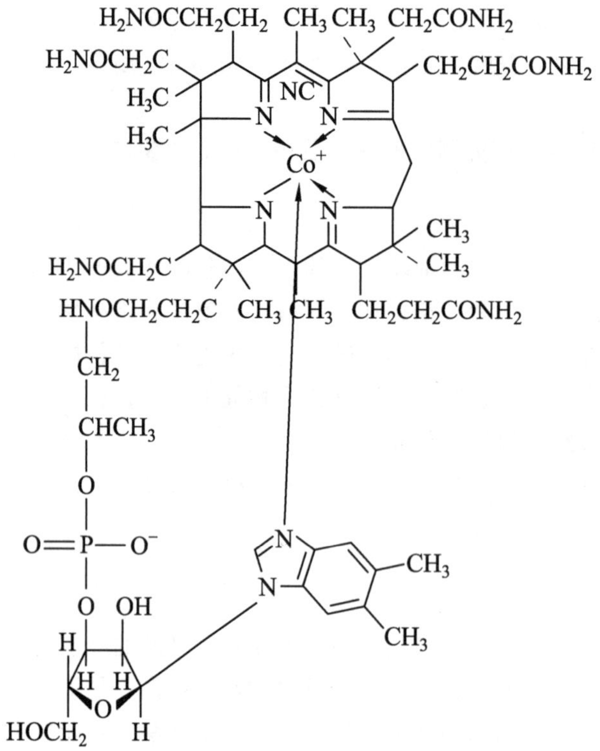

图 2-12 维生素 B_{12} 分子结构

1. 维生素 B_{12} 的吸收与排泄

食物中的维生素 B_{12} 与蛋白质结合，进入人体消化道内，在胃酸、胃蛋白酶及胰蛋白酶的作用下，维生素 B_{12} 被释放，并与胃黏膜细胞分泌的一种糖蛋白内因子（IF）结合。维生素 B_{12}-IF 复合物在回肠被吸收。维生素 B_{12} 的储存量很少，有 2~3 毫克在肝脏。主要从尿排出，部分从胆汁排出。

维生素 B_{12} 与氯霉素合用，可抵消维生素 B_{12} 具有的造血功能；维生素 C 可破坏维生素 B_{12}，维生素 C 与维生素 B_{12} 同时给药或长期大量摄入维生素 C 可使维生素 B_{12} 血浓度降低；氨基糖苷类抗生素-对氨基水杨酸类苯巴比妥苯妥英钠扑米酮等抗惊厥药及秋水仙碱等可减少维生素 B_{12} 从肠道的吸收；消胆胺可结合维生素 B_{12} 减少其吸收。

2. 维生素 B_{12} 生理功能

维生素 B_{12} 是几种变位酶的辅酶，起着分子重排作用。如甲基天冬氨酸变位酶，催化 Glu 转变为甲基 Asp；甲基丙二酰 CoA 变位酶，将甲基丙二酰辅酶 A 转化成琥珀酰辅酶 A，参与三羧酸循环，其中琥珀酰辅酶 A 与血红素的合成有关，促进红细胞的发育和成熟，促进肌体造血机能，预防恶性贫血。

维生素 B_{12} 是甲基转移酶的辅酶，参与甲基及其他一碳单位的转移反应，如参与蛋氨酸、胸腺嘧啶等的合成，使甲基四氢叶酸转变为四氢叶酸而将甲基转移给甲基受体（如同型半胱氨酸），因此维生素 B_{12} 可促进碳水化合物、脂肪、核酸和蛋白质的代谢。

维生素 B_{12} 与叶酸一起合成甲硫氨酸（由高半胱氨酸合成）和胆碱，保护叶酸在细胞内的转移和贮存，增加叶酸的利用率。维生素 B_{12} 缺乏时，从甲基四氢叶酸上转移甲基基团减少，使叶酸变成不能形成可利用的形式，导致叶酸缺乏症。

维生素 B_{12} 是维持神经系统功能健全不可缺少的物质，参与神经组织中一种脂蛋白的形成，维护神经髓鞘的代谢与功能。缺乏维生素 B_{12} 时，可导致周围神经炎，神经障碍、脊髓变性，引起严重的精神症状。儿童缺乏维生素 B_{12} 的早期表现是情绪异常、表情呆滞、反应迟钝，最后导致贫血。

3. 维生素 B_{12} 的摄取

维生素 B_{12} 和叶酸缺乏，可导致细胞内胸腺嘧啶核苷酸和胸腺嘧啶脱氧核苷三磷酸（dTTP）减少，而尿嘧啶脱氧核苷酸（dUMP）和脱氧三磷酸尿苷（dUTP）增多，使尿嘧啶掺合入 DNA，使 DNA 呈片段状，DNA 复制减慢，核分裂时间延长（S 期和 G1 期延长），故细胞核比正常大，核染色质呈疏松点网状，而胞质内 RNA 及蛋白质合成并无明显障碍，核浆发育不同步，形成胞体巨大的"老浆幼核"细胞，以幼红细胞最显著，称巨幼红细胞,也见于粒细胞、巨核细胞，甚至某些增殖性体细胞。该巨幼红细胞易在骨髓内破坏，出现无效性红细胞。最终导致红细胞数量不足，表现贫血症状。

注射过量的维生素 B_{12} 可出现哮喘、荨麻疹、湿疹、面部浮肿、寒颤等过敏反应，也可能发生神经兴奋、心前区痛和心悸,还可导致叶酸的缺乏。

自然界中维生素 B_{12} 主要是通过草食动物的瘤胃和结肠中的细菌合成，因此，膳食来源主要为动物性食品，其中动物内脏、肉类、蛋类是维生素 B_{12} 的丰富来源。豆制品经发酵也产生一部分维生素 B_{12}。人体肠道细菌也可以合成一部分。

维生素 B_{12} 日推荐量：成人 3.0 微克，孕妇 4.0 微克，乳母 4.0 微克。

（九）胆碱

胆碱为三甲基胺的氢氧化物，其分子结构式为 $HOCH_2CH_2N+（CH_3）_3$（见图 2-13）。

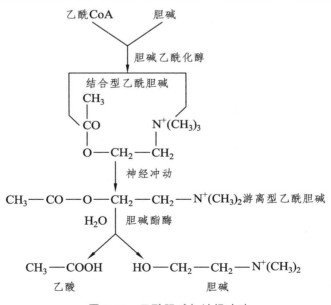

图 2-13　乙酰胆碱与神经冲动

胆碱是季胺碱，是一种强有机碱，为无色结晶，易溶于水和乙醇，不溶于氯仿、乙醚等非极性溶剂，有很强的吸湿性，水溶液呈无色味苦的白色浆液，易与酸反应生成更稳定的结晶盐（如氯化胆碱），在强碱条件下不稳定，但对热相当稳定。胆碱能穿过"脑血管屏障"进入脑细胞。

1. 胆碱生理功能

胆碱是构成生物膜的重要成分，细胞膜磷脂酰肌醇衍生物特别是磷脂酰胆碱为能够放大外部信号或通过产生抑制性第二信使而中止信号。在信号传递过程中，膜受体激活导致受体结构的改变进而激活三磷酸鸟苷结合蛋白（GTP-binding protein，G-蛋白）。G-蛋白的激活进一步激活膜内磷脂酶 C。磷脂酶 C 可水解磷脂的甘油磷酸键，生成二脂酰甘油和一个亲水的可溶性（极性）头（基团），使蛋白激活酶（PKC）活化。正常情况下，蛋白激活酶处于折叠状态，一个内源性的"假性底物"结合在酶的催化部位，从而抑制了其活性。二脂酰甘油使蛋白激活酶构象发生改变，其铰链区发生扭曲，"假性底物"释放，催化部位开放，从而传递信号。

细胞凋亡的一特征性变化即具有转录活性的核 DNA 被水解成 200bp（碱基对）的染色质碎片，从而在凝胶电脉中形成梯度变化。DNA 链的断裂是胆碱缺乏的早期表现，将鼠肝细胞置于缺乏胆碱的培养基中可使之凋亡。

胆碱对脂肪有亲合力，可促进脂肪以磷脂形式由肝脏通过血液输送出去，或改善脂肪酸在肝中的利用，防止脂肪在肝脏里积聚。

胆碱和磷脂具有良好的乳化特性，磷脂酰胆碱同脂肪代谢密切相关，能阻止胆固醇在血管内壁的沉积并清除部分沉积物，改善脂肪的吸收与利用，降低血胆固醇、总酯，预防脂肪肝及动脉粥样硬化等心血管疾病。

胆碱是活性甲基的一个主要来源，为机体代谢提供甲基，在人体内与各种基团结合，形成各种具有重要生理功能的胆碱衍生物，如乙酰胆碱是一种神经递质，与神经兴奋和传导有关，L-α-甘油磷脂酰胆碱（GPC），能改善脑功能，提高注意力、记忆力，改善脑波曲线，减慢脑功能衰退。

2. 胆碱的摄取

胆碱缺乏导致动物（除反刍动物外）肝脏功能异常，大量脂质（主要为甘油三酯）积累。有报道胆碱缺乏与生长迟缓、骨质异常，造血障碍和高血压、不育症有关。

动物已形成若干机制以保证生长发育中获得足够的胆碱：胎盘可调节向胎儿的胆碱运输，羊水中胆碱浓度为母血中 10 倍，新生儿大脑从血液中汲取胆碱的能力极强，此外，人类乳汁可为新生儿提供大量胆碱，保证胎儿和新生儿获得足够的胆碱。

成人一天的饮食中应含有 500~900 毫克的胆碱。富含胆碱的食物有蛋类、动物的脑、心脏与肝脏、乳制品、大豆、绿叶蔬菜、啤酒酵母、麦芽、大豆卵磷脂等。

（十）肌醇

肌醇即环己六醇，广泛分布在动植物体内，为白色晶体，溶于水和乙酸，耐酸、碱及热。熔点 253℃，密度 1.752 克/厘米^3（15℃），无旋光性。在动物细胞中，主要以肌醇磷脂的形式存在，在谷物中则常与磷酸结合形成六磷酸酯即植酸，而植酸能与钙、铁、锌结合成不溶性化合物，影响人体对这些营养的吸收。肌醇分子结构如图2-14所示。

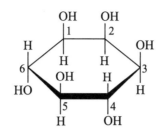

图2-14 肌醇分子结构

1．肌醇的生理功能

肌醇对脑细胞有镇静作用，能促进毛发的生长，防止脱发，预防湿疹；肌醇有代谢脂肪和胆固醇的作用，可降低胆固醇和脂肪含量，帮助体内脂肪重新分布，预防动脉硬化，帮助清除肝脏的脂肪，可以用于脂肪肝、高脂血症的辅助治疗。

2．肌醇的摄取

人体缺乏肌醇会得湿疹，头发易变白，一般每日的摄取量是250~500毫克。

富含肌醇的食物有动物心脏、肝脏、肌肉和未成熟的豌豆、白花豆（lima bean）、啤酒酵母、牛脑、美国甜瓜、葡萄柚、葡萄干、麦芽、未精制的糖蜜、花生、甘蓝菜、全麦谷物。目前，肌醇已被列入食品营养强化剂，制成品有肌醇片，烟酸肌醇酯、脉通等药物、市场上流行添加了肌醇的营养品已广泛使用。

（十一）维生素 B_{15}（潘氨酸）

1．维生素 B_{15} 的生理功能

维生素 B_{15} 和维生素 E 一样，都是抗氧化剂，可延长细胞的寿命，缓解酒瘾，治疗慢性酒精中毒，防止宿醉；快速消除疲劳，使血液胆固醇降低，缓解冠状动脉狭窄和气喘症状，防止肝硬化，抵抗污染物质的侵害，刺激免疫反应，帮助合成蛋白质。主要用于抗脂肪肝，提高组织的有氧代谢率，也能用来治疗冠心病。维生素 B_{15} 分子结构如图2-15所示。

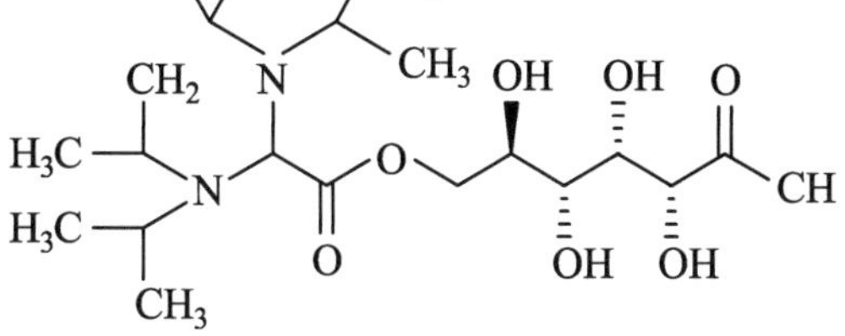

图2-15 维生素 B_{15} 分子结构

2. 维生素 B_{15} 的摄取

维生素 B_{15} 缺乏与腺体和神经的障碍、心脏病、肝脏组织抗氧化功能的衰退有关。有人在开始服用维生素 B_{15} 时会有恶心的感觉，在一天之中食量最多的一餐后服用维生素 B_{15} 会使症状减轻，两三天以后就会消失。

成人每天维生素 B_{15} 摄取量是 50~150 毫克。富含维生素 B_{15} 的食物有啤酒酵母、糙米、全麦、南瓜子、芝麻。

（十二）维生素 C

维生素 C 是一种含有 6 个碳原子的多羟基化合物，分子式为 $C_6H_8O_6$（分子结构见图 2-16），是无色单斜片晶或针晶，熔点 190~192 ℃，易溶于水，水溶液呈酸性，能够治疗坏血病，所以称作抗坏血酸。天然抗坏血酸有 L 型和 D 型 2 种，后者无生物活性。维生素 C 在酸性环境中稳定，空气中氧、热、光、碱性物质，特别是氧化酶及痕量铜、铁等金属离子促进其氧化破坏。氧化酶一般在蔬菜中含量较多，故蔬菜储存过程中都有不同程度流失。但在某些果实中含有的生物类黄酮，能保护其稳定性。

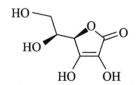

图 2-16　维生素 C 分子结构

1. 维生素 C 的吸收与代谢

维生素 C 通常在小肠上方（十二指肠和空肠上部）被吸收，少量被胃吸收，口腔黏膜也吸收少许。

从小肠上方被吸收的维生素 C，经由门静脉、肝静脉输送至血液中，并转移至身体各部分的组织。当人摄入维生素 C 之后，脑下垂体、肾脏的维生素 C 浓度最高，其次是眼球、脑、肝脏、脾脏等部位。

小肠维生素 C 的吸收率视维生素 C 的摄取量不同而有差异。当摄取量在 30~60 毫克时，吸收率可达 100%；摄取量为 90 毫克时，吸收率降为 80%左右。发烧、压力、长期注射抗生素或皮质激素使人体维生素 C 吸收率降低，寄生虫、服用矿物油、过量的膳食纤维等会妨碍维生素 C 的吸收，饭后和空腹维生素 C 吸收率也不同。

维生素 C 在体内的代谢过程仍无定论，在碱性溶液中，脱氢坏血酸分子中的内酯环易被水解成二酮古洛酸，在动物体内不能变成内酯型结构，二酮古洛酸不再具有生理活性，在人体内最后生成草酸或与硫酸结合成的硫酸酯，从尿中排出。其排出量因人而异，平均一天有16~64 毫克的草酸经由肾脏排泄。

肾脏具有调节维生素 C 排泄的功能。当组织中维生素 C 达饱和量时，排泄量会增多；当组织含量不足时，排泄量则减少。当血浆浓度大于 14 微克/毫升时，尿内排出量增多，可经血液透析清除。

加热、光照、长时间储存都会造成维生素 C 的流失和分解。

2. 维生素 C 的功能

维生素 C 的主要功能是提高氧化酶的活性，使亚铁络合酶等的巯基处于活性状态，维持巯基酶的活性，促进人体氧化还原反应，从而促进人体生长发育，提高人体灭菌、解毒能力，缓解铅、汞、镉、砷等重金属对机体的毒害。

羟化反应是体内许多重要物质合成或分解的必要步骤，维生素 C 通过催化羟化反应，促进胶原、神经递质（5-羟色胺及去甲肾上腺素）合成，促进类固醇代谢。

高浓度的维生素 C 有助于蛋白质中的胱氨酸还原为半胱氨酸，进而促进免疫球蛋白合成，增强人体免疫力，对预防感冒和抗癌有一定作用。

维生素 C 能使难以吸收的三价铁还原为易于吸收的二价铁，从而促进了铁的吸收。维生素 C 促进红细胞成熟，与血液的再生、凝固有关。维生素 C 能促进叶酸还原为四氢叶酸，对巨幼红细胞性贫血也有一定疗效。是治疗贫血的重要辅助药物。

食物含有的硝酸盐在唾液中酶的作用下变成亚硝酸盐，在胃酸作用下，合成致癌物亚硝酸铵。维生素 C 能与亚硝酸盐反应，阻断亚硝胺的形成，预防癌症。

维生素 C 具有良好的还原性，可通过逐级供给电子而转变为脱氢抗坏血酸，清除体内超氧负离子（O_2-）、羟自由基（OH·）、有机自由基（R·）和有机过氧基（ROO·）等自由基，是高效抗氧化剂，减轻抗坏血酸过氧化物酶（ascorbate peroxidase）基底的氧化应力（oxidative stress），使生育酚自由基重新还原成生育酚，生成的抗坏血酸自由基在一定条件下又可被 $NADH_2$ 的体系酶还原为抗坏血酸。

维生素 C 增加细胞活力，在酪氨酸—酪氨酸酶反应中阻止黑色素合成，防止黑斑、雀斑，皱纹形成，从而达到美白的功效。

维生素 C 连接骨骼、牙齿、结缔组织，使骨骼、牙齿坚固，促进伤口愈合，促进毛细血管壁的各个细胞间黏合，使血管坚韧而不易破裂，预防动脉硬化、风湿病等疾病。缺少维生素 C 容易导致出血，以牙龈出血和鼻出血更为常见。

维生素 C 在促进脑细胞结构的坚固、防止脑细胞结构松弛与紧缩，防止输送养料的神经血管堵塞、变细、松弛，使神经血管保持通透，使大脑及时顺利地得到营养补充。

维生素 C 和维生素 E 有助于预防妊娠毒血症，让孕妇顺产。

3. 维生素 C 的摄取

维生素 C 缺乏，羟脯氨酸和赖氨酸的羟基化过程不能顺利进行，胶原蛋白合成受阻，细胞间质生成障碍，引起坏血病，早期表现为疲劳、倦怠，牙龈肿胀、出血、伤口愈合缓慢，易骨折等，严重时可出现内脏出血而危及生命。孕妇缺乏维生素 C 时，胎儿发育不良、分娩时异常出血。

皮肤淤点为维生素 C 缺乏突出的表现，患者皮肤在受轻微挤压时可出现散在出血点，皮肤受碰撞或受压后容易出现紫癜和淤斑。随着病情发展，患者可有毛囊周围角化和出血，毛发根部卷曲、变脆。齿龈常肿胀出血，容易引起继发感染，牙齿可因齿槽坏死而松动、脱落。亦可能有鼻出血、眼眶骨膜下出血引起眼球突出。偶见消化道出血、血尿、关节腔内出血、甚至颅内出血，患者可因此突然发生抽搐、休克，以至死亡。

维生素 C 不足影响铁的吸收，患者晚期常伴有中度贫血，面色苍白，一般为血红蛋白正常的细胞性贫血，亦可有 1/5 病人为巨幼红细胞性贫血。

由于维生素 C 在人体内的半衰期较长（大约 16 天），所以食用不含维生素 C 的食物 3~4 个月后才会出现坏血病。

由于肾脏能够把多余的维生素 C 排泄掉，过去认为维生素 C 没有害处，美国最新研究指出，体内有大量维生素 C 循环不利伤口愈合。每天摄入的维生素 C 超过 1000 毫克会导致腹泻、肾结石和不育症，甚至还会引起基因缺失。

维生素 C 在体内分解代谢最终的重要产物是草酸，长期服用可出现草酸尿以致形成泌尿道结石。每日服 1~4 克，可引起腹泻、皮疹、胃酸增多、胃液反流，有时尚可见泌尿系结石、尿内草酸盐与尿酸盐排出增多、深静脉血栓形成、血管内溶血或凝血等，有时可导致白细胞吞噬能力降低。每日用量超过 5 克时，可导致溶血，重者可致命。孕妇服用大剂量时，可导致婴儿坏血病。

植物及绝大多数动物均可在自身体内合成维生素 C。但人、灵长类及豚鼠则因缺乏将 L-古洛酸转变成为维生素 C 的酶类，无法合成维生素 C，故必须从食物中摄取。

成人及早期孕妇维生素 C 的推荐摄入量为 100 毫克/天，中、晚期孕妇及乳母维生素 C 的推荐摄入量为毫克/天。维生素 C 的可耐受最高摄入量（UL）为 1000 毫克/天。

维生素 C 主要存在于新鲜的蔬菜、水果中，鲜枣、沙棘、猕猴桃、柚子维生素 C 含量很丰富。蔬菜中绿叶蔬菜、青椒、番茄、大白菜等含量较高，在动物的内脏中也含有少量的维生素 C。

维生素 C 是最不稳定的一种维生素，化学性质较活泼，遇热、碱和重金属离子容易分解，由于容易被氧化，在食物贮藏或烹调过程，甚至切碎新鲜蔬菜时维生素 C 都能被破坏，蔬菜煮的时间太久，维生素 C 会遭破坏严重，微量的铜、铁离子可加快其破坏的速度，因此炒菜不可用铜、铁锅加热过久。新鲜的蔬菜、水果或生拌菜才是维生素 C 的最好的来源。

四、维生素的存在

维生素在人体物质代谢中起重要的调节作用，其需要量很少，常以毫克计，但由于人体不能自行合成或合成量不足，所以必须由食物供给。

水溶性维生素多含在植物性食物中，特别在新鲜的蔬菜和水果内含量较多，粗粮、豆类的含量也不少。水溶性维生素溶于水，随饮食摄入多余的水溶性维生素极少在体内储存，大部分随尿液排出体外，因此机体所需的水溶性维生素必须每日由饮食提供。水溶性维生素的缺乏症状发展迅速，日常生活中多见水溶性维生素缺乏症。

脂溶性维生素多含存在于动物性食物内，特别是动物内脏和脂肪较多，蔬菜、水果内也含一些。脂溶性维生素进入机体后如有多余则储存于体内脂肪组织内，只有少量的脂溶性维生素随胆汁的分泌排泄，因此机体不需要每日通过膳食摄入。此外，在食物中还存在着脂溶性维生素的前体物，如胡萝卜素（维生素 A 源）为维生素 A 的前体物。所以脂溶性维生素的缺乏症很少见。

维生素和蛋白质、脂肪、糖、水、无机盐一样，是人体不可缺少的物质，当人体缺乏维生素时，生长、发育、繁殖就要受到影响，新陈代谢不能正常进行，出现一系列的维生素缺乏症。这时，补充相应的维生素是非常必要的。但是维生素也有毒性，不能把维生素（如鱼肝油）当补品，长期大量地服用。这样不仅浪费，还会产生毒性反应。

第五节 矿物质及其功能

矿物质（mineral），又称无机盐，是构成人体组织和维持正常生理功能必需的各种元素的总称。人体 96% 是有机物和水分，4% 为矿物质。人体内约有 50 多种矿物质，其中 20 多种元素是构成人体组织、维持生理功能、生化代谢所必需的，除 C、H、O、N 主要以有机化合物形式存在外，其余矿物质都以无机盐形式存在。

矿物质在体内不能自行合成，必须通过饮食补充。人体每天都有一定的矿物质通过粪便、尿液、汗液、头发等途径排出体外，每日矿物质的摄取量也是基本确定的，但随年龄、性别、身体状况、环境、工作状况等因素有所不同。

矿物质在人体新陈代谢、抗病、防癌、延年益寿等方面发挥重要的作用。人体内矿物质不足会出现许多病症，但是，由于某些矿物质元素相互之间存在协同或拮抗效应，有些矿物质在体内的生理作用剂量与中毒剂量非常接近，如果摄取过多容易引起中毒。

矿物质在食物中和在体内组织器官中的分布不均匀，在我国人群中比较容易缺乏的有钙、铁、锌。在特殊地理环境或其他特殊条件下，也可能有碘、硒、氟、铬等元素的缺乏问题。

一、宏量元素和微量元素

根据矿质元素在人体内的含量不同，矿质元素可分为宏量元素和微量元素两大类。凡是占人体总重量的 0.01% 以上，膳食摄入量大于 100 毫克/天的元素，如钙、磷、镁、钠、硫、磷、氯等 7 种矿物质称为宏量元素（常量元素）；凡是占人体总重量的 0.01% 以下，膳食摄入量小于 100 毫克/天的元素，如铁、铜、锌、钴、锰、铬、硒、碘、镍、氟、钼、钒、锡、硅、锶、硼、钶、砷等 18 种矿物质称为微量元素。微量元素在人体内的含量甚微，如锌只占人体总重量的百万分之三十三，铁也只有百万分之六十，但它们都有其特殊的生理功能，对维持人体的新陈代谢十分必要。它们的摄入过量、不足都会不同程度地引起人体生理的异常或疾病发生，甚至危及生命。例如机体内含铁、铜、锌总量减少，均可减弱机体的免疫能力，导致细菌感染，而且感染后的死亡率亦较高。氟、铅、汞、铝、砷、锡、锂和镉等微量元素有潜在毒性，一旦摄入过量可能对人体造成病变或损伤，但在低剂量下对人体又是必需微量元素。但无论哪种元素，和碳水化合物、脂类和蛋白质相比，都是非常少量的。

二、矿物质的一般功能

1. 调控酶的活性

分子生物学的研究表明，矿物质通过与酶蛋白或辅酶等侧链基团结合，使酶蛋白的亚单位连在一起，或把酶底物结合于酶的活性中心，提高酶的活性。迄今发现人体内的 1000 余种酶中，多数需要矿物质参与激活。

2. 调控激素与维生素的功能

有些矿物质参与激素与维生素的合成，有些矿物质是激素或维生素的成分，调控激素与维生素的活性。缺少这些矿物质，机体的生理功能就会受到影响。例如：甲状腺激素的生物合成及活性需要碘；胰岛素的活性不可缺少锌。

3. 具有载体和电子传递体的作用

某些矿物质具有载体和电子传递体的作用。如铁是血红蛋白中氧的携带者，把氧输送到各组织细胞；铁和铜作为呼吸链的电子传递体，完成生物氧化。

4. 参与组织构成，维持体液平衡

某些矿物质参与构成骨骼、牙、肌肉、腺体、血液、毛发等组织。矿物质钾、钠、钙、镁等离子在体液内协同调节渗透压和体液酸碱度。

5. 调节神经肌肉兴奋性和细胞膜通透性

钾、钠、钙、镁能维持神经肌肉兴奋性和细胞膜通透性。

6. 影响核酸代谢

矿物质对核酸的物理、化学性质均可产生影响。核酸中含有相当多的铬、铁、锌、锰、铜、镍等矿物质，影响核酸的代谢。多种 RNA 聚合酶中含有锌，而核苷酸还原酶的作用则依赖于铁。因此，矿物质在遗传中起着重要的作用。

7. 防癌、抗癌作用

有些矿物质有一定的防癌、抗癌作用。如铁、硒等对胃肠道癌有拮抗作用；镁对恶性淋巴病和慢性白血病有拮抗作用；锌对食管癌、肺癌有拮抗作用；碘对甲状腺癌和乳腺癌有拮抗作用。

三、各种矿物质的功能

（一）锌

1. 锌的生理功能

锌是 DNA 聚合酶、RNA 聚合酶等几十种酶的必需成分，也是某些酶的激活剂，同近百种酶的活性有关，控制着蛋白质、脂肪、糖以及核酸的合成和降解等各种代谢过程。

锌影响激素分泌和活性。每个胰岛素分子结合 2 个锌原子，维持胰岛素的结构，提高胰岛素的活性，防治糖尿病。

锌影响性激素的合成和活性，促进性器官发育，提高性能力，男性睾丸中存在大量锌，参与精子的生成、成熟和获能的过程。青少年一旦缺锌，会影响男性性器官的发育，精子数量减少，活力下降，精液液化不良，性功能低下，严重者可造成男性不育症；女性缺锌会出现月经不调或闭经，造成孕妇妊娠反应加重：嗜酸，呕吐加重，宫内胎儿发育迟缓，导致低体重儿，分娩合并症增多，产程延长、早产、流产、胎儿畸形，脑功能不全。

锌促进生长素的合成和活性，促进儿童和青少年生长发育。儿童和青少年缺锌，可使生长停滞，身材矮小、瘦弱；甚至侏儒。毛发色素变淡、指甲上出现白斑。

锌影响味觉和食欲。唾液内有一种唾液蛋白，称为味觉素，是口腔黏膜上皮细胞的营养素，其分子内含有两个锌离了。缺锌后，口腔溃疡，口腔黏膜上皮细胞就会大量脱落，脱落的上皮细胞掩盖和阻塞乳头中的味蕾小孔，使味蕾小孔难以接触食物，自然难以品尝食物的滋味，从而使食欲降低，厌食、生长缓慢，面黄肌瘦，毛发脱落，口、眼、肛门或外阴部发红、丘疹、湿疹、口腔溃疡，受损伤口不易愈合，青春期痤疮等；如果严重，会出现异食癖，甚至导致死亡。

锌是免疫器官胸腺发育的营养素，促进 T 淋巴细胞正常分化，提高细胞免疫功能。缺锌可引起细胞免疫功能低下，使人容易患呼吸道感染、支气管肺炎、腹泻等感染性疾病。

锌调节神经系统的结构和功能，与强迫症等精神障碍的发生、发展具有一定的联系。缺锌使脑细胞减少，影响智力发育。

锌参与骨骼、皮肤正常生长，维持上皮黏膜组织的正常黏合，促进伤口愈合。如果缺锌，伤口长期不能愈合。对伤口或皲裂很深的口子，外科常采用氧化锌软膏，治疗效果较好。

锌促进维生素 A 吸收，与维生素 A 还原酶的合成及维生素 A 的代谢有关，提高暗光视觉，改善夜间视力。

2. 锌的摄取

我国大多数儿童锌的摄取不足，挑食、偏食、长期不吃荤菜的儿童易缺锌。饮食越精细，高档锌含量越少。

当锌缺乏时，正常细胞变脆，易为渗透压所破碎，面部皮肤出现红斑，轻度贫血，碱性磷酸酯酶（AP），碳酸酐酶（CA），羧肽酶（CPA）等活性显著改变。DNA 的合成速率和细胞分裂速度降低，不同组织中蛋白质合成的速率发生了两极分化，由于蛋白质及核酸的降解加速，引起血氨升高。

成人每天需锌 15 毫克。牡蛎锌含量最高，其次为蟹肉、奶酪、瘦猪肉、牛肉、羊肉、动物肝肾、蛋类、可可、菠菜、蘑菇、鱼、花生、芝麻、核桃等。

（二）锰

锰广泛分布于生物圈内，但人体内含量甚微，成人锰总量为 200~400 微摩（μmol），分布在身体各组织和体液中。骨、肝、胰、肾中锰浓度较高；全血和血清中的锰浓度分别为 200 纳摩/升（nmol/L）和 20 纳摩/升（nmol/L）。线粒体中锰的含量高于细胞浆和其他细胞器。

1. 锰的吸收

锰的吸收在小肠，在锰吸收过程中，首先从肠腔摄取锰，通过一种高亲和性、低容量的主动运输系统和一个不饱和的简单扩散两个动力过程同时完成跨黏膜细胞输送。锰、铁与钴竞争相同的吸收部位，三者中任何一个都会抑制另外两个的吸收。锰几乎完全经肠道排泄，经肠道的排泄非常快，仅有微量经尿排泄。

2. 锰的生理功能

锰在人体蛋白质、核酸和糖代谢中有着重要作用，对心血管系统、神经系统、内分泌系统及免疫系统功能都有重要影响。

锰通过与底物结合或直接与酶蛋白结合，引起分子构象改变，调控酶的活性，一部分作为金属酶组成部分，如精氨酸酶、丙酮酸羧化酶和锰超氧化物歧化酶；一部分作为酶的激活剂起作用，如水解酶、激酶、脱氢酶和转移酶等。

线粒体含锰量高，线粒体中的许多酶都含有锰。锰促进骨骼的生长发育，维持正常的糖代谢和脂肪代谢，改善机体的造血功能，保护细胞中线粒体的完整。

锰在维持正常脑功能，参与中枢神经系统神经递质的传递，与智力发展、思维、情感、行为均有一定关系。缺少时可引起神经衰弱综合征。癫痫病人、精神分裂症病人头发和血清中锰含量均低于正常人。

锰是哺乳类动物锰-过氧化物酶的组成成分，与抗氧化、抗衰老有关，因而长寿可能与锰存在一定的关系。我国广西巴马县的长寿老人身体中锰含量明显高于其他地区。

3. 锰的摄取

锰缺乏可导致胰岛素的合成和分泌减少，影响糖代谢，葡萄糖耐量降低，脂质代谢异常，严重缺乏锰的动物有肝脂肪浓度高、低胆固醇血症和高密度脂蛋白低等表现，使人生长停滞，骨骼发育畸形，生殖机能发生障碍，软骨生长受阻，引起骨质疏松和骨折。孕妇缺锰，胎儿先天畸形，严重的不可逆的共济失调，肌肉运动不协调，缺乏平衡能力和头回缩，神经衰弱综合症，影响胎儿的脑发育。补充锰可改善绝经妇女的骨骼健康。

成年人的锰的适宜摄入量为 3.5 毫克/天，最高可耐受摄入量为 10 毫克/天。

谷类、坚果、叶菜类富含锰。茶叶内锰含量最丰富。香蕉、芹菜、蛋黄、绿叶蔬菜、豆类、肝脏、核桃、栗子、松子、乳酪含锰较高。

（三）碘

碘是维持人体甲状腺正常功能所必需的元素。当人体缺碘时就会患甲状腺肿。碘的主要生理功能都是通过甲状腺素来完成的。

1. 碘的吸收

成人含碘 20~50 毫克，80%~90% 来自食物。食物中的碘化物还原成碘离子后在消化道经肠上皮细胞进入血浆，几乎完全被吸收。胃肠内含有钙、氟、镁等元素不利于碘的吸收，蛋白质与能量不足也影响碘的吸收。被吸收的碘离子一部分被甲状腺上皮细胞摄取，然后被过氧化酶氧化成为元素碘，再由碘化酶作用与甲状腺蛋白结合而储存。

2. 碘的生理功能

碘通过与甲状腺素结合激活甲状腺素，促进三羧酸循环和生物氧化，协调生物氧化和磷酸化的偶联、调节能量转换，维持垂体的生理功能。

甲状腺素能活化体内 100 多种酶，如细胞色素酶系、琥珀酸氧化酶系、碱性磷酸酶等，促进物质代谢。当蛋白质摄入不足时，甲状腺素有促进蛋白质合成作用；当蛋白质摄入充足时，甲状腺素可促进蛋白质分解。甲状腺素能加速糖的吸收利用，促进糖原和脂肪分解氧化，调节血清胆固醇和磷脂浓度等。

碘促进身体发育。甲状腺素促进骨骼的正常发育。儿童的身高、体重、骨骼、肌肉的生长发育和性发育都有赖于甲状腺素。

甲状腺素可促进组织中水盐进入血液并从肾脏排出，缺乏时可引起组织内水盐潴留，在组织间隙出现含有大量黏蛋白的组织液，发生黏液性水肿。

甲状腺素促进维生素的吸收利用。甲状腺素促进烟酸的吸收利用，促进胡萝卜素转化为维生素A，促进核黄素合成核黄素腺嘌呤二核苷酸等。

甲状腺素促进智力发育，在人脑发育的初级阶段（从怀孕开始到婴儿出生后2岁），神经系统发育依赖甲状腺素，此时缺碘，会导致婴儿的脑发育不良，严重的导致"呆小症"（克汀病），而且这个过程是不可逆的。

3. 碘的摄取

碘缺乏会导致人体的甲状腺过量增长，发生甲状腺肿大，生长和智力也受到影响，还会导致克汀病，孕妇缺碘容易导致胎儿流产、死胎、畸形。

山区地势较高，外地的水土中的矿物质流不过来，而本地的土壤中的矿物质会随雨水的冲刷流走一些，所以山区容易发生碘缺乏疾病（如甲状腺肿大、克汀病）。相反，平原湖区由于地势低，各地土壤中的矿物质通过周围河流汇集于此，所以矿物质比较均衡。

人体摄入过多的碘也是有害的，日常饮食碘过量会引起"甲亢"。小儿误服较高浓度的碘剂，碘与组织中蛋白反应引起头晕、头痛、口渴、恶心、呕吐、腹泻、发热等全身中毒症状，粪便中可带血，口腔内有碘味，口腔、食道和胃部有烧灼热和疼痛，口腔和咽喉部有水肿，呈棕色，病愈后可引起食管和胃的疤痕和狭窄。中毒严重的小儿面色苍白、呼吸急促、紫绀、四肢震颤、意识模糊、定向力丧失、感觉障碍、言语杂乱，或有中毒性肾炎，出现血尿、蛋白尿，急性肾功能衰竭。过敏的病儿可引起过敏性休克，喉头水肿，重症还可出现精神症状、昏迷，如不能及时抢救，可引起大脑严重缺氧，损害中枢神经系统，从而影响智力发育。

中国营养学会推荐6个月以内婴儿每天需碘40毫克，6个月至1岁50毫克，7岁以前70毫克，以后120毫克，13岁以后至成年（包括老年）均为150毫克，孕妇（孕妇食品）175毫克，乳母200毫克。

碘的丰富来源有海带、紫菜、海鱼、海虾、牛肝、菠萝、蛋、花生、猪肉、莴苣、菠菜、青胡椒、黄油、牛奶。

加碘盐是用碘化钾按一定比例与普通食盐混匀。国家规定在每克食盐中添加碘20微克，由于碘盐受热易分解出碘，碘化学性质比较活泼，易挥发，含碘食盐在贮存期间碘可损失20%~25%，加上烹调方法不当又会损失15%~50%，故炒菜或做汤菜时，要晚放盐。碘在酸性条件下，极容易遭到破坏，因此在食用碘盐时，最好少放醋或不放醋。

（四）铁

铁是人体必需的微量元素，成人体内铁的总量为4~5克，其中72%以血红蛋白、3%以肌红蛋白、0.2%以其他化合物形式存在；其余铁以铁蛋白的形式储存于肝脏、脾脏和骨髓的网状内皮系统中，约占总铁量的25%。

1. 吸收与代谢

食物中血红素铁主要存在于动物性食物中，比非血红素铁吸收好得多。非血红素铁占饮食铁的85%以上，主要以三价铁与蛋白质和有机酸结合成络合物，在胃酸作用下，还原成亚铁离子，再与肠中的维生素 C、糖及氨基酸形成络合物，在十二指肠及空肠吸收。维生素 C、半胱氨酸能将三价铁还原成二价铁，有利于铁的吸收。维生素 C、柠檬酸及苹果酸等有机酸还能与铁形成络合物，增加铁在肠道内的溶解度，有利于铁的吸收。维生素 A 能改善机体对铁的吸收和转运，维生素 B6 则可提高骨髓对铁的利用率，维生素 B2 可促进铁从肠道的吸收。当非血红素铁与鱼、肉、禽类等动物性蛋白质和维生素一起摄入时可提高其吸收。铜、钴、锰可促进铁的吸收，缺铜时，小肠吸收的铁减少，血红蛋白的合成也减少，这将直接导致人体发生缺铁性贫血。膳食中的碳酸盐、植酸、草酸、鞣酸等可与非血红素铁磷酸盐形成不溶性的铁盐而阻止铁的吸收。茶叶中的鞣酸和咖啡中的多酚类物质可以与铁形成难以溶解的盐类，抑制铁质吸收。铝、阿司匹林阻碍铁的吸收。

2. 铁的生理功能

参与氧的运输和储存。红细胞中的血红蛋白是运输氧的载体；血红蛋白中 4 个血红素和 4 个球蛋白结合使血红蛋白既能与氧结合又不被氧氧化，在从肺输送氧到组织的过程中起着关键作用。铁是血红蛋白的组成成分，与氧结合，把氧运输到身体的每一个部分，供细胞呼吸氧化，以提供能量，并将二氧化碳带出细胞。

人体肌红蛋白由一个亚铁血红素和一个球蛋白链组成，也结合着氧，仅存在于肌肉组织内，在肌肉中转运和储存氧，是肌肉中的"氧库"。当运动时肌红蛋白中的氧释放出来，供应肌肉活动。

铁还是人体内氧化还原反应系统中电子传递的载体，也是一些酶如过氧化氢酶和细胞色素氧化酶等的重要组成部分。细胞色素是一系列血红素的化合物，通过其在线粒体中的电子传导作用，调节组织呼吸，对呼吸和能量代谢有非常重要的影响，如细胞色素 a、b 和 c 是氧化磷酸化、产生能量所必需的。线粒体是细胞的"能量工厂"，心、肝、肾这些具有高度生理活性细胞线粒体内储存的铁特别多，铁直接参与其能量的释放。

调控酶的活性。铁调控酶中铁可以是非血红素铁，如参与能量代谢的 NADP 脱氢酶和琥珀酸脱氢酶，也可以是血红素铁，如对氧代谢副产物起反应的氢过氧化物酶，还有磷酸烯醇丙酮酸羟激酶（糖产生通路限速酶），核苷酸还原酶（DNA 合成所需的酶）等，对人体代谢起重要的作用。

铁调节 β-胡萝卜素转化为维生素 A、嘌呤与胶原的合成，脂类从血液中转运以及药物在肝脏的解毒等。

铁促进抗体的产生，增加中性白细胞和吞噬细胞的吞噬能力，提高机体的免疫力。铁缺乏抗体产生减慢，抗氧化酶活性降低，人体抵抗病原微生物的能力减弱。

铁对于贫血、注意力不集中、智力减退、食欲不振、异食症（如吃墙皮、破纸等）等均有治疗和预防作用。

3. 铁缺乏和过量的影响

铁缺乏可使血红蛋白含量和生理活性降低，携带的氧明显减少，从而影响大脑氧的供应，引起缺铁性贫血，轻者头晕耳鸣、注意力不集中、记忆力减退，面色、眼睑和指（趾）甲苍白，儿童生长缓慢，进一步发展可出现心跳加快、心慌；肌肉缺氧，疲倦乏力；消化道缺氧，食欲不振、腹胀腹泻，甚至恶心呕吐。严重贫血时可出现心脏扩大、心电图异常，甚至心力衰竭等贫血性心脏病的表现，免疫功能下降，有的还出现精神失常或意识不清，神经痛、感觉异常等。

铁缺乏使体内含铁酶活性降低，造成许多组织细胞代谢紊乱，轻者面色萎黄，重者还有口角炎、舌黏膜萎缩、舌头平滑、充血并有灼热感，有时发生食道异物感、紧缩感或吞咽困难等症状。

婴儿缺铁则精神萎靡不振、不合群、爱哭闹，心理和智力受到损害，行为改变，肠道出血。儿童可出现偏食、异食癖（喜食土块、煤渣等）、反应迟钝、易怒不安、易发生感染等。

青春期女性缺铁会引起慢性萎黄病，育龄妇女缺铁导致全身乏力，无精打采，情绪易波动、郁闷不乐，不能自禁地流泪哭泣、记忆力减退、注意力不集中等症状。妊娠早期贫血导致早产、低出生体重儿及胎儿死亡。

缺铁的妇女体温较正常妇女高，巩膜发蓝，因为铁是合成胶原的一个重要辅助因子，当体内缺铁后，胶原的合成受阻，使胶原纤维构成的巩膜变得十分薄弱，其下部的色素膜就会显出蓝色。

缺铁会增加铅的吸收，引起铅中毒。近年医学研究发现，老年性耳聋与缺铁有关。

铁虽然是人体必需的微量元素，但当摄入过量可能导致铁中毒。当儿童口服过量的铁剂后，1 小时左右就可出现急性中毒症状，上腹部不适、腹痛、恶心呕吐、腹泻便黑，甚至面部发紫、昏睡或烦躁，急性肠坏死或穿孔，最严重者可出现休克而死亡。长期摄铁过多，超过正常的 10~20 倍，可能出现慢性中毒症状：肝、脾有大量铁沉着，肝硬化、骨质疏松、软骨钙化、皮肤呈棕黑色或灰暗、胰岛素分泌减少而导致糖尿病，影响青少年生殖器官的发育，诱发癫痫病（羊角疯）。

铁通过催化自由基的生成、促进脂蛋白的脂质和蛋白质的过氧化反应、形成氧化 LDL 等，参与动脉粥样硬化的形成，导致机体氧化和抗氧化系统失衡，直接损伤 DNA，诱发突变，与肝、结肠、直肠、肺、食管、膀胱等多种器官的肿瘤有关。

4. 铁的摄取

中国营养学会推荐婴儿至 9 岁儿童每天需铁 10 毫克，10 至 12 岁儿童需铁 12 毫克、13 至 18 岁的少年男性需铁 15 毫克，少女 20 毫克，成年女性为 18 毫克。乳母、孕妇（孕妇食品）为 28 毫克。

含铁丰富的食物有：黑木耳、海藻类、动物肝脏、蛋黄、瘦肉、鱼、黄花菜、蘑菇、腐竹、酵母、芝麻、蚬子、动物血液、豆制品、菠菜、芹菜、西红柿、葡萄干、杏、桃、红枣、菠萝、桂圆、麦胚等。

婴幼儿要及时添加辅食补充铁，4~5 个月添加蛋黄、鱼泥、禽血等；7 月起添加肝泥、肉末、血类、红枣泥等食物。

阿胶是中国传统的补血中药，乳酸亚铁是很好的二价补铁制剂。市场上常见的口服补铁制剂多为富马酸亚铁、硫酸亚铁、乳酸亚铁等。而前两者对肠胃的刺激要远远大于乳酸亚铁。

维生素 C 可能促进铁的吸收，多食维生素 C 含量丰富的水果、蔬菜可以补充铁。

（五）钙

钙是人体含量最高的矿物质，约占体重的 1.5%~2.0%。其中 99%的钙以骨盐形式存在于骨骼和牙齿中，其余分布在软组织中，细胞外液中的钙仅占总钙量的0.1%。骨是钙沉积的主要部位，骨钙主要以非晶体的磷酸氢钙（$CaHPO_4$）和晶体的羟磷灰石两种形式存在，其组成和物化性状随人体生理状况而变化。新生骨中磷酸氢钙比陈旧骨多，骨骼成熟过程中逐渐转变成羟磷灰石。

钙在人体内是由甲状腺与甲状旁腺调节，骨骼通过不断的成骨和溶骨作用使骨钙与血钙保持动态平衡。

正常情况下，血液中的钙几乎全部存在于血浆中，在各种钙调节激素的作用下血钙相对恒定，为2.25~2.75毫摩/升，儿童稍高，常处于上限。钙在血浆和细胞外液中的存在方式有：

（1）蛋白结合钙，约占血钙总量的40%。

（2）可扩散结合钙，可通过生物膜而扩散。如磷酸钙及柠檬酸钙、乳酸钙、等与有机酸结合的钙，约占13%。

（3）血清游离钙。即离子钙，与上述两种钙不断交换并处于动态平衡之中，其含量与血pH有关。pH下降，钙浓度增大，pH增高，钙浓度降低。在正常生理pH范围，离子钙约占47%。

在3种血钙中，只有离子钙才直接起生理作用，激素也是针对离子钙进行调控并受离子钙水平的反馈调节。细胞内离子钙浓度远低于细胞外离子钙浓度，约80%的钙储存在细胞器（如线粒体、肌浆网、内质网等）内，不同细胞器内的钙并不相互自由扩散，10%~20%的钙分布在胞质中，与可溶性蛋白质及膜表面结合，而游离钙仅占0.1%。

1. 钙的吸收

膳食中钙主要以化合物的形式存在，经过消化后变成游离钙才能在pH较低的小肠上段被吸收。当小肠腔内钙浓度较低时，钙的吸收以主动运转为主，而且依赖维生素D；当小肠腔内钙浓度高时，被动弥散吸收占主要地位。

钙的吸收随年龄增长下降。维生素D促进钙吸收，某些氨基酸如赖氨酸，色氨酸、精氨酸等，可与钙形成可溶性钙盐，有利于钙吸收。乳糖可与钙蟹合成低分子可溶性物质，促进钙的吸收。膳食钙磷比例对钙的吸收有一定的影响。人体对钙的需要量大时，钙的吸收率增加，需要量小时，吸收率则降低。妊娠、哺乳和青春期，钙的需要量较大，因而钙的吸收率最高。

食物中的植酸与草酸及碱性磷酸盐等在肠腔内与钙结合成不溶解的钙盐，会减少钙的吸收。膳食纤维中的糖醛酸残基与钙结合，也影响钙的吸收。

摄入过高的脂肪由于大量脂肪酸与钙结合成为不溶性皂钙，从粪便中排出，同时也引起脂溶性维生素D的丢失，引起钙吸收降低，尤以含不饱和脂肪酸较多的油脂最为明显。

2. 钙的生物学功能

钙的主要生物学功能是通过与钙调素结合，激活钙调素，通过活化的钙调素调节一系列酶的活性，同时，钙是人体内200多种酶的激活剂，从而促进人体的生长发育。

钙调素是一种分子量为16 700的单链蛋白质，由148个氨基酸组成，其中没有半胱氨酸，谷氨酸和天冬氨酸占1/3，等电点为4.3，是酸性蛋白质，一级结构已经测定。不同生物来源的钙调素，其氨基酸组成和顺序完全一样或仅有少许差异。钙调素耐酸，耐热，十分稳定。

每个钙调素分子内有 4 个可与钙离子结合的区域，它们的一级结构极为相似。细胞内钙离子水平通常维持在 10^{-7} 摩尔左右，当外来的刺激使细胞内钙离子的浓度瞬息间升高至 10^{-6}~10^{-5} 摩尔浓度时，钙调素与钙离子结合，构象改变，螺旋度增加，成为活性分子，进而与特定的酶结合，使之转变成活性态。当钙离子浓度低于 10^{-6} 摩尔浓度时，钙调素与钙离子分离，钙调素和酶都复原为无活性态。因此，钙离子浓度控制细胞内很多重要的生化反应。在细胞分裂周期和细胞癌变时，钙调素基因的表达加强。

钙调素和细胞内许多酶，如 cAMP 磷酸二酯酶、cAMP 和 cGMP 环化酶、糖原磷酸化酶激酶、糖原合酶激酶、蛋白质激酶、蛋白磷酸激酶、NAD 激酶、肌球蛋白轻链激酶和钙离子-ATP 酶等的作用有关。这些酶分别涉及 cAMP 的合成及分解，糖原的合成及分解，蛋白质的磷酸化及去磷酸化，NADP 水平的调节，平滑肌的收缩及非肌肉细胞的运动，细胞内微管的解聚，和细胞内钙离子浓度的维持等。

钙是人体内含量最高的矿物质，正常人体内钙的含量为 1200~1400 克，约占人体重量的 1.5%~2.0%，其中 99%存在于骨骼和牙齿之中，是构成骨骼和牙齿的主要成分，促进新骨的钙化与成熟。另外，1%的钙大多数呈离子状态存在于软组织、细胞外液和血液中。在骨骼内钙的沉淀与溶解持续不断进行，与离子态钙保持着动态平衡。

钙还参与凝血过程，凝血每一步骤都需要钙的参加，钙能刺激血小板，促使伤口血液凝结。

钙促进神经递质的产生和释放，调节神经和肌肉的兴奋性，是神经信号传导所必需。缺钙会引起甲状旁腺不能及时分泌甲状旁腺素，以致血钙降低，引起神经肌肉的兴奋性增高，出现全身惊厥、手足痉挛和喉痉挛，伴发阵发性呼吸暂停和短时间窒息，引起缺血缺氧性脑损伤，神经性偏头痛、烦躁不安、失眠。婴儿夜惊、夜啼、盗汗，诱发儿童的多动症。

钙降低血中胆固醇的浓度，调节心脏搏动，控制心率、血压和冠心病。缺钙会造成钙内流，持续的钙内流，促使血管壁弹性纤维和内皮细胞钙化、变性，甚至出现裂痕，外周阻力进一步增大，血压升高。由于血管内壁损伤，脂类通透性增大，血脂浸入血管壁的损伤处，在血管壁上沉积。血管内皮细胞损伤而分泌内皮素和某些激活因子，引起血小板和白细胞在血管壁上黏附、聚集，又激活补偿性生理反应，促使血管平滑肌和成纤维细胞增生和内膜下移位，致使动脉管壁增厚、变硬，于是层层叠叠，引起动脉粥样硬化和冠心病。

钙参与肌肉的收缩活动。在肌肉收缩过程中，当骨骼肌受到刺激后，肌浆网中大量的钙将释放出来，细胞外的钙离子进入细胞内，细胞液中的钙离子浓度增加产生肌肉收缩，然后又在钙泵作用下使肌肉细胞内钙离子排出到细胞外产生肌肉舒张。如果肌肉中钙的平衡破坏，引起体内所有平滑肌和心肌运动异常，丧失控制运动的平衡和协调机能，导致骨骼肌的疼痛、抽搐。

预防腹痛。血钙是维持神经肌肉正常兴奋的重要因素，一旦偏低，神经肌肉的兴奋性就增高，肠壁平滑肌产生强烈收缩而引起腹痛，此时补足钙质可收到立竿见影的治疗效果。

预防尿路结石。蔬菜中含有大量草酸盐，一般情况下，草酸盐在肠道内与钙结合成草酸钙随粪便排出，如果钙的摄入不足，多余草酸盐经肠壁吸收而进入血液，最终由肾脏排出。如果人体长期处于负钙平衡状态，肾脏回收功能减退，尿钙排出增多。高钙尿液与尿中草酸盐结合，形成草酸钙结石。

钙阻抑肠细胞癌变。高脂饮食会过度刺激胆汁的分泌，过量的脂肪酸和胆汁酸是引起结

（直）肠细胞癌变的触发剂。钙离子能与脂肪酸和胆汁酸结合，形成不溶性脂肪酸钙和胆汁酸钙随粪便排出，从而消除癌变的触发因子，阻抑肠细胞癌变。

钙促进激素降钙素的分泌，而降钙素可降低人的食欲，减少进餐量；另外，足量的钙特别是离子钙，在肠道中能与食物中的脂肪酸、胆固醇结合，阻断肠道对脂肪的吸收，使其随粪便排出，有利于促进减肥，特别适宜于儿童减肥，无任何副作用。

钙预防骨质疏松和骨质增生。钙摄入不足，造成血钙水平下降，当血钙水平下降到一定阈值时，就会促使甲状旁腺分泌甲状旁腺素。甲状旁腺素将骨骼中的钙抽调出来，以维持血钙水平。持续的低血钙，导致甲状旁腺分泌亢进，骨钙持续大量释出，导致骨质疏松和骨质增生。另一方面，由于甲状旁腺素促进细胞膜钙通道开启而关不住，阻抑钙泵，使钙泵功能减弱，造成细胞内钙含量升高。持续的细胞内高钙，激发细胞代谢亢进，造成细胞能量耗竭。同时，代谢废物又得不到及时消除，致使细胞钙化衰亡。

钙增强（调节）毛细血管的通透性，缺钙导致血管缺弹性，易硬化，过敏，水肿、皮肤松垮，衰老。

预防近视：眼球缺钙，就不能维持正常眼压，眼睛晶状体缺弹性，导致近视、老花眼形成。

钙可抑制铅的吸收，预防铅中毒。

3. 钙的缺乏

钙的缺乏导致不同人群产生如下现象：

小儿：常表现为与温度无关的多汗，颅后可见枕秃圈，夜间常突然惊醒，啼哭不止，前额高突，形成方颅，出牙晚。

儿童：夜惊、夜啼、烦躁、盗汗、厌食、方颅、佝偻病、骨骼发育不良、免疫力低下。

青少年：腿软、抽筋、疲倦乏力、烦躁、精力不集中、偏食、厌食、牙齿发育不良、蛀牙、易感冒、易过敏。

青壮年：经常性倦怠、乏力、抽筋、腰酸背痛、易感冒、过敏。

孕产妇：小腿痉挛、腰酸背痛、关节痛、浮肿、妊娠高血压等。

中老年：腰酸背痛、小腿痉挛、骨质疏松和骨质增生、骨质软化、各类骨折、高血压、心脑血管病、糖尿病、结石、肿瘤等。

4. 钙的摄取

钙的推荐每日供给量如下：

从初生到 10 岁儿童 600 毫克，10~13 岁 800 毫克，13~16 岁 1200 毫克，16~19 岁 1000 毫克，成年男女 800 毫克，孕妇 1500 毫克，乳母 2000 毫克。青春期前儿童生长发育迅速，钙的需要量也最大，可达成人需要量的 2~4 倍。

鲜奶、酸奶、奶酪、泥鳅、河蚌、螺、虾米、小虾皮、海带、酥炸鱼、牡蛎、花生、芝麻酱、豆腐、松子、甘蓝菜、花椰菜、白菜、油菜等含钙较高。牛乳中含有丰富的乳糖，可与钙螯合成低分子可溶性物质，促进钙的吸收，其吸收率大大高于其他普通钙，食用乳钙后不会导致气胀、浮肿、便秘，所以乳钙是目前婴儿补钙的最佳来源。

运动可使肌肉互相牵拉，刺激骨骼，加强血液循环和新陈代谢，减少钙质丢失，推迟骨骼老化，有利于人体对钙的吸收。

紫外线能够促进体内 VD 的合成，利于钙的吸收。所以，晒太阳可促进钙的吸收。

人体早上对钙的吸收能力最强，所以要吃好早餐。

对含草酸多的蔬菜先焯水去除草酸，然后再烹调（如甘蓝菜、花椰菜、菠菜、苋菜、空心菜、芥菜、雪菜、竹笋）。

固体钙必须经过胃酸分解，使钙从复合物中游离出来，才能吸收。所以一般固体钙都存在伤胃的隐患，并有产气、反胃等不适。液态的钙由于钙离子游离吸收更简单、直接，更易吸收，安全性更高。

尽管钙质的补充对人体健康是很重要的，但是每天补充不能超过 2500 毫克钙离子，补充过量会影响其他人体必需矿物质如铁、锌等的吸收。

（六）磷

1. 磷的生理功能

磷是所有细胞中核糖核酸、脱氧核糖核酸的构成元素，对生物的遗传、代谢、生长发育、能量供应等发挥重要作用。

磷存在于高能磷酸化合物 ATP 中，具有储存和转移能量的作用。

磷作用于各种的酶，使其磷酸化或去磷酸化，调控酶的活性，促进碳水化合物、脂类和蛋白质的代谢。

磷是生物体所有细胞膜磷脂的成分，维持细胞膜的完整性、通透性。

磷调节血浆及细胞中的酸碱平衡，预防血中聚集过量的酸/碱，促进物质吸收。

骨骼和牙齿的主要成分是磷灰石，是由磷和钙组成的。人成年时，骨骼已经停止生长，但其中的钙与磷每年约更新 20%。磷酸盐能调节维生素 D 的代谢，维持钙和磷的平衡，磷促进骨骼和牙齿的正常生长。

磷刺激神经肌肉，促进神经活动，使心脏和肌肉有规律地收缩。

2. 磷的摄取

缺磷使人疲劳，肌肉酸痛，食欲不振。磷过量会影响其他矿物质平衡，减少钙的吸收，导致各种钙缺乏症，骨质疏松易碎、牙齿蛀蚀、精神不振，高磷血症。

成人磷适宜摄入量为 700 毫克/天。母乳和牛乳含磷都丰富。芦笋、麦麸、啤酒酵母、玉米、乳制品、蛋、鱼、大蒜、豆科植物、核果、芝麻、葵瓜子、南瓜子、肉、家禽、鲑鱼等食物中都含磷较丰富。发酵食品利于磷的吸收。

（七）铜

铜是人体必需的矿物质，通常不以自由铜离子的形式存在，而是与蛋白质或其他有机物结合，调控酶的活性。铜存在于所有器官和组织中，肝脏是储存铜的仓库，含铜量最高。脑和心脏也含有较多的铜。

1. 铜的吸收与排泄

铜的吸收率为 30%~40%，胃、十二指肠和小肠上部是吸收铜的主要部位，肠吸收是主动吸收过程。膜内外铜离子的转运体为 ATP 酶，依靠天冬氨酸残基磷酸化供能，能将主动吸收的铜与门静脉侧支循环中的白蛋白结合，运至肝脏进一步参与代谢。

铜主要通过胆汁排泄，胆汁中含有低分子和高分子量的铜结合化合物，前者多存在肝胆汁中，后者则多在胆囊胆汁中。胆汁内的铜可以通过溶酶体的胞吐作用或 ATP 酶的铜转移作用而进入，也可以是肝细胞溶酶体对存在于胆汁中铜结合蛋白分解的结果。血浆中铜大多与铜蓝蛋白结合或存在于肾细胞内，很少滤过肾小球，正常情况下尿液中含铜量甚微。当铜的排泄、存储和铜蓝蛋白合成失衡时会出现铜尿。

2. 铜的生理功能

铜是体内重要酶——亚铁氧化酶、细胞色素 C 氧化酶、铜锌超氧化物歧化酶、酪氨酸酶、赖氨酸氧化酶和多巴胺-β-羟化酶的辅助因子，还是凝血因子Ⅴ和金属硫蛋白的组成成分，以酶的辅助因子形式参与氧化磷酸化、自由基解毒、黑色素合成、儿茶酚胺代谢、结缔组织交连、铁和氨类氧化、尿酸代谢、血液凝固和毛发形成、葡萄糖代谢调节、胆固醇代谢、骨骼矿化、免疫机能、髓鞘质形成、热调节、红细胞生成等过程。其中氧化酶是心脏血管的基质胶原和弹性蛋白形成必需的，而胶原又是将心血管的肌细胞牢固地连接起来的纤维成分，弹性蛋白则具有促使心脏和血管壁保持弹性之功能。因此，铜一旦缺乏，此类酶的合成减少，心血管就无法维持正常的形态和功能，从而导致冠心病。

铜影响铁的吸收、运输与利用，有利于血红蛋白的合成。食物中的铁是二价离子，血红蛋白中的铁是三价铁离子，二价铁离子要转化成三价铁离子有赖于含铜的活性物质——血浆铜蓝蛋白。血浆铜蓝蛋白是小肠黏膜上皮细胞及其他细胞膜表面的铁转入 B1 球蛋白的携带者，有多酚氧化酶和铁氧化酶的作用，在氧的作用下，把肝脏和肠黏膜上皮细胞放出的铁氧化成三价铁，以便很快和血浆里的球蛋白结合，形成运铁蛋白，使铁循环使用。铜可促使无机铁变为有机铁，促进铁由贮存场所进入骨髓，加速血红蛋白和卟啉的合成。

铜是大脑神经递质的重要成分，如果摄取不足可致神经系统失调，细胞色素氧化酶减少，活力下降，从而使记忆衰退、思维紊乱、反应迟钝，甚至步态不稳、运动失常等。

育龄女性也离不开铜。妇女缺铜就难以受孕，即使受孕也会因缺铜而削弱羊膜的厚度和韧性，导致羊膜早破，引起流产或胎儿感染。

人体的衰老是因为体内的自由基特别是羟自由基通过脂质过氧化反应，损害细胞膜，破坏细胞核的遗传物质，使许多重要酶的活性降低甚至消失导致的。含铜的金属硫蛋白、超氧化物歧化酶等具有较强的清除自由基的功能，保护人体细胞不受其害。

铜离子可在流感病毒表面聚集，维生素 C 与病毒表面的铜离子作用，使含有蛋白质的病毒表面发生破裂，进而置病毒于死地。因此，将维生素 C 与铜元素称为一对防治流感的最佳"搭档"。

铜促进黑色素的合成。缺铜可使人体内的酪氨酸酶的形成困难，导致酪氨酸转变成多巴的过程受阻。多巴为多巴胺的前体，而多巴胺又是黑色素的中间产物，最终妨碍黑色素的合成，遂引起头发变白。

2. 铜的摄取

铜的缺乏会减少铁的吸收和血红素的形成，发生类似缺铁的贫血。缺铜可致脑组织萎缩、灰质和白质退行性病变，神经元减少，神经发育停滞、嗜睡、运动受限，人体骨骼变脆，抗病力降低等。铜作为重金属，摄入过量可发生急性铜中毒、肝豆状核变性、儿童肝内胆汁淤积等病症，使蛋白质变性。如硫酸铜对胃肠道有刺激作用，误服引起恶心、呕吐、口内有铜味、胃烧灼感。严重者有腹绞痛、呕血、黑便，造成严重肾损害和溶血，出现黄疸、贫血、肝大、血红蛋白尿、急性肾功能衰竭和尿毒症，对眼和皮肤有刺激性，长期接触可发生接触性皮炎。

每日铜的安全和适宜摄入量是：半岁前婴儿每天需 0.5~0.7 毫克，半岁至 1 岁每天 0.7~1.0 毫克，1 岁以上每天 1.0~1.5 毫克，4 岁以上每天 1.5~2.0 毫克，7 岁以上每天 2.0~2.5 毫克，11 岁以上至成年为每天 2.0~3.0 毫克。

足月生下的婴儿体内含铜量约为 16 毫克，按单位体重比成年人要高得多，其中约 70% 集中在肝中，由此可见，胎儿的肝是含铜量极高的。从妊娠开始，胎儿体内的含铜量就急剧增加，约从妊娠的第 200 天到出生，铜含量约增加 4 倍。因此，妊娠后期是胎儿吸收铜最多的时期，早产儿易患缺铜症就是这个原因。孕妇体内铜的浓度在妊娠过程中逐渐上升，这可能与胎儿长大，体内雌激素水平增加有关。正常情况下，孕妇不需要额外补充铜剂，铜过量可产生致畸作用。

食物中铜的丰富来源有动物肝、肾、肉类、贝类、豆制品、核桃、栗子、茶叶、牡蛎、蘑菇、可可、花生、杏仁、开心果等。

（八）硒

硒是人体必需的微量元素。全世界 40 多个国家缺硒，我国有 22 个省份的几亿人口都处于缺硒或低硒地带，这些地区肿瘤、肝病、心血管疾病等发病率很高。

1. 硒的生理功能

硒与蛋白质、酶结合组成的硒蛋白和硒酶是硒的主要功能形式。硒与半胱氨酸结合是硒蛋白的主要形式，并构成硒酶的活性中心。硒激活促分裂原活化蛋白激酶和 S6 核糖体蛋白激酶，抑制蛋白激酶 C，调控人体一些生物化学反应。

硒是谷胱甘肽过氧化物酶（GSH-Px）的组成成分，每摩尔的 GSH-Px 中含 4 摩尔硒，GSH-Px 催化还原性谷胱甘肽（GSH）与过氧化物的反应，具有抗氧化作用。GSH-Px 与维生素 E 抗氧化的机制不同，两者可以互相补充，具有协同作用，是重要的自由基清除剂，清除血液中脂质过氧化物，阻止其在血管壁上沉积，保护动脉血管壁上细胞膜的完整，调节体内胆固醇及甘油三酯，降低血液黏度，减少动脉粥样硬化及血栓形成，预防心血管病的发生。

脂质过氧化是糖尿病产生的重要原因，糖尿病病人的高血糖也会引发体内自由基的产生。硒可以提高机体抗氧化能力，阻止自由基对生物膜损害，防止胰岛 β 细胞氧化破坏，使胰岛细胞正常分泌胰岛素，促进糖代谢，改善糖尿病患者的症状。

硒对心脏和血管有保护和修复的作用。硒防止血凝块，清除胆固醇，人体血硒水平的降低，会导致体内清除自由基的功能减退，造成有害物质沉积，血管壁变厚、血管弹性降低、血流速度变慢，输氧功能下降，血压升高，从而诱发心脑血管疾病。

硒能消除自由基对眼睛的危害，保护视网膜免受辐射损伤，增强玻璃体的光洁度，提高视力，预防白内障、视网膜病、夜盲病等的发生。

人类精子细胞含有大量的不饱和脂肪酸，易受精液中氧自由基攻击，诱发脂质过氧化，从而损伤精子膜，使精子活力下降，甚至功能丧失，造成不育。硒具有强大的抗氧化作用，可清除过剩的自由基，抑制脂质过氧化作用，保护男性生殖能力。

硒增高癌细胞中环腺苷酸（CAMP）的水平，抑制癌 DNA、RNA 和蛋白质合成，抑制癌细胞生长、分裂和增殖，抑制肿瘤血管形成与发展，切断肿瘤细胞的营养供应，使肿瘤得不到营养，逐渐枯萎、消亡；同时由于切断了肿瘤的代谢渠道，肿瘤组织自身废物不能排出，肿瘤逐渐变性坏死。硒促进淋巴细胞产生抗体，提高机体免疫能力，增强机体防癌和抗癌能力，降低肿瘤细胞的耐药性，减少放化疗时的毒副反应，如：白细胞的下降、恶心、呕吐、肠胃功能紊乱，食欲减退、严重脱发。硒阻止胃黏膜坏死，促进黏膜的修复和溃疡的愈合，预防癌变。

肝病是病毒引起，而病毒在人体缺硒时极易变异，变异的病毒会逃避身体免疫监控，降低药物治疗效果。补硒有利于阻断病毒的变异，刺激体液免疫和细胞免疫，增加免疫球蛋白 IgM、IgG 的产生，提高中性粒细胞和巨噬细胞吞噬能力，有助于防止肝病的反复发作，加速病体的康复。硒通过谷胱甘肽过氧化物酶的抗氧化作用，清除自由基，加快脂质过氧化物的分解，防止肝纤维化，促进肝功能恢复。

硒抑制镉对人体前列腺上皮的促生长作用。硒缺乏导致内分泌失调，引发前列腺增生甚至肿瘤。

硒作为带负电荷的非金属离子，在生物体内可以与带正电荷的有害金属离子如镉、汞、砷、铅相结合，形成金属硒蛋白质复合物，把有害金属离子直接排出体外，消解金属离子的毒性。

硒能防止骨髓端病变，促进修复，对克山病、大骨节病两种缺硒地方性疾病和关节炎有很好的预防和治疗作用。

2. 硒的摄取

硒缺乏使产生的大量自由基也无法及时清除，影响人体的脑功能，小儿缺硒导致癫痫、焦虑、抑郁和疲倦、脱发、关节变硬、嗅觉低下、贫血等症状。

人体摄入硒过多，每天从食物中摄取硒 2400~3000 微克长达数月之久会导致慢性硒中毒。表现为脱发、脱指甲、头晕、头痛、倦怠无力、口内金属味、恶心、呕吐、食欲不振、腹泻、呼吸和汗液有蒜臭味，还可有肝肿大、肝功能异常，自主神经功能紊乱，尿硒增高，小儿发育迟缓，毛发粗糙脆弱，甚至有神经症状及智力改变。

2000 年制订的《中国居民膳食营养素参考摄入量》明确提出：18 岁以上者硒元素推荐摄入量为 50 微克/天，可耐受最高摄入量为 400 微克/天。

硒缺乏多发生在山区，植物性食物的硒含量决定于当地水土中的硒含量，水、土壤和农作物缺硒时，食品中亦缺乏，例如，我国高硒地区所产粮食的硒含量高达每千克 4~8 毫克，而低硒地区的粮食是每公斤 0.006 毫克，二者相差 1000 倍。

花生、江米、洋葱、大蒜、动物肝脏、鸡蛋、番茄、鱼类、肉类等含硒较高，其中蛋类含硒量多于肉类。黄油、鱼粉、龙虾、蘑菇、猪肾等食物虽然含有一定的硒元素，但吸收率不太理想。

营养学家提倡补充有机硒，如硒酸酯多糖、硒酵母、硒蛋、富硒蘑菇、富硒麦芽、富硒天麻、富硒茶叶、富硒大米等。

（九）钴

钴经消化道和呼吸道进入人体，一般成年人体内含钴量为 1.1~1.5 毫克，14%分布于骨骼，43%分布于肌肉组织，43%分布于其他软组织中。在血浆中无机钴附着在白蛋白上。

1. 钴的生理功能

钴通过与维生素 B_{12} 形成配合物，以维生素 B_{12} 的形式表现生物活性。维生素 B_{12} 含有一个与卟啉相似的环，钴处于环的中心，是维生素 B_{12} 的核心部分。维生素 B_{12} 是胸腺嘧啶核糖核苷酸合成以及 DNA 生物合成与转录所必需的甲基转移酶的辅酶，在许多酶中起着分子重排作用。钴通过维生素 B_{12} 参与核糖核酸及血红蛋白的合成，促进红细胞分裂及脾脏释放红细胞。

钴抑制细胞内呼吸酶，使组织细胞缺氧，反馈刺激红细胞生成素产生，进而促进骨髓造血。

钴促进肠黏膜对铁、锌的吸收，加速贮存铁进入骨髓，从而促进造血功能。若缺乏维生素 B_{12} 则骨髓细胞的脱氧核糖核酸合成期（S 期）和合成后期（G2 期）的时间延长，从而产生巨红细胞性贫血。

人体甲状腺功能紊乱不仅由于环境中的碘和钴含量低，并且还决定于两者之间的比值。在碘缺乏时钴能激活甲状腺，拮抗碘缺乏所产生的影响。

钴可激活很多酶，如增加人体唾液中淀粉酶、胰淀粉酶和脂肪酶的活性，促进肝糖原和蛋白质合成，对糖类和蛋白质代谢以及人体生长、发育都有重要影响。

钴可扩张血管、降低血压等。

钴还有驱脂作用，防止脂肪在肝细胞内沉着，预防脂肪肝。

2. 钴的摄取

人体对钴的生理需要量不易准确估计，1972 年世界卫生组织推荐成人适宜摄入量为 60 微克/天，可耐受最高摄入量为 350 微克/天。

钴不足，可导致巨幼红细胞性贫血。含钴丰富的食品有：牛肝、蛤肉类、小羊肾、火鸡肝、小牛肾、鸡肝、牛胰、猪肾。含钴较多的食物有：瘦肉、蟹肉、沙丁鱼、蛋和干酪。

（十）铬

铬是人体内必需的微量元素之一，在人体内的含量约为 7 毫克，主要分布于骨骼、皮肤、肾上腺、大脑和肌肉之中。

1. 铬的生理功能

铬是葡萄糖耐量因子（GIF）的组成部分，参与机体的糖代谢，帮助胰岛素促进葡萄糖进入细胞代谢产生能量，提高胰岛素作用效率，维持人体正常的葡萄糖耐量，是重要的血糖调节剂。

在胰岛素的存在下，铬可以促进眼球晶状体对葡萄糖的吸收，促进糖元的合成，对人体眼球巩膜的正常生理功能形成和坚韧性也起一定作用。近视眼的发生和糖尿病人的白内障都与人体缺铬有关。

铬提高高密度脂蛋白（HDL，对人体有利的脂蛋白）含量，促进胆固醇的分解与排泄，使血中胆固醇含量下降，减少胆固醇在动脉壁上的沉着，从而预防动脉硬化和心血管病的发生，减缓人体的血管老化速度。

甘氨酸、丝氨酸和蛋氨酸等合成蛋白质需要铬的参与。铬维持核酸结构的完整性，Cr(Ⅲ)可能与磷酸根相结合，从而促进 DNA 的合成，参与基因表达的调节。

2. 铬的摄取

人体缺铬时，很容易糖代谢失调，就会患糖尿病，诱发冠状动脉硬化，导致心血管病，严重的会导致白内障、失明、尿毒症等并发症。严重缺铬时，会出现体重减轻、末梢神经疼痛等症状，胰岛素含量降低，血中葡萄糖不能被人体利用，诱发高胆固醇血症。

铬过量会引起中毒，其毒性与其价态有极大的关系，六价铬的毒性比三价铬约 100 倍，六价铬化合物在高浓度时具有明显的局部刺激作用和腐蚀作用，低浓度时为常见的致癌物质。在食物中大多为三价铬，其口服毒性很低，可能是由于其吸收非常少。

每人每日需铬 20~50 毫克。含铬量比较高的食物主要是一些粗粮，如小麦、花生、蘑菇等等，另外胡椒以及动物的肝脏、牛肉、鸡蛋、红糖、乳制品等含铬较高。

（十一）钼

1. 钼的生理功能

钼是重要微量元素之一，能通过各种钼酶的氧化还原作用，催化一些底物的羟化反应，调节人体代谢。钼是人体肝、肠黄嘌呤氧化酶、醛类氧化酶的组成成分，也是亚硫酸肝素氧化酶的组成成分。黄嘌呤氧化酶催化次黄嘌呤转化为黄嘌呤，然后转化成尿酸。醛氧化酶催化各种嘧啶、嘌呤、蝶啶及有关化合物的氧化和解毒。亚硫酸盐氧化酶催化亚硫酸盐向硫酸盐的转化。

钼酸盐可保护肾上腺皮质激素受体，钼还有明显防龋作用，钼对尿结石的形成有强烈抑制作用。

2. 钼的吸收和排泄

膳食及饮水中的钼化合物极易被吸收。经口摄入的可溶性钼酸铵约 88%~93% 可被吸收。膳食中的各种含硫化合物对钼的吸收有相当强的阻抑作用。

钼酸盐被吸收后仍以钼酸根的形式与血液中的巨球蛋白结合，并与红细胞有松散的结合。血液中的钼大部分被肝、肾摄取。在肝脏中的钼酸根一部分转化为含钼酶，其余部分与蝶呤结合形成含钼的辅基储存在肝脏中。人体主要以钼酸盐形式通过肾脏排泄钼。此外也有一定量的钼随胆汁排泄。

3. 钼的摄取

钼的毒性虽低，但过量的食入会加速人体动脉壁中弹性物质——缩醛磷脂氧化。土壤含钼过高的地区，癌症发病率较低但痛风病、全身性动脉硬化的发病率较高。

2000 年中国营养学会制订了中国居民膳食钼参考摄入量，成人适宜摄入量为 60 微克/天；最高可耐受摄入量为 350 微克/天。

扁豆、豌豆、牛肝、牛肾、牛肉、鱼、鸡、全麦、土豆、葱、花生、椰子、猪肉、小羊肉、绿豆、蟹、杏、葡萄干含钼较高。

（十二）氟

1. 氟的生理功能

人体骨骼的 60%为骨盐，而氟能与骨盐结晶表面的离子进行交换，形成氟磷灰石而成为骨盐的组成部分，使骨质坚硬。适量的氟有利于钙和磷的利用及在骨骼中沉积，加速骨骼的形成、生长，并维护骨骼的健康。

氟有预防龋齿、保持人牙齿健康的作用。氟的防龋机理与氟对骨骼代谢的作用一致。氟在牙釉质大部分矿化之后，仍能取代羟基磷灰石的羟基，形成氟磷灰石保护层，参与牙釉质的晶格结构，提高了牙齿的强度，增强了牙釉质的抗酸能力。此外，氟对细菌的酶有抑制作用，可减少细菌活动所产生的酸，从而更有利于牙齿的防龋作用。

氟可影响一些酶的活性，特别是烯醇酶，此酶可促进磷酸甘油酸向磷酸丙酮酸的转化，在碳水化合物的代谢中起重要作用。

氟能抑制胆碱脂酶活性，减少体内乙酰胆碱分解从而提高神经的兴奋性和传导作用。氟还能抑制三磷酸腺苷酶活性，提高体内的三磷酸腺苷（ATP）含量。ATP 提高肌肉对乙酰胆碱的敏感度而提高神经肌肉的兴奋传导。

氟能提高生物体的抗过氧化能力，减少体内衰老色素（脂褐素）的生成和积聚，具有良好的抗衰老作用。

当机体处于缺铁的状态时，氟对铁的吸收、利用有促进作用，可以纠正铁在临界量时出现的小细胞贫血。也有学者发现氟碳化合物能携带氧气，促进造血机能，1979 年美国首次将其作为血液代用品应用于临床，由此揭开人造血液新篇章。

2. 氟的缺乏与过量

适量的氟对哺乳类动物的生长发育和繁殖是十分必要的。缺氟首先受害的是牙齿——即龋齿，其原因是食物残渣附着于牙缝和牙面上，在口腔细菌（变型性链球菌）的作用下，被氧化成对牙齿具有腐蚀作用的乳酸、葡萄糖酸等，使牙齿中的钙质被溶出而形成溶洞。氟能够抑制变酸过程，从而起到防龋作用。另一方面，在缺氟情况下牙釉质中坚硬而又耐酸的"氟磷灰石"变为"羟磷灰石"，容易遭到酸类物质的腐蚀，导致钙质溶出而形成龋齿。

当氟缺乏时，可引起动物的造血功能障碍，表现为小细胞性贫血，这种贫血补充铁剂后可以得到纠正。

过多的氟进入人体后与羟基磷灰石晶体紧密结合，不易游离，使骨表面粗糙，骨密度增大或疏松，骨骼变形，形成残废性氟骨症，严重的甚至死亡。儿童主要表现为氟斑牙，神经系统受到损害，有的患者类似颈椎病或脊柱肿瘤，由于脊髓受压而出现四肢麻木、双下肢无力、压迫性截瘫、大小便失禁等。个别病例还可出现抽搐与惊厥；部分病例可能发生甲状腺肿大，甚至出现心肝功能受到损害，出现运动障碍；反射亢进；肾或尿路结石，尿酶升高，尿蛋白；胃、肠和肝功能紊乱、腹胀、腹痛等。

3. 氟的摄取

氟吸收主要在胃部及小肠，并从尿中排出。饮水中氟可被完全吸收，食物中一般吸收

50%~80%。食物中含大量的钙、铝和脂肪时会影响氟的吸收。

中国营养学会公布的氟的安全摄入量为成年人每天 1.5~4.0 毫克。氟在动物性食品中主要沉积于动物骨骼中，牛骨、明胶、鱼、贝类、海味中均含有大量氟。植物中菠菜、茶叶氟含量也较高。植物中氟分布：根 > 苗 > 繁殖器官。

四、如何获取矿物质

以下三类人群最易缺乏矿物质：

（1）少年儿童。少年儿童因快速生长发育，矿物质需求量较大，若饮食结构不合理，厌食、偏食易缺乏锌、硒、碘、钙、铁等。

（2）孕妇及哺乳期妇女。孕妇因胎儿快速生长发育，矿物质消耗量较大，由于妊娠反应，饮食结构不合理，偏食、挑食易缺乏锌、硒、钙、碘、钙、铁、钼、锰等。

（3）中老年人。中老年人因胃肠吸收功能下降，导致免疫力低下，且易患慢性消耗性疾病，易缺乏锌、硒、钙、铬等。

总之，人体所需要的各种元素都是从食物中得到补充。但随年龄、性别、身体状况、环境、工作状况等因素有所不同。但无论哪种元素，和人体所需蛋白质相比，都是非常少量的。矿物质如果摄取过多，容易引起中毒。由于各种食物所含的元素种类和数量不完全相同，所以在平时的饮食中，要做到粗、细粮结合，荤素搭配，不偏食，不挑食。

第六节　水及其功能

水是维持人体正常生理活动的重要物质。成人水分占体重的 60% 左右，而体液是由水、电解质、低分子化合物和蛋白质组成，广泛分布在细胞内外，构成人体内环境。其中细胞内液约占体重的 40%，细胞外液占 20%（其中血浆占 5%，组织内液占 15%）。细胞外液对于营养物质的消化、吸收、运输和代谢、废物的排泄均有重要作用。一旦机体丧失水分 20%，就无法维持生命。

水是人体一切生物化学反应进行的场所，水在体内直接参与了水解、水化、加水脱氢等重要生物化学反应。

水是良好的溶剂，能使许多物质溶解，有利于氧气和各营养物质及代谢产物的运输。

水的比热容大，水的蒸发热也大，血液 90% 是水，流动性大，能把代谢过程中产生的大量热量随着血循环达带到全身各部位，随汗液蒸发散发到体外，使体温保持基本稳定，维持产热与散热的平衡，对体温调节起重要作用。

水在体内还有润滑作用，如唾液有助于食物吞咽，泪液有助于眼球转动，关节滑液有助关节活动等等。

体内还有部分水与蛋白质、黏多糖和磷脂等结合，称为结合水。其功能之一是保证各种肌肉具有独特的机械功能。例如，心肌大部分以结合水的形式存在，并无流动性，这就是使心肌成为坚实有力的舒缩性组织的条件之一。

第三章
食物中的活性物质及其功能

随着食品科学技术的发展，人们又发现了一些"食品活性物质"对人体健康起着重要的作用，这些物质多存在于植物中，又称之为"植物活性物质"。

第一节 多酚类化合物

多酚是分子中具有多个羟基酚类成分的总称，又称黄酮类，是植物体内酚类的次生代谢产物，存在于植物体的皮、根、叶、壳和果肉中，具有抗氧化、降低血脂肪、防止动脉硬化和血栓形成，利尿、降血压、抑制细菌与癌细胞生长的作用。

一、植物多酚类物质的化学性质

植物多酚最重要的化学性质是可通过疏水键和氢键与蛋白质及其他生物大分子如生物碱、多糖等结合。一旦植物多酚与人体消化道内的消化酶（蛋白质）结合，降低人体对食物中蛋白质消化能力。植物多酚中多个邻位酚羟基极易被氧化，可与金属离子发生络合反应，对活性氧等自由基有很强的还原能力，具有很强的抗氧化性和清除自由基的能力。另外，植物多酚还具有抑菌、抗癌、抗衰老和抑制胆固醇上升等功能。

二、植物多酚的生理功能

（1）抗氧化防衰老。现代医学研究证明，很多疾病和组织器官老化等都与过剩的自由基有关。而植物多酚具有很强的抗氧化能力，能有效地清除人体内的过剩自由基。因此，植物多酚能保护生物大分子免受自由基诱发的损伤，减缓人体组织器官的衰老。

（2）抗心脑血管疾病。血液流变性降低，血脂浓度增高，血小板功能异常是诱发心脑血管疾病的重要原因。植物多酚能够抑制血小板的聚集粘连，诱导血管舒张，并抑制脂代谢中酶的活性，防止冠心病、动脉粥样硬化和中风等心脑血管疾病的发生。干红葡萄酒酿造工艺中的带皮发酵过程使干红葡萄酒中富含白藜芦醇，能够抑制胆固醇上升，预防高血脂。

（3）抗癌。多酚是一种十分有效的抗诱变剂，能够减少诱变剂的致癌作用，并提高染色体精确修复能力。亚硝酸盐类化合物具有致癌性，而植物多酚中的茶多酚有抑制亚硝酸盐的致癌性，具有抗癌的功效。绿茶含有较高的茶多酚，长期饮用绿茶能减少癌症和肿瘤的发病率。资料显示，日本国内，凡绿茶消费较多的地区，胃癌发病率较低。而苹果多酚和葡萄籽活性提取物白藜芦醇的抗癌效果得到了验证。

（4）抑菌消炎和抗病毒。植物多酚对多种细菌、真菌、酵母菌都有明显的抑制作用，尤其对霍乱菌、金黄色葡萄球菌和大肠杆菌等常见致病细菌有很强的抑制能力。植物多酚治疗流感、胞疹都与其抗病毒作用有关。植物多酚用于抗艾滋病有一定效果，低分子量的水解单宁可用作口服剂来抑制艾滋病，延长潜伏期。茶多酚可以用作胃炎和溃疡药物的成分，抑制幽门螺杆菌的生长和抑制链球菌在牙齿表面的吸附，对于肠胃炎病毒和甲肝病毒等也有较强的抑制作用。红茶和绿茶提取物能够抑制甲、乙型流感病毒；儿茶素能够抑制人体呼吸系统合胞体病毒。

（5）抗老化和防晒。植物多酚对200~300纳米的紫外光有较强吸收能力。因此植物多酚可以作为抗老化剂和防晒剂，吸收紫外线，阻止皮肤黑色素的生成。

三、几种常见植物多酚类物质的成分与理化性质

1. 茶多酚

茶多酚简称 TP，又名茶单宁、茶鞣质，是茶叶的主要成分，是一种褐色至淡黄色的无定型粉末，易溶于水、甲醇、乙醇、乙酸乙酯和丙酮，不溶于氯仿及苯等有机溶剂。茶多酚有较好的耐酸性，在 pH<7 时较稳定，pH>7 时则不稳定且氧化变色加快，呈红褐色。按照化学结构不同可以将茶多酚分为儿茶素类（黄烷醇类）、黄酮及黄酮醇类、花素和花青素类和聚合酚及缩酚酸类 4 类。其中，儿茶素类（称为黄烷醇类）化合物是茶多酚的主体成分，含量占60%~80%。儿茶素类化合物大量存在于茶树新梢，占茶叶干重的 12%~24%。儿茶素类化合物主要包括：表没食子儿茶素没食子酸酯（EGCG）、没食子酸儿茶素没食子酸酯（EGC）、表儿茶素没食子酸酯（ECG）及表儿茶素（EC）。其中 EGCG 含量最高，占儿茶素总量的 50%左右。

2. 苹果多酚

苹果多酚是苹果中具有苯环并结合有多个羟基的物质的总称。它是苹果主要的功能成分之一。苹果多酚为棕红色粉末，其 20%的水溶液呈红褐色，略带苹果风味，稍有苦味，易溶于水和乙醇。苹果中多酚的主要成分因品种及成熟度的不同而有所不同。成熟苹果的主要多酚类为儿茶素、原花青素及绿原酸类物质，未熟苹果的苹果多酚中除含有上述物质外，还含有较多的二羟查耳酮、黄酮醇类化合物。

3. 葡萄多酚

葡萄多酚类物质是葡萄重要的次生代谢产物，主要存在于葡萄籽与葡萄皮中。葡萄多酚能溶于水，易溶于甲醇、乙醇等有机溶剂。其主要成分包括表儿茶酸等酚酸类、黄烷醇类、花色苷类、黄酮醇类和缩聚单宁等物质，其中含量最高的为原花色苷，可达 80%~85%。由于不同品种葡萄的多酚各种成分含量不同，使葡萄品种间存在颜色差异。因此目前研究使用的葡萄多酚多由葡萄籽中提取。

白藜芦醇是葡萄多酚中很重要的一种活性物质，主要存在于葡萄皮中。葡萄酒中的白藜芦醇含量高低主要取决于葡萄皮的发酵时间，另外，葡萄品种、葡萄生长环境、酿酒工艺等因素也会影响白藜芦醇在葡萄酒中的含量。

第二节　有机硫化物

有机硫化物是碳和硫直接相连的有机物。其中异硫氰酸盐、烯丙基硫化物、硫辛酸、二甲基砜及牛磺酸等是具有特异的生理活性的物质。

一、异硫氰酸盐

异硫氰酸酯通常以葡萄糖异硫氰酸盐的形式存在于十字花科植物（如白菜、卷心菜等）中。

异硫氰酸酯是Ⅱ相酶的强诱导剂，可抑制有丝分裂，诱导人肿瘤细胞凋亡，防止大鼠肺、乳腺、食管、肝、小肠、结肠和膀胱癌的发生。

二、烯丙基硫化物

烯丙基硫化物是大蒜、洋葱主要活性成分，可通过对Ⅰ相酶、Ⅱ相酶、抗氧化酶的作用抑制致癌物质的活性，可与亚硝酸盐生成亚硝酸酯类化合物，阻断亚硝酸铵的合成，抑制亚硝酸胺的吸收，使肿瘤细胞环腺苷酸水平升高，抑制肿瘤细胞生长；还可激活巨噬细胞，刺激体内产生抗癌干扰素，增强机体免疫力，还具有杀菌、消炎，降低胆固醇，预防脑血栓、冠心病的作用。

第三节　萜类化合物

一、萜类化合物的种类

萜类化合物（terpenoids）是一类以异戊二烯为结构单元组成的化合物的统称，也称为类异戊二烯（isoprenoids）。该类化合物在自然界分布广泛，种类繁多，迄今为止人们已发现了近 3 万种萜类化合物，其中有半数以上是在植物中发现的。按其在植物体内的生理功能可分为初生代谢物和次生代谢物两大类。作为初生代谢物的萜类化合物数量较少，但极为重要，包括甾体、胡萝卜素、多聚萜醇、醌类等。这些化合物有些是细胞膜组成成分和膜上电子传递的载体，有些是对植物生长发育和生理功能起作用的成分。如醌类为膜上电子传递的载体，胡萝卜素类和叶绿素参与光合作用，赤霉素、脱落酸是植物激素。而次生代谢物的萜类数量巨大，根据这些萜类的结构骨架中包含的异戊二烯单元的数量可分为单萜（monoterpenoid C10）、倍半萜（sesquiterpenoid C15））、二萜（diterpeniod C20）和三萜（triterpenoid C30）

等。它们通常属于植保素，虽不是植物生长发育所必需的，但在调节植物与环境之间的关系上发挥重要的生态功能。植物的芳香油、树脂、松香等便是常见的萜类化合物，许多萜类化合物是中药和天然植物药的有效成分，已经开发出临床广泛应用的有效药物，如被用于治疗疟疾的青蒿中的青蒿素就是倍半萜，治疗乳腺癌的紫杉醇就是红豆杉的二萜化合物。

二、重要萜类化合物的生理功能

1. 皂苷

（1）抗菌抗病毒作用。

大豆皂苷能抑制大肠杆菌、金色葡萄球菌和枯草杆菌；人参皂苷能抑制大肠杆菌、幽门螺杆菌，预防十二指肠溃疡，抑制黄曲霉毒素的产生，茶叶皂苷对多种致病菌有良好的抑制作用。

（2）免疫调节作用。

皂苷可以增强机体免疫功能。人参皂苷、黄芪皂苷和绞股蓝皂苷可明显增强巨噬细胞的吞噬能力，提高 T 细胞数量及血清补体水平；大豆皂苷能明显提高 NK 细胞活性。

（3）对心血管的作用。

皂苷可抑制胆固醇在肠道吸收，柴胡皂苷、甘草皂苷具有明显的降低胆固醇的作用，人参皂苷、大豆皂苷可促进人体胆固醇和脂肪的代谢，降低胆固醇和甘油三酯含量。大豆皂苷具有抑制血小板减少和凝血酶引起的血栓纤维蛋白的形成，具有抗血栓的作用。

（4）对中枢神经系统的作用。

柴胡皂苷具有镇静、镇痛和抗惊厥作用，黄芪皂苷具有镇痛和中枢抑制作用。

（5）降血糖作用。

苦瓜皂苷有类胰岛素的作用，可降血糖。

（6）抗肿瘤作用。

人参皂苷 Rh2 可抑制人白细胞和 B_{16} 黑色素瘤细胞生长，大豆皂苷对肿瘤细胞特别是人类白血病细胞 DNA 合成和转移有抑制作用，明显抑制肿瘤细胞的生长。

（7）其他作用。

人参皂苷是一种非特异性的酶激活剂，激活黄嘌呤氧化酶，可增加肾上腺皮质激素的分泌，使肾上腺重量增加；茶叶皂苷可抑制酒精吸收和保护肠胃，抗高血压，抗白三烯、抗炎作用。

第四节　类胡萝卜素及其功能

一、概述

类胡萝卜素是一类天然的脂溶性色素，广泛存在于自然界。许多蔬菜、水果、花卉正是由于类胡萝卜素的存在，才使它们呈现出黄色、橘色或红色等鲜艳色彩。

类胡萝卜素都是由一条共轭双键的核心碳链，加上各自不同的末梢基团构成。自然界已经确认的类胡萝卜素至少有 750 多种，其中常见于食物中的有 50~60 种之多，根据化学组成的不同，它们可以分成两类：胡萝卜素和叶黄质。胡萝卜素包括 β-胡萝卜素、α-胡萝卜素、番茄红素等，它们只由碳、氢两种元素组成；而叶黄质的组成除碳、氢元素外，至少还包含一个氧原子，如叶黄素、玉米黄质、β-隐黄质、虾青素等。α-胡萝卜素、β-胡萝卜素、β-隐黄质等可以在体内转化成维生素 A，因此又被称为维生素 A 原。

大量的流行病学调查均显示，蔬菜水果的摄入量与心血管疾病、眼科疾病、胃肠道疾病、神经退行性变以及部分癌症的发生呈负相关，据推测，这一作用可能和蔬菜水果中富含的类胡萝卜素有关。

二、类胡萝卜素的生物学功能

1. 类胡萝卜素与抗氧化

生物氧化反应是生物体内每个细胞的基本生理生化过程，生物氧化过程中产生的氧自由基和过氧化氢等活性氧具有高度不稳定性，会导致脂质的氧化、蛋白质的降解和 DNA 的损伤等多种细胞伤害，活性氧的数量一旦超过机体的抗氧化能力，就可能引起多种疾病。

类胡萝卜素在机体抗氧化过程中，主要通过猝灭单线态氧和清除过氧化氢（H_2O_2）发挥作用，还能使单线态氧和过氧化氢产生过程中的电子活化的激活分子灭活。

类胡萝卜素能够接受不同电子激发态的能量，使单线态氧的能量转移到类胡萝卜素，生成基态氧分子和三重态的类胡萝卜素分子，三重态的类胡萝卜素将获得的能量分散到周围的环境中产生热量，类胡萝卜素得到再生。通过这一循环，类胡萝卜素不断地清除单线态氧，猝灭速率常数在 $10^9 M^{-1} s^{-1}$ 的范围内。

类胡萝卜素是最有效的天然单线态氧猝灭剂，且此作用随分子中共轭双键数量的增加而增加。类胡萝卜素还能有效地清除过氧化氢，防止脂质过氧化，尤其在氧分压较低的状态下作用更加明显，这是因为生理状态下多数器官组织的氧分压都比较低。

机体的抗氧化防御系统是个复杂的网络结构，不同的抗氧化剂之间可能存在协同作用。在 UVA 引起人成纤维细胞光氧化损伤的模型中，β-胡萝卜素和 α-生育酚以及抗坏血酸表现出协同的作用。在相同浓度下，多种类胡萝卜素混合后的抗氧化活性比任何一种类胡萝卜素的活性都强，尤其是混合物中含有番茄红素或者叶黄素时，这种增效作用更加明显。

在一些特殊情况下，类胡萝卜素反而起到过氧化剂的作用。体外实验已经证实，给予人骨髓白血病细胞和结肠腺癌细胞高剂量的 β-胡萝卜素（>10 微摩）能够增加活性氧的产生以及细胞氧化型谷胱甘肽的浓度，这一作用可以被 α-生育酚和 N-乙酰半胱氨酸所阻断，其在体内是否同样存在类似的反应尚有待研究。叶黄素在浓度较低时（<10 微克/毫克），不仅没有清除羟基自由基的能力，还可激发自由基的产生。随浓度的升高（10~1000 微克/毫克），叶黄素清除羟基自由基的效果增强。

2. 类胡萝卜素与癌症

体外实验和动物实验均表明类胡萝卜素对多种癌症具有预防作用。流行病学调查也显示富含类胡萝卜素的膳食降低多种癌症的风险，血清中 β-胡萝卜素的水平与肺癌的风险性呈负相关。但是多数的干预实验结果却表明补充β-胡萝卜素对于癌症的风险并没有影响，甚至在肺癌的高危人群，如吸烟者和石棉工人，补充高剂量的β-胡萝卜素会增加肺癌的危险。这可能是因为给予的β-胡萝卜素剂量远远高于正常饮食中所能摄取的量，血液β-胡萝卜素超出了正常水平。

多项研究结果显示，多摄入番茄和番茄制品与前列腺癌风险的降低有关；部分研究也报道了，血液中番茄红素的水平与前列腺癌的风险性呈负相关。然而，一项调查报告显示，番茄红素或者番茄制品摄入量的增加与前列腺癌的风险性无关，但可能降低有前列腺癌家族史男性的发病风险。对于体外培养的癌细胞，番茄红素以剂量依赖的方式抑制乳腺癌、子宫内膜癌、肺癌和白血病细胞的生长。

类胡萝卜素是优秀的自由基清除剂，而自由基与 DNA 的氧化损伤，细胞的癌变息息相关，因此类胡萝卜素的抗氧化性在癌症预防中具有一定作用，但是通过对生物化学机制的深入研究显示，其他作用机制可能起着更为关键的作用。类胡萝卜素抗癌作用的机制可能涉及引起细胞生长或细胞死亡途径上的一些变化，包括激素与生长因子的信号传输、细胞周期过程的调节机制、细胞分化及凋亡。

3. 类胡萝卜素与细胞信号传输

细胞间隙连接是由连接蛋白在邻近细胞之间形成亲水通道，可传输细胞群体内生长调控信号，调节细胞的正常增殖与分化。但是人体多数实体瘤细胞间的间隙连接通信功能缺陷，维生素 A 和类胡萝卜素都可以增强细胞的间隙连接（gap junctional communication, GJC）。在癌前病变，如口腔黏膜白斑，子宫颈上皮不典型增厚等，即出现连接蛋白 43（connexin 43，Cx43）的表达下调。连接蛋白 43 类似于抑癌基因，维生素 A 和类胡萝卜素都可以上调其表达，从而增强细胞间的间隙连接，抑制肿瘤细胞增殖。但是类胡萝卜素，尤其是非维生素 A 原的类胡萝卜素（如虾青素）等，与维生素 A 作用途径不同，前者则可能通过过氧化物酶体增殖激活受体（PPARs），后者主要通过视黄酸受体（RARs），两者最终都作用于连接蛋白 43 基因的转录水平。

4. 类胡萝卜素与细胞周期调节

胰岛素样生长因子（IGF-I）作为主要的癌危险因子，如果长期在血液中保持高水平，则增加乳腺、前列腺、结肠和肺癌的危险。Mucci 等人发现摄入番茄的功能物质能降低血液 IGF-I 水平。番茄红素抑制 IGF-I 受体信号的传输，延缓细胞周期进程，控制人前列腺癌细胞的生长。$10\mu mol/L$ 番茄红素处理乳腺癌细胞 MCF-7、HBL-100 与 MDA-MB-231 以及纤维囊肿乳腺细胞 MCF-10a, 48 小时后细胞周期进程在 G1/S 期延滞。番茄红素也延缓其他癌细胞系（白血病、子宫内膜癌及肺癌）通过 G1 与 S 期的进程。α-胡萝卜素对 GOTO 成人神经细胞瘤细胞有相似的作用。β-胡萝卜素引起正常的人成纤维细胞的细胞周期停滞在 G1 期。细胞周期蛋白 D 作为生长因子感受器起作用的主要元件，在许多乳腺癌细胞系及原发肿瘤中过量表达。番茄红素能够降低视神经胶质瘤的周期蛋白 D 的水平，抑制其生长。番茄红素还能与维生素 D_3 发生协同作用，抑制骨髓白血病细胞系 HL60 的细胞周期进程，诱导其分化。

5. 类胡萝卜素与细胞凋亡

β-胡萝卜素能抑制人结肠腺癌细胞生长，下调抗凋亡蛋白 Bcl-2 和 Bcl-xl 的表达，诱导细胞凋亡，这是与细胞内活性氧代谢物生成的增加相关联的。β-胡萝卜素、番茄红素、叶黄素、β-隐黄质及玉米黄质可诱导淋巴母细胞凋亡，斑黄素（canthaxanthin）对此细胞却无作用，这时 β-胡萝卜素的诱导凋亡作用与活性氧生成无关。环加氧酶 COX-2 在许多肿瘤中过量表达，番茄红素能下调 COX-2 mRNA 的表达，同时伴随着恶性的乳腺上皮细胞凋亡。叶黄素不仅能够增加小鼠乳腺肿瘤 p53 和前凋亡蛋白 BAX 的表达，阻遏 Bcl-2 的表达，降低血管再生的活性，而且在体外实验中，叶黄素能够选择性地诱导化疗后癌细胞的凋亡，保护正常细胞。给大鼠注射 MatLyLu 前列腺肿瘤细胞，事先补充番茄红素组的大鼠肿瘤坏死面积明显比对照组大，这可能是因为番茄红素下调了类固醇激素的代谢和信号传导的相关基因。

6. 类胡萝卜素与致癌物的脱毒

第 I 相反应酶和第 II 相反应酶在致癌物的脱毒过程中发挥着重要的作用。类胡萝卜素能够诱导这类酶的表达。实验表明，番茄红素能够通过转录因子 Nrf2 和基因调节区的抗氧化剂应答元件（antioxidant responsive elements, ARE），对第 II 相反应酶的转录进行调控。

7. 类胡萝卜素与免疫调节

类胡萝卜素对机体免疫系统可能有"双向调节"的作用，有抑制自身免疫反应，增强细胞免疫和抑制炎症的功能。

动物实验证实，类胡萝卜素能增强中性粒细胞髓过氧化物酶的活性和细胞吞噬功能，促进有丝分裂原诱导的淋巴细胞增殖，加强抗体反应和巨噬细胞的细胞色素氧化酶、过氧化氢酶的活性。类胡萝卜素的这些效应与是否维生素 A 原无关。

番茄红素能增加自发性乳腺肿瘤小鼠 T 辅助细胞的数量，使胸腺内 T 细胞的分化正常。

β-胡萝卜素可增强巨噬细胞杀灭肿瘤活性，保护自身细胞免于呼吸爆发引起的氧代谢物的伤害，刺激牛血中中性粒细胞髓过氧化物酶的活性及细胞吞噬功能，而维生素 A 通常会降低其吞噬功能。

体外实验表明，虾青素可显著促进小鼠脾细胞对胸腺依赖抗原（TD-Ag）反应中抗体的产生，提高依赖于 T 细胞专一抗原的体液免疫反应。人体血细胞的体外研究中也发现虾青素和类胡萝卜素均能显著促进胸腺依赖抗原刺激时的抗体产生，分泌 IgG 和 IgM 的细胞数增加。

类胡萝卜素具有抗炎的作用。例如克罗恩病中，吞噬细胞在炎症部位（肠黏膜和肠腔内）释放出活性氧，破坏了自由基和抗氧化剂之间原有的平衡，氧化产物以及脂质过氧化水平的增加。研究表明，氧化剂与内皮细胞的炎症基因刺激有直接关系。Bennedsen 的研究发现，虾青素可预防幽门螺杆菌引起的溃疡症状，明显降低幽门螺杆菌对胃的附着和感染。活性氧也能加重哮喘伴随炎症和训练引起的肌肉损伤炎症。因此，类胡萝卜素能够通过抗氧化发挥抗炎的作用。

8. 类胡萝卜素与心血管疾病

动脉粥样硬化、冠心病等心血管疾病的病理学特点是动脉发生了非炎症性、退行性和增生性病变，导致管壁增厚变硬，失去弹性，管腔缩小。类胡萝卜素的摄入量、血中或脂肪组织中类胡萝卜素的水平与心脏疾病风险呈负相关。类胡萝卜素对心血管疾病防治是在多方面同时发挥作用的。

低密度脂蛋白(LDL)的氧化是导致动脉硬化的重要原因,氧化性低密度脂蛋白(Ox-LDL)的增加加速了动脉粥样硬化的发生,类胡萝卜素通过抗氧化作用,抑制 LDL 的脂质过氧化,延缓动脉斑块的形成。

尽管动脉粥样硬化、冠心病等疾病的初始病理变化是非炎症性的,但是随着血管壁的损伤,炎性分子、炎症细胞便会参与其中。例如,动脉内皮下巨噬细胞内脂质大量堆积,形成泡沫细胞是动脉粥样硬化早期的重要特征。β-胡萝卜素、叶黄素、番茄红素均能在体外改变人内皮细胞表面黏附分子的表达,减少巨噬细胞的附着和对内皮的浸润。

Fuhrman 等人研究了类胡萝卜素对巨噬细胞胆固醇代谢的影响,发现在离体条件下 β-胡萝卜素和番茄红素都能促进巨噬细胞低密度脂蛋白(LDL)受体的活性,抑制胆固醇的合成;每天补充 60 毫克的番茄红素,连续 3 个月后,人体血浆中的 LDL 胆固醇浓度降低了 14%。

9. 类胡萝卜素与光保护作用

细胞膜和组织暴露于强光尤其是紫外光下,会产生单线态氧、自由基等氧化剂,称为光氧化损伤。植物靠类胡萝卜素抵御紫外光氧化,类胡萝卜素紫外保护特性对于维护眼睛和皮肤的健康也起着重要的作用。

老年性黄斑变性和白内障是引起老年人视觉损害甚至失明的主要疾病,这两种疾病都与眼睛内部光氧化过程有关。膳食中补充类胡萝卜素(尤其是叶黄素和玉米黄质)能降低老年性黄斑变性和白内障的发病率。类胡萝卜素保护眼睛主要通过两条途径:

首先,作为过滤有害蓝光的滤光器,叶黄素和玉米黄质的滤光效率远远高于番茄红素和β-胡萝卜素,可在蓝光到达光感受器及视网膜色素上皮细胞和下部的脉络膜血管层之前,类胡萝卜素可以削弱蓝光,减少视网膜的氧化压力。其次,类胡萝卜素作为抗氧化剂,能猝灭活性的三重态分子、单线态氧,消除活性氧,例如脂质过氧化物或过氧阴离子等。

光氧化损伤细胞的脂质、蛋白质及 DNA,引起皮肤的红斑,老化,甚至皮肤癌。紫外照射能降低血浆和皮肤中类胡萝卜素的水平,相较于其他类胡萝卜素,番茄红素更容易损失。补充 β-胡萝卜素、番茄红素、或混合性类胡萝卜素可显著降低紫外线照射诱发的红斑,使紫外线光敏感度降低。这些类胡萝卜素对皮肤的保护作用归功于其抗氧化功能及其抑制脂氧酶、抑制炎症的功能。

10. 类胡萝卜素的其他功能

根据 2006 年 5 月的《美国流行病学杂志》上的一项报告,不吸烟者发生糖尿病和胰岛素抵抗的风险与血清类胡萝卜素水平呈负相关。有研究表明,血浆番茄红素水平可能和 2 型糖尿病的发病率呈负相关,番茄红素还可以应用于糖尿病并发症的治疗。Naito 等人在研究中发现"氧化应激"是糖尿病导致肾病的一个重要机制。虾青素通过降低肾的氧化应激来控制糖尿病肾病的进展,预防肾脏细胞的损伤。Uchiyama 等人将虾青素用于肥胖型 2 型糖尿病小鼠模型中发现,虾青素不能增加胰腺中 β 细胞数量,但可以保护 β 细胞的功能,保证胰岛分泌胰岛素的能力来改善机体血糖水平。

对自发性高血压大鼠连续喂食虾青素 14 天,可使大鼠的动脉血压显著降低;连续给予易卒中的自发性高血压大鼠虾青素 5 周，其血压降低显著，且延迟了脑卒中的发生。这种作用可能与促进 NO 合成有关。虾青素还可以调节高血压的血液流变性，通过交感神经肾上腺素受体通路，使 α_2 肾上腺素受体的敏感性正常；减弱血管紧张素 II 和活性氧引起的血管收缩，修复血管紧张状态而发挥抗高血压的作用。虾青素能够调节自发性高血压大鼠体内的氧化环境，降低脂质过氧化水平，以及饱和血管的弹性蛋白，防止因高血压引起的动脉壁增厚。

类胡萝卜素在人体多种生理和病理过程中发挥着重要的作用，但是缺乏足够的证据证明大剂量地补充类胡萝卜素不会产生有害的影响，尤其一些研究显示在吸烟人群和石棉工人中，补充大量的 β-胡萝卜素会使肺癌及心血管疾病的患病率升高。因此，从饮食中补充类胡萝卜素仍是最有效、安全的方法。

第五节 褪黑素及其功能

褪黑素（Melatonin）是由哺乳动物和人类的松果体产生的一种胺类激素。人的松果体是附着于第三脑室后壁豆粒状大的组织，Lerner（1960）首次在松果体中分离出褪黑素。也有报道哺乳动物的视网膜和副泪腺也能产生少量的褪黑素；某些变温动物的眼睛、脑部和皮肤（如青蛙）以及某些藻类也能合成褪黑素。

褪黑素的分子式为 $C_{13}N_2H_{16}O_2$，分子量 232.27，熔点 116~118℃，化学名称为 N-乙酰基-5-甲氧基色胺（N-acetyl-5-methoxytryptamine）。褪黑素在体内含量极小，以皮克（1×10^{-12} 克）水平存在。近年来，国内外对褪黑素的生物学功能，尤其是作为膳食补充剂的保健功能进行了广泛的研究，表明其具有促进睡眠、调节时差、抗衰老、调节免疫、抗肿瘤等多种生理功能。

一、褪黑素的生物合成

褪黑素的生物合成受光周期的调节。松果体在光神经的作用下，将色氨酸转化成 5-羟色氨酸，进一步转化成 5-羟色胺，在 N-乙酰基转移酶的作用下，再转化成 N-乙酰基-5-羟色胺，最后合成褪黑素，从而使体内的含量呈昼夜节律变化。夜间褪黑素分泌量比白天多 5~10 倍，清晨 2：00 到 3：00 达到峰值。褪黑素生物合成还与年龄有密切的关系，褪黑素可由胎盘进入胎儿体内，也可经哺乳授予新生儿，新生儿到三月龄时分泌量增加，并呈现较明显的昼夜节律变化，3~5 岁幼儿的夜间褪黑激素分泌量最高，青春期分泌量略有下降，以后随着年龄增大而逐渐下降，到青春期末反而低于幼儿期，到老年时昼夜节律渐平缓甚至消失。

日本的一项研究表明，褪黑素极易被机体氧化而失去作用，虾青素（ASTA）可以保护褪黑素不被氧化，促进内源褪黑素的分泌，而因此用来调节时差。

二、褪黑素的生理功能

1. 褪黑素对睡眠的影响

Holmes 研究了褪黑素的催眠作用和对神经的影响，给予大鼠 10 毫克/千克 BW 褪黑素后，入睡时间比未服药缩短一半，觉醒时间也明显缩短，慢波睡眠、异相睡眠明显延长而且容易唤醒；Dollins 等（1994）用 0.1~10 毫克褪黑素对 20 名志愿者进行催眠效果的研究，受试者口腔温度下降、入睡时间明显缩短、睡眠持续时间明显延长、精力下降、疲劳感增加、情绪低下、对 Wilkinson 听觉觉醒试验反应正确率下降。Waldhauser 等（1990）研究表明，20 名志愿者口服 80 毫克褪黑素 1 小时后血清药物浓度峰值显著高于正常人，睡前醒觉时间缩短，睡眠质量改善，睡眠中觉醒次数明显减少，而且睡眠结构变化，浅睡阶段缩短，深睡阶段延长，次日早晨唤醒阈值下降。Irina 等（1995）在 18、20、21 时给予志愿者口服 0.3 毫克和 1.0 毫克褪黑素，能使入睡和进入睡眠第二阶段时间缩短，但未影响 REM（Rapid eye movements，快速眼动）期，表明褪黑素有助于改善失眠症。

夜间褪黑素水平的高低直接影响到睡眠的质量。随着年龄的增长，特别是 35 岁以后，体内自身分泌的褪黑素明显下降，平均每 10 年降低 10%~15%，导致睡眠紊乱以及一系列功能失调，而褪黑素水平降低、睡眠减少是人类脑衰老的重要标志之一。因此，从体外补充褪黑素，可调整和恢复昼夜节律，提高睡眠质量，改善身体的机能，延缓衰老的进程，提高生活质量。

2. 褪黑素的抗衰老作用

自由基与衰老有着密切的联系，正常机体内自由基的产生与消除处于动态平衡，一旦这种平衡被打破，自由基便会引起生物大分子如脂质、蛋白质、核酸的损伤，导致细胞结构的破坏和机体的衰老。褪黑素通过抗氧化，清除自由基和抑制脂质的过氧化反应保护细胞结构，防止 DNA 损伤。Russel 等人的研究发现，褪黑激素对黄樟素（一种通过释放自由基而损伤 DNA 的致癌物）引起 DNA 损伤的保护作用可达到 99%，且呈剂量—反应关系。褪黑素对外源性毒物（如百草枯）引起的过氧化以及产生的自由基所造成的组织损伤有明显的拮抗作用。褪黑素还能降低脑中 LPO（过氧化脂质）的含量，且均呈剂量依赖关系。

3. 褪黑素的调节免疫作用

Maestron 发现，抑制褪黑素的生物合成，可导致小鼠体液和细胞免疫受抑。褪黑素能拮抗由精神因素（急性焦虑）所诱发的小鼠应激性免疫抑制效应，防止由感染因素（亚致死剂量脑心肌病毒）导致急性应激而产生的瘫痪和死亡。晏建军等发现褪黑素能提高荷瘤小鼠 CD4$^+$CD8$^+$值，协同 IL-2 提高外周血淋巴细胞及嗜酸性粒细胞数量，增强脾细胞 NK 和 LAK 活性，促进 IL-2 的诱生；注射褪黑素明显提高 H22 肝癌小鼠巨噬细胞的杀伤活性及 IL-1 的诱生水平。Kethleen 等（1994）发现，褪黑素能活化人体单核细胞，诱导其细胞毒性及 IL-1 分泌。

4. 褪黑素的抗肿瘤作用

Vijayalaxmi 等（1995）体外研究发现，褪黑素保护人体外周淋巴细胞染色体免受 ^{137}Cs 的 γ 射线（150cGy）所造成的损伤，且呈剂量—效应关系；拮抗自由基的致突变和致癌作用，对自力霉素 C 引起的致突变性也有保护作用，降低化学致癌物（黄樟素）诱发的 DNA 加成物的形成，防止 DNA 损伤。褪黑素抑制荷瘤小鼠的肿瘤生长，延长其存活时间，与 IL-2 存在明显的协同性。Danforth 等分别测定了正常人、乳腺癌患者和乳腺癌易患者 24 小时血浆褪黑素水平，结果表明，褪黑素与激素依赖性人乳腺癌有一定相关性。褪黑素通过骨髓 T-细胞促进内源性粒性白细胞/巨噬细胞积聚因了的产生，可作为肿瘤的辅助治疗。

三、褪黑素的毒性

褪黑素是一种内源性物质，通过内分泌系统的调节而起作用，在体内有自己的代谢途径。血液中的褪黑素有 70%~75%在肝脏代谢成 6-羟基褪黑素硫酸盐形式后，经尿（80%）和粪（20%）排出体外；另 5%~7%转化成 6-羟基褪黑素葡糖苷酸形式，不会造成代谢产物在体内蓄积；且其生物半衰期短，在口服 7~8 小时即降至正常人的生理水平，所以其毒性极小。傅剑云等（1997）对褪黑素进行大鼠、小鼠的急性毒性试验和致突变试验，结果大、小鼠口服 LD50 均大于 10 g/kg BW，Ames 试验、小鼠骨髓细胞微核试验和小鼠精子畸形试验均为阴性；3000 多人体服用试验表明，每天服用几克（为维持健康剂量的几千倍），长达一个月，未见或者几乎没有毒性。

褪黑素的调节免疫、抗肿瘤、抗衰老等方面的保健功能正显示其强大的生命力，作为一种新型的保健食品有着巨大的潜力。美国 FDA（食品与药品管理局）认为褪黑素可作为普通的膳食补充剂，我国卫生部先后批准了 20 种（其中国产 8 种，进口 12 种）含有褪黑素的保健食品。但是，人体每天褪黑素的需求量只有零点几毫克，由于褪色素具有一定的抗氧化作用，服用过量会对黑色素的生成产生一定的影响，因此一定要注意度的把握。

第六节　功能性多糖及其功能

多糖是高等植物、动物细胞膜、微生物细胞壁中的天然大分子物质，是所有生命有机体的重要组成部分。近 20 年来，由于分子生物学的发展，人们逐渐认识到多糖及其复合物具有储藏能量、结构支持、抗原决定、免疫调节、细胞与细胞的识别、细胞间物质的运输等多种重要的生物功能，近年来又发现多糖的糖链能控制细胞的分裂和分化、调节细胞的生长和衰老，与癌症的诊断与治疗都有着密切的关系。

一、多糖的生物学功能

（1）多糖最为突出的功能就是增强机体免疫功能。

香菇多糖、黑柄炭角多糖、裂褶菌多糖、细菌脂多糖、牛膝多糖、商陆多糖、树舌多糖、海藻多糖等诱导白细胞介素 1（il-1）和肿瘤坏死因子（tnf）的生成，提高巨噬细胞的吞噬能力。

中华猕猴桃多糖、猪苓多糖、人参多糖、刺五加多糖、枸杞子多糖、芸芝多糖肽、香菇多糖、灵芝多糖、银耳多糖、商陆多糖、黄芪多糖等诱导白细胞介素 2（il-2）的分泌，促进 T 细胞增殖。

枸杞子多糖、黄芪多糖、刺五加多糖、鼠伤寒菌内毒素多糖等促进淋巴因子激活的杀伤细胞活性。

银耳多糖、香菇多糖、褐藻多糖、苜蓿多糖等提高 B 细胞活性，增加多种抗体的分泌，增强机体的体液免疫功能。

酵母多糖、裂裥菌多糖、当归多糖、茯苓多糖、酸枣仁多糖、车前子多糖、细菌脂多糖、香菇多糖等多糖通过替代通路激活补体系统，或通过经典途径激活补体系统。

（2）抗病毒。

一些多糖能抑制病毒反转录酶的活性从而抑制病毒复制，具有抗病毒活性。早在 1965 年，研究者陆续发现某些天然多糖硫酸酯如卡拉胶、肝素有抑制疱疹病毒复制的作用。近年来发现，硫酸化多糖作为抗生素，可以治疗艾滋病。许多经硫酸酯化的多糖，如香菇多糖、地衣多糖、裂褐菌多糖、木聚糖、箬叶多糖干扰 hiv-1 对宿主细胞的黏附，抑制逆转录酶的活性，具有明显的抑制 hiv-1（human immune efficiency virus type1）活性，其中抗病毒硫酸酯化多糖的硫酸根取代度在 15~20 为最佳，如果将这些多糖的硫酸根除去，则上述活性随之消失。

（3）多糖在细胞识别、细胞间物质运输方面也有极其重要的作用，可与细胞膜上特殊受体结合，将信息传至线粒体提高糖代谢酶活性，刺激胰岛素分泌，加强血糖分解，促进血糖转化为糖原，用于糖尿病的防治。

（4）多糖能诱导胃组织中表皮生长因子和碱性成纤维细胞生长因子合成，促进溃疡愈合和修复。

（5）多糖及其衍生物具有抗癌作用。

自从 20 世纪 50 年代发现酵母多糖具有抗肿瘤效应以来，已分离出了许多具有抗肿瘤活性的多糖。抗肿瘤多糖分为两大类：

一类是具有细胞毒性的多糖直接杀死了肿瘤细胞，这类多糖包括牛膝多糖、茯苓多糖、刺五加多糖、银耳多糖、香菇多糖、芸芝多糖等；

第二类是作为生物免疫反应调节剂，增强机体的免疫功能，抑制或杀死肿瘤细胞，如能提高淋巴因子激活的杀伤细胞（LAK）、自然杀伤细胞（NK）活性、诱导巨噬细胞产生肿瘤坏死因子的多糖。

此外，地黄多糖可使 lewis 肿瘤细胞内的 p53 基因表达明显增强，从而引发 lewis 肺癌细胞的程序性死亡，这可能是多糖抗肿瘤作用的又一新途径。人参多糖、波叶大黄多糖、魔芋多糖、枸杞子多糖、紫芸多糖等具有抗突变活性。

（6）海带多糖、褐藻多糖、甘蔗多糖、硫酸软骨素、灵芝多糖、茶叶多糖、紫菜多糖、魔芋多糖等半乳甘露聚糖具有降血脂活性。

二、特殊多糖

1. 海带多糖

海带多糖是对巨噬细胞、T 细胞有直接的免疫调节作用。皮下注射岩藻糖胶可增强小鼠 T 细胞、B 细胞及 NK 细胞功能。范曼芳等认为褐藻酸钠能明显增强小鼠腹腔巨噬细胞的吞噬功能，吞噬指数为对照组的 2.96 倍，且能明显增加半数溶血值 HC，从而能增强小鼠的体液免疫功能。褐藻酸钠对人外周血淋巴细胞的转化也具有一定的刺激作用。对正常及免疫低下小鼠经腹腔注射给药 10 天后，发现能显著提高免疫低下小鼠胸腺、脾指数及外周血白细胞数，明显促进正常及免疫低下小鼠脾的 T 细胞和 B 细胞增殖能力、脾细胞产生 IL-2 的能力以及增加血清和脾细胞溶血素的含量。

2. 茶多糖

茶多糖是一类酸性糖蛋白，由糖类、果胶、蛋白质等组成，结合有大量的矿物质，具有一定生理活性，也称茶活性多糖。茶多糖蛋白部分主要由约 20 种常见的氨基酸组成，糖的部分主要由阿拉伯糖、木糖、岩藻糖、葡萄糖、半乳糖等组成，矿质元素主要有钙、镁、铁、锰等，以少量的微量元素，如稀土元素等。

茶多糖粗品在 85~90℃热水中的溶解度为 76%。其水溶液呈浅褐色透明半稠状。该溶液与硫酸蒽酮、硫酸苯酚反应呈阳性。茶多糖不溶于高浓度的乙醇、丙酮、乙酸乙酯、正丁醇等有机溶剂。茶多糖对热稳定性较差，在高温及酸性条件下发生氧化、降解，糖含量降低，其水溶液色泽随温度增高、碱性提高而加深，并有丝状沉淀产生。

大量研究表明，茶多糖具有免疫调节、抗凝血、抗血栓、抗氧化等功能。此外茶多糖还能减慢心率、增加冠脉流量和耐缺氧等作用，近些年来发现茶多糖还具有降血脂、降血糖、治疗糖尿病的功效。

清水岑夫（1987）研究发现，服用茶多糖，链脲佐菌素诱发的高血糖小鼠血糖明显下降，最高下降率达 40%；对正常小鼠腹腔注射茶多糖 500 毫克/千克 7 小时后血糖下降。不同给药方式降血糖的效果不同，王小刚等（1991）报道，分别给正常小鼠灌胃 50 毫克/千克和 100 毫克/千克的茶多糖，小鼠血糖浓度分别下降了 14%和 17%；而分别给正常小鼠腹腔注射 25 毫克/千克和 100 毫克/千克的茶多糖，其血糖浓度分别下降 48%和 52%。

三、多糖的开发应用前景及发展趋势

中国对多糖的研究始于 20 世纪 70 年代，由于多糖在功能食品和临床上广泛使用，使多糖的开发利用和研究日益活跃，成为天然药物、生物化学、生命科学的研究热点。

目前全球至少有 12 种多糖抗肿瘤药物正在进行临床试验。近年来又发现多糖能控制细胞的分裂和分化、调节细胞的生长和衰老，在分子生物学中具有重要作用。生活水平的提高，促进了人们由过去以治病为主的观念逐渐向防病为主的观念转变，这为天然多糖的开发提供了广阔的前景。当前，国内外正致力于活性多糖的作用机理和构效关系的研究。中药是我国的医药宝库，而天然多糖的研究在中药药理学方面都已取得了明显的进步，它的深入研究和开发将成为中药现代化的必由之路。

第七节　食物纤维及其功能

食物纤维主要来自谷皮、麦皮及蔬菜、水果的根、皮、茎、叶等植物细胞的坚韧细胞壁，包括纤维素、半纤维素、果胶、藻胶、木质素等食物中难以被人体消化、吸收的多糖物质。它们一般被不视为营养，但却具有非常重要的功能。

一、食物纤维的功能

（1）降低血糖、血脂，防治结石。

食物纤维比重小、体积大，进食后充填胃腔，难以消化，延长胃排空的时间，使人容易产生饱腹感，减少糖的摄取；

食物纤维含量高的食品，可利用性糖含量低，给人体提供的能量较少，降低了葡萄糖的吸收速度，使进餐后血糖不会急剧上升，有利于糖尿病的改善。

食物纤维中的纤维素在肠内会吸附脂肪，果胶可与胆固醇结合，木质素可与胆酸结合，使其直接从粪便中排出，降低了胆汁和胆固醇的浓度，有利于肠道内正常细菌的生长繁殖；这些正常细菌繁殖过程使胆固醇转化经粪便排出，降低了血脂，起减肥作用，预防冠心病的发生。

食物纤维可结合胆固醇，促进胆汁的分泌与循环，因而可预防胆结石的形成。

（2）吸收毒素，保护皮肤。

食物在消化分解的过程中，会产生毒素，这些毒素在肠腔内会刺激黏膜上皮，引起黏膜发炎；吸收到血液内，可加重肝脏的解毒负担。皮肤是毒素排泄的地方，面部暗疮正是血液中过量的酸性物质及饱和脂肪等毒素通过皮肤排泄形成的；经常便秘的人，皮肤枯黄，是粪便在肠道停留时间过长，毒素通过肠壁吸收入血，并通过皮肤排泄所致。吸烟过多的人面如死灰，也是上述原因造成的。食物纤维能刺激肠的蠕动，在胃肠道中遇水形成致密的网络，吸附肠内容物中的毒素，使毒素及时排出体外，减少肠黏膜与毒素的接触机会，减少毒素吸收量，因而可以保护皮肤，维持胃肠道正常菌群结构和正常功能。

（3）预防癌症，医治息肉。

自然界致癌物质广泛存在，会随食物进入肠道。同时，人的肠道有些细菌代谢过程中会产生多种致癌物（如胺、酚、氨、多环芳烃和亚硝酸盐等）。如果食物中纤维素少，粪便体积小，黏滞度增加，在肠道中停留时间长，这些毒物就会对肠壁产生毒害作用，并通过肠壁吸收进入血液循环，进而影响全身。食物纤维吸水性好，难以消化，进入肠道后，可使粪便体积增大，含水量增高，降低毒素的浓度，促进肠道蠕动、加快肠道内食糜的排空速度，起通便作用，减少致癌物质与肠壁的接触时间。

食物纤维促进胆汁酸排泄，使粪便保持酸性，蔬菜中的纤维素在肠道中发酵产生丁酸等短链脂肪酸，促进细胞分化，对防治痔疮、预防大肠癌有益。膳食纤维可增加咀嚼次数，增加唾液分泌，而唾液是防癌抗癌的重要物质。

流行病学发现，乳腺癌的发生与膳食中高脂肪、高肉类含量，以及低食物纤维有关。这可能是体内过多的脂肪促进某些激素的合成，刺激乳腺细胞变异所致。而摄入高膳食纤维会使脂肪吸收减少，减少某些激素的合成，从而预防乳腺癌。食物纤维还可降低胃癌、肺癌的发病率。

过去为了避免食物纤维刺激患处，一直以低食物纤维来治疗息肉，但效果不明显。近年来，使用高食物纤维治疗效果显著，说明息肉高发与食物纤维摄入太少有关。

（4）增加营养。

膳食纤维在肠道内吸水对肠内容物起到稀释作用，降低了胆汁的浓度，促进肠道正常菌群的生长繁殖；而肠道中的大肠杆菌能利用膳食纤维合成泛酸、烟酸、核黄素、肌醇和维生素 K 等人体不可缺少的维生素。

（5）保护口腔。

现代人由于食物越来越精细，越来越软，使用口腔肌肉、牙齿的活动相应减少。而增加膳食中的纤维素，则可以增加使用口腔肌肉、牙齿咀嚼的机会，刷除牙缝内的污垢，并可锻炼牙床，使口腔得到保健。

三、食物纤维的摄取

食物纤维虽然有上述种种好处，但也不可多食。过多的食物纤维可能会影响钙、铁和一些维生素的吸收。只要我们粗细杂粮搭配合理，多食蔬菜水果，就能满足人体对食物纤维素的需要。

传统富含纤维的食物有麦麸、玉米、糙米、大豆、燕麦、荞麦、茭白、芹菜、苦瓜、水果等。动物实验表明，蔬菜纤维比谷物纤维对人体更为有利。

第八节　植物甾醇及其功能

植物甾醇是一种结构和生化特性与胆固醇相似的甾醇类物质，为白色粉末，生理活性强，广泛应用在食品添加剂中。

一、植物甾醇的生理功能

（1）植物甾醇与胆固醇结构和生化特性相似，竞争性抑制人体对胆固醇的吸收、抑制胆固醇合成，维持体内胆固醇平衡。

（2）植物甾醇增强毛细血管血液循环，预防冠状动脉粥样硬化一类的心脏病。

（3）植物甾醇对皮肤具有很强的渗透性，可以保持皮肤表面水分，促进皮肤新陈代谢、抑制皮肤炎症，可防日晒红斑、皮肤老化，还有生发、养发之功效。

（4）植物甾醇具有良好的抗氧化性，具有抗衰老功能。

（5）植物甾醇对人体具有较强的抗炎作用，促进伤口愈合，促进肌肉增生，对治疗溃疡、皮肤鳞癌、宫颈癌等有明显的疗效。还可作为胆结石形成的阻止剂。

二、植物甾醇的摄取

正常人每天摄入 1.3 克植物甾醇，配合合理膳食，可改善血脂异常。然而，通过天然食品，每天仅能摄入植物甾醇 200~400 毫克，所以利用添加了植物甾醇的食物"进补"如美国等发达国家在面包、牛奶、食用油等食品中间加植物甾醇，就是一个很好的办法。

第九节　左旋肉碱及其功能

左旋肉碱是一种促使脂肪转化为能量的类氨基酸，别称 L-肉毒碱、维生素 BT，化学名称 β-羟基 γ-三甲铵丁酸，白色晶状体或白色透明细粉，极易吸潮，具有较强的水溶性和吸水性，能耐 200℃ 以上的高温，对人体无毒副作用。红色肉类是左旋肉碱的主要来源。

一、左旋肉碱的生理功能

脂肪的代谢要经过线粒体膜，但是长链脂肪酸不能通过这道障碍。左旋肉碱是转运脂肪酸的载体，能携带脂肪酸通过线粒体膜，进入线粒体进行氧化分解，是脂肪酸 β-氧化的关键物质，促进机体内代谢多余的脂肪及脂肪酸以及支链氨基酸的氧化供能。肝脏是脂类重要代谢器官，食用过多脂肪可导致脂肪肝，左旋肉碱促进长链脂肪酸氧化，预防脂肪肝。

左旋肉碱提高细胞内丙酮酸脱氢酶的活性，促进葡萄糖的氧化。运动时乳酸产生过多会增加血液和组织液的酸性，降低 ATP 的生成，导致疲劳发生，补充左旋肉碱可以清除过多乳酸，提高运动能力，促进运动性疲劳的恢复。

氨是蛋白质降解的产物，也是运动性疲劳的识别标志，即使较低含量的氨也会有较大的毒性。左旋肉碱能够促进尿素循环，使氨降解为尿素，从而解除氨的毒性。

能量是最大的抗衰老因素，细胞有足够的能量就会充满活力。在人体衰老过程中细胞能量的减弱是其加速衰老的原因之一，适当补充左旋肉碱可以延缓衰老的过程。

婴幼儿左旋肉碱合成能力较弱，只有成人的 12%，尤其是早产儿，左旋肉碱属条件性婴儿必需营养物质，促进婴幼儿脂肪代谢，促进婴幼儿发育。

心脏不停地泵出血液维持人的生命。心脏细胞能量来源至少有三分之二是来自脂肪的氧化，而左旋肉碱是脂肪氧化不可或缺的关键物质，有利于改善充血性心脏病患者的心脏功能，减轻心绞痛，改善心律不齐。

左旋肉碱能提高血液中的高密度脂蛋白水平，清除体内的胆固醇，降低血脂，保护血管，降低高血压。

二、左旋肉碱安全性

左旋肉碱是牛肉、猪肉等红色肉类的类维生素，人体自身也可合成，是目前发现的减肥效果最好而又无副作用的安全物质。目前世界上很多国家和地区允许在婴儿奶粉中加入左旋肉碱。

一般人每天只能从膳食中摄入 50 毫克，素食者摄入更少。左旋肉碱安全的服用范围是 4克/天，服用时不要同时服用大量氨基酸，否则会影响左旋肉碱吸收。左旋肉碱在服后 1~6小时内发挥作用，在这个时间段加大运动量效果最好。

部分人服用过量的左旋肉碱会导致轻度腹泻，出现轻微头晕旋以及口渴。在夜间服用左旋肉碱，精力可能会过于旺盛，影响睡眠。

第十节　辅酶 Q_{10} 及其功能

辅酶 Q_{10}（Coenzyme Q_{10}），又称维生素 Q，是生物体内广泛存在的脂溶性醌类化合物，不同来源的辅酶 Q 侧链异戊烯单位的数目不同，人类和哺乳动物是 10 个异戊烯单位，故称辅酶 Q_{10}。

辅酶 Q 为黄色或橙黄色结晶性粉末，无臭无味，遇光易分解，不溶于水，溶于氯仿、苯、丙酮、乙醚或石油醚，微溶于乙醇。

辅酶 Q 存在于真核细胞中，尤其线粒体内膜含量远远高于其他组分，而且脂溶性使其在内膜上具有高度的流动性，特别适合作为一种流动的电子传递体，在呼吸链中质子移位及电子传递中起重要作用，它是细胞呼吸和细胞代谢的激活剂，也是重要的抗氧化剂和非特异性免疫增强剂。辅酶 Q_{10} 分子结构如图 3-1 所示。

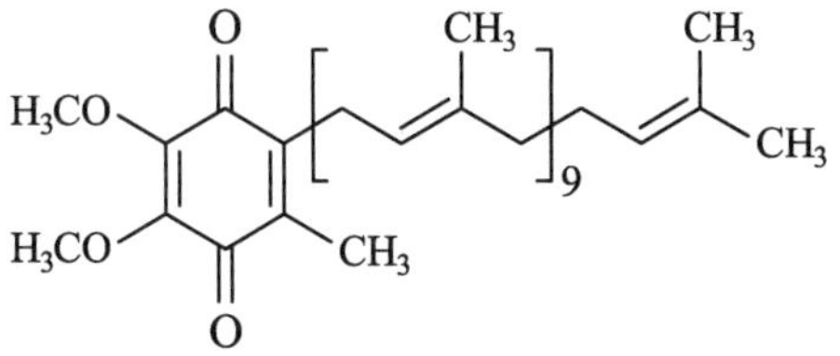

图 3-1　辅酶 Q_{10} 分子结构

辅酶 Q_{10} 中的苯醌部分在体内以酪氨酸为原料合成，而异戊二烯侧链则是由乙酰 CoA 原料经甲羟戊酸途径而合成。因此，通过阻断甲羟戊酸途径而发挥作用的降血压药 β -阻滞剂和降胆固醇药他汀会影响到体内辅酶 Q_{10} 的合成。

一、辅酶 Q_{10} 的生理功能

（1）预防和改善心脏疾病。

心脏辅酶 Q_{10} 含量在人体各脏器中最高，对辅酶 Q_{10} 也最敏感。辅酶 Q_{10} 可减轻急性缺血时的心肌收缩力的减弱和磷酸肌酸与三磷酸腺苷含量减少，保持缺血心肌细胞线粒体的形态结构，提高心肌功能，增加心输出量，降低外周阻力，有助于为心肌提供氧气，预防血管壁脂质过氧化，预防动脉粥样硬化和突发性心脏病。辅酶 Q_{10} 能增加心力衰竭的存活力，超过75%的心脏病患者在服用辅酶 Q_{10} 后，病情显著改善，大大降低了猝死的风险。

（2）抗氧化防衰老，保护皮肤。

辅酶 Q_{10} 具有强大的抗氧化作用，能清除线粒体制造能量过程中排出的活性氧，使细胞免受损害，增加皮肤中透明质酸的浓度，提高肌肤含水量，增强角质细胞活力，减少细胞凋亡，改善暗沉肤色、减少皱纹、保持肌肤光滑、弹性和湿润性。

（3）保护大脑神经细胞，增强人体活力。

大脑是人体最活跃的高耗能器官，辅酶 Q_{10} 能促进细胞呼吸，为脑细胞提供充足的氧气和能量，使机体充满活力，精力旺盛，脑力充沛，显示出极好抗疲劳作用。当人体辅酶 Q_{10} 水平下降达到 25%时，容易发生神经系统退行性疾病。

（4）防癌抗癌。

辅酶 Q_{10} 有抗肿瘤作用，临床对于晚期转移性癌症有一定疗效。

（5）中和药物的副作用。

降胆固醇的他汀类药物，能降低辅酶 Q_{10} 水平达 40%。在服用他汀类药物的同时，补充服用辅酶 Q_{10}，可减少他汀类药物的这种副作用，同时缓解药物引起的肌痛和疲劳，并保护肝脏。

（6）辅酶 Q_{10} 的免疫作用。

辅酶 Q_{10} 生物活性主要来自其醌环的氧化还原特性和其侧链的理化性质。辅酶 Q_{10} 保护和恢复生物膜结构的完整性、稳定膜电位，是机体非特异性免疫增强剂，提高机体抗炎症、抗肿瘤等的能力，对病毒性心肌炎、慢性肝炎、糖尿病性神经炎、慢性阻塞性肺炎、支气管炎、哮喘、牙周炎等都有一定的预防作用。

二、辅酶 Q_{10} 的摄取

慢性疾病是导致人体辅酶 Q_{10} 减少的重要原因，几乎所有心血管病患者以及某些非心血管病（如肝、肾疾病）患者血浆和相关组织中的辅酶 Q_{10} 均低于健康人。补充辅酶 Q_{10} 对偏头疼、圆形脱发症、肺气肿、复发性口疮、听觉障碍、耳聋、面神经麻痹、天疱疮、牙周炎、斑秃、慢性阻塞性肺炎、支气管炎及哮喘等患者有益。临床还观察到，肌肉营养不良、肾疾病、牙周病甚至男性不育等患者也与辅酶 Q_{10} 缺乏有关。

每天口服 30~60 毫克便可维持机体所需。辅酶 Q_{10} 在心脏、肝脏、肾脏、牛肉、豆油、沙丁鱼、鲭鱼和花生等食物中含量相对较高。为了预防辅酶 Q_{10} 缺乏，建议从 40 岁开始有规律地补充。经常大运动量者和精神紧张的人群更需要补充辅酶 Q_{10}。

辅酶 Q_{10} 是安全性高的保健食品，未发现任何副作用，辅酶 Q_{10} 有降低抗凝血药物的功能，因此不宜与抗凝血药（如华法林）一起服用，孕妇、哺乳妇女、孩童及肝肾功能不佳者慎用。长期服用高浓度辅酶 Q_{10} 会导致自身合成辅酶 Q_{10} 的能力缺陷。

第十一节　茶氨酸及其功能

茶氨酸（L-Theanine）是谷氨酸 γ-乙基酰胺，是茶叶中特有的、含量最高的氨基酸，约占茶干重的 1%~2%，占游离氨基酸总量的 50% 以上。茶氨酸含量因茶的品种、部位而变化，随发酵过程而减少。茶氨酸为白色针状体，易溶于水，具有甜味和鲜爽味，是茶叶中生津润甜的主要成分。日本人常用遮阴的方法来提高茶叶中茶氨酸的含量，以增进茶叶的鲜爽味。茶氨酸分子结构如图 3-2 所示。

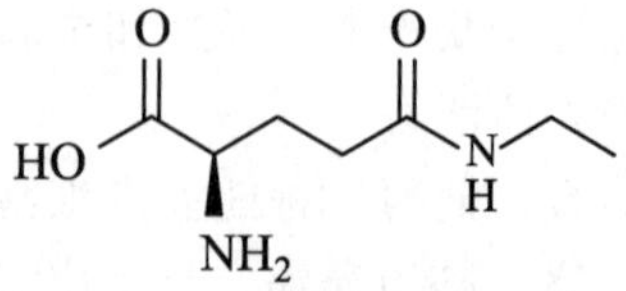

图 3-2　茶氨酸分子结构

一、吸收与代谢

口服茶氨酸进入人体后通过肠道刷状缘黏膜吸收入血，通过血液循环分散到各组织器官。被吸收到血和肝脏的茶氨酸在 1 小时后浓度下降，脑中的茶氨酸在 5 小时才后达到最高，24 小时后人体中茶氨酸都消失了，被分解后在肾脏以尿的形式排出。

二、茶氨酸的生理功能

（1）对中枢神经影响。

多巴胺是一种活化脑神经细胞的中枢神经递质，与人的精神状态密切相关。茶氨酸促进脑中枢多巴胺（dopamine）释放，提高脑内多巴胺生理活性。

（2）降压作用。

茶氨酸调节脑内中枢神经递质 5-羟色胺分泌，降低大鼠自发性高血压。给高血压自发症大鼠注射茶氨酸，其舒张压、收缩压以及平均血压都下降，降低程度与剂量有关，但心率没有大的变化；茶氨酸对血压正常的鼠没有降低血压的作用。

（3）提高学习、记忆效率。

茶氨酸活化与学习、记忆有关的脑内中枢神经递质 5-羟色胺，提高学习、记忆效率。在动物实验中发现服用茶氨酸的老鼠的多巴胺浓度高，在较短时间内学习能力高于不服茶氨酸的老鼠。

（4）镇静作用，旷怡身心。

咖啡因是众所周知的兴奋剂，但人们在饮茶时反而感到放松、平静、心情舒畅。这主要是茶氨酸具有缓和咖啡因引起中枢过度兴奋作用，使人们在饮茶时享受到旷怡身心的感觉。

众所周知，在人体大脑表面可以测到 α、β、σ 和 θ 4 种与人身心状态密切相关的脑电波。口服茶氨酸使 α 波明显增大，但对睡眠优势的 θ 波没有影响，从而认为茶氨酸旷怡身心效果不是使人趋于睡眠，而是具有提高注意力的作用。

（5）保护神经细胞。

茶氨酸能抑制短暂脑缺血引起的神经细胞死亡。神经细胞的死亡与兴奋型神经传导物质谷氨酸有密切联系，在谷氨酸过多的情况下会出现神经细胞死亡，这通常是老年痴呆的病因。茶氨酸与谷氨酸结构相近，会竞争结合部位，从而抑制神经细胞死亡。茶氨酸可用于谷氨酸引起的脑栓塞、脑出血、脑中风，以及脑手术或脑损伤时出现的老年痴呆等疾病的治疗及预防。

（6）增强抗癌药物的疗效。

茶氨酸本身无抗肿瘤活性，但能提高多种抗肿瘤药物的活性。茶氨酸与抗肿瘤药并用时，能阻止抗肿瘤药从肿瘤细胞中流出，增强抗肿瘤药物的效果。茶氨酸还能调节脂质过氧化水平，减轻抗肿瘤药引起的白细胞及骨髓细胞减少等副作用。茶氨酸抑制癌细胞浸润，阻止癌症的扩散。

第十二节 γ-氨基丁酸及其功能

一、概述

γ-氨基丁酸，（γ – aminobutyric acid, GABA），化学名称：4-氨基丁酸，是一种天然非蛋白氨基酸，为白色片状或针状结晶，微臭，具有潮解性；极易溶于水，微溶于热乙醇，不溶于冷乙醇、乙醚和苯；分解点为202℃，分解形成吡咯烷酮和水。

1883 年 GABA 就被人工合成，随后，有人发现从牛脑中提取出一种能抑制螯虾牵张感受器神经元冲动的提取液，具有抗乙酰胆碱作用，对脉鼠和家兔的回肠有收缩作用。

GABA 对哺乳动物的中枢神经具有抑制作用，将 GABA 注射于猫皮层十字沟周围的神经元，可引起神经元的超极化，其电位与刺激皮层表面突触所产生的抑制性电位相同，用电刺激猫的小脑浦氏细胞时第四脑室灌流液中的 GABA 含量增加 3 倍，因而推测浦氏神经元释放的化学递质是 GABA。

二、γ-氨基丁酸的生理功能

GABA 是目前研究较为深入的一种重要的抑制性神经递质，它参与多种代谢活动，具有很高的生理活性。GABA 的生理活性主要表现在以下几方面：

（1）GABA 是中枢神经系统最重要的神经递质之一，能结合细胞中的 GABA 受体并使之激活。GABA 受体是一个氯离子通道，GABA 的抑制性或兴奋性依赖于细胞膜内外的氯离子浓度，GABA 受体被激活后，氯离子通道开放，氯离子流入神经细胞内，引起细胞膜超极化，抑制神经细胞元冲动，降低神经元活性，阻止与焦虑相关的信息抵达脑神经中枢，防止神经细胞过热，减少动物的无意识运动，减少能量消耗。

（2）GABA 能作用于脊髓的血管运动中枢，促进血管扩张，降低血压，防止动脉硬化。据报道，黄芪等中药的有效降压成分即为 GABA。

（3）GABA 与某些疾病有关，帕金森病人、癫痫病患者脊髓液中的 GABA 浓度低于正常水平。神经组织中 GABA 的降低也与亨廷顿（Huntington）疾病、阿尔茨海默病等神经衰败症有关。日本大阪大学医学院的研究显示 GABA 对卡尔曼氏（Kupperman）综合症具有显著的改善效果。

（4）GABA 能抑制谷氨酸的脱羧反应，促进谷氨酸与氨结合生成尿素排出体外，解除氨毒，降低血氨。

（5）GABA 能参与脑内三羧酸循环，提高葡萄糖代谢时葡萄糖磷酸酯酶的活性，增加乙酰胆碱的生成，扩张血管，增加血流量，促进大脑的新陈代谢，延缓脑机能衰退，抗癫痫，健脑益智，提高脑活力。

（6）GABA 促进乙醇代谢。服用 GABA 再饮用 60 毫升威士忌后血中乙醇及乙醛浓度明显比对照组低。

（7）GABA 能兴奋动物的采食中枢，促进动物胃液和生长激素的分泌，从而提高生长速度和采食量。

（8）GABA改善脂质代谢，防止皮肤老化、美容润肤，消除体臭，高效减肥，促进睡眠，改善和保护肾机能，抑制脂肪肝及肥胖症，活化肝功能。

（9）γ-氨基丁酸的免疫功能。生长抑素抑制免疫球蛋白（特别是lgA）的合成和T淋巴细胞的活性，限制胃泌素的释放，γ-氨基丁酸增强黏膜调节免疫功能，抑制消化道生长抑素的分泌，从而促进免疫球蛋白（特别是lgA）的合成和T淋巴细胞的活性。

GABA广泛分布于动植物体内,如豆属、参属等的种子、根茎和组织液中，动物脑组织含量为0.1~0.6毫克/克组织，其浓度最高的区域为大脑黑质。

第十三节　二十八烷醇及其功能

一、概述

二十八烷醇，俗名蒙旦醇（Montanylalcohol），是一种天然含28个碳原子的饱和一元高级脂肪醇，为白色粉末或鳞片状结晶体，无味无臭，可溶于热乙醇、乙醚、苯、甲苯、氯仿、二氯甲烷、石油醚等有机溶剂，不溶于水，对光、热、酸、碱、还原剂稳定，不易吸潮。

二十八烷醇以结合态（蜡酯形式）或游离态广泛分布于动物的表皮与内脏，昆虫分泌的蜡质以及植物的根、茎、叶、壳、籽仁的脂质中。二十八烷醇具有疏水烷基和亲水羟基，化学反应主要发生在羟基上，可发生酯化、卤化、硫醇化、脱水羟化及脱水成醚等反应。二十八烷醇是一种安全高效的功能性因子，用量极微而生理活性显著，是世界公认的抗疲劳功能性物质，具有良好的生物降解性，易为动物吸收利用。

二、二十八烷醇的生理功能

（1）二十八烷醇能提高机体新陈代谢，增强体力和耐力，消除疲劳，提高反应灵敏性；提高应激能力。

（2）二十八烷醇降低肌肉摩擦，从而减少需氧量、消除肌肉疼痛，改善心肌功能，降低收缩血压。

（3）二十八烷醇提高机体免疫功能。

李少英为研究二十八烷醇对自行车运动员免疫功能的影响，将运动员共分为服用二十八烷醇20毫克组、40毫克组以及对照组三组，服药期间正常训练。结果表明：服用八周后两组实验组血清睾酮含量都明显升高；皮质醇下降非常明显，40毫克组效果更加明显。服用二十八烷醇八周后20毫克组与40毫克组运动员血清中CD4/CD8的比值上升显著（$p < 0.05$）。运动员血清中红细胞和血红蛋白的含量都有所升高。提示适量服用二十八烷醇能够提高机体的免疫功能，改善运动员的身体机能。

根据小白鼠口服试验，二十八烷醇的LD50为18 000毫克/千克以上，同时经小鼠精子畸变试验、小鼠骨髓微核试验和Ames试验等均呈现阴性。

第十四节　茶碱及其功能

茶碱（Theophylline）是甲基嘌呤类药物，其嘌呤环上 7 位 N 上的 H 换为 "-CH₃" 就是咖啡因，是复方阿司匹林的成分之一。茶碱结构分子如图 3-3 所示。

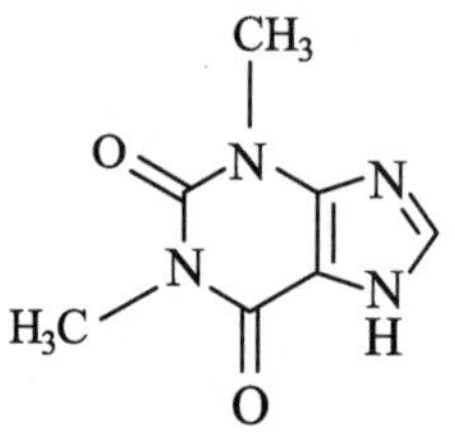

图 3-3　茶碱分子结构

一、茶碱的生理功能

茶碱可促进内源性肾上腺素、去甲肾上腺素的释放，抑制钙离子由平滑肌内质网释放，降低细胞内钙离子浓度而引起呼吸道扩张。茶碱对平滑肌的松弛作用较强，使平滑肌张力降低，扩张冠状动脉，松弛支气管平滑肌，治疗支气管哮喘、肺气肿、支气管炎、心脏性呼吸困难。

茶碱具有强心、利尿、兴奋中枢神经系统等作用。

茶碱具有免疫调节作用。茶碱能显著提高哮喘患者外周血中的 ＣＤ８ Ｔ 淋巴细胞数（从治疗前的 18.9%±4.4% 提高到治疗后的 25.8%±5.9%，$p < 0.05$），并有降低哮喘患者外周血中 IgE 水平的趋势。

二、茶碱的副作用

茶碱类药静脉注射过快或茶碱血浆浓度高于 20 微克/毫升时，可出现毒性反应，表现为心律失常、心率加快、肌肉颤动、癫痫。当茶碱浓度高于 40 微克/毫升时，会出现发热、失水、惊厥等，严重者可引起呼吸及心跳停止而死亡。

第十五节　谷维素及其功能

谷维素（Oryzanol）系以三萜（烯）醇为主体的阿魏酸酯的混合物，为白色结晶粉末，无味，有特异香味，加热下可溶于各种油脂，不溶于水。存在于米糠油、胚芽油等谷物油脂中。谷维素分子结构如图 3-4 所示。

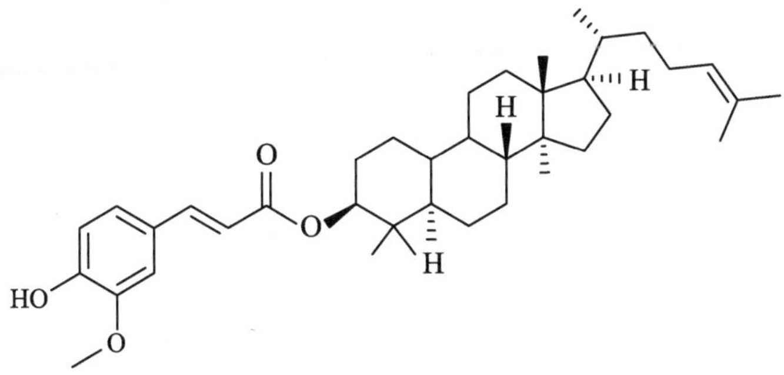

图 3-4　谷维素分子结构

一、谷维素的生理功能

（1）谷维素主要作用于间脑的自主神经系统与内分泌中枢，调整自主神经功能，减少内分泌平衡障碍，改善神经失调症状，改善睡眠，对失眠、神经衰弱患者有一定的调节作用。

（2）谷维素调节更年期综合征，对更年期失眠、多虑有很好的改善作用。

（3）谷维素可抑制胆固醇的合成，具有降低血脂、降低肝脏脂质、防止脂质氧化。

（4）谷维素抵抗心律失常，通过调节植物神经功能，使心肌兴奋性降低。谷维素的降脂作用也可改善心肌的血液供应。

（5）谷维素能降低毛细血管的脆性，提高皮肤微血管循环机能，治疗更年期皮肤症、女性颜面脱屑性湿疹、头部糠疹等，被称为"美容素"。

二、谷维素的摄取

谷维素有改善内分泌失调、促进睡眠等功效，但谷维素不属维生素，不正确服用谷维素甚至可能引起胃肠不适、恶心、呕吐、口干、皮疹、瘙痒、乳房肿胀、油脂分泌过多、脱发、体重迅速增加等反应，但停药后均可消失。

利用谷维素抑制胆固醇的合成口服剂量：每次 100 毫克，每日 3 次，服用 2 个月后，血清胆固醇及甘油三酯均有明显下降。

第四章
促进人体生长发育的功能食品

一、人体生长发育机理

人体生长过程中逐渐长高是骨骼生长发育的结果，人体的身高主要取决于长骨（如下肢的股骨、胫骨）的长度。长骨的生长，包括骨的纵向生长（即线生长）和骨的成熟两个方面，主要表现在下肢骨和脊椎骨的生长。

在人刚出生时，主要的长骨，如肱骨、股骨和胫骨的两端骺部，除股骨远端以外都是软骨，以后随着年龄的增加，骺部出现骨化中心，骨化中心逐步增大，骨组织就代替了软骨组织。但是，在骨干和骨骺之间仍有一段软骨，医学上叫骺板软骨（生长板），这段软骨细胞在生长发育期不断地纵向分裂、繁殖，生成新的软骨，与此同时，在靠近骨干的部位也在不断地进行着成骨过程。长骨就是这样一点一点地增长，人也就渐渐长高了。但是，到了 20~22 岁，骺板软骨渐渐消失，骨骺闭合，骨的纵向生长停止，人也就不能再长高。

由此可见，长骨骺板软骨的生长是人类长高的基础，而且骺板软骨的生长又是在人体内生长激素、甲状腺激素、性激素等多种激素的协同作用下完成的，其中，促使软骨细胞分裂增殖的主要动力源是生长激素，在人的身高增长中起着主导作用。

生长激素是腺垂体嗜酸性细胞分泌的蛋白质类激素，可直接促进氨基酸由细胞外向细胞内转运，同时促进细胞内核糖核酸、去氧核糖核酸和蛋白质的合成，增加细胞的体积和数量。此外，生长激素还调节糖和脂肪的代谢，促进骨和软骨组织的增长，从而促进全身各组织器官的生长、发育，使身高增长。幼年期生长激素分泌不足时，产生侏儒症；相反，分泌过多时，则引起骨骼过分增长，产生巨人症。成年后，生长激素分泌过多则易引起内脏增大和短骨增粗，增长等现象，临床可见肢端肥大症（与肥胖有一定区别）。

出生到 1 周岁是孩子一生中成长最快的阶段，然后逐渐慢下来，一直到进入青春期，性荷尔蒙启动和生长激素交互作用，孩子的身高、体重又开始急剧增加。一个人身高的进展要结合日历年龄和"骨龄"（骨骼生长发育的年龄）一起评估。有些早熟的孩子，骨龄进展比实际年龄快，早期身高显著高于同年龄孩子，但未必最终身高就高。身高能长到什么时候，要看全身生长板关闭的情况，生长板如果关闭了，表示骨骼已经发育成熟，骨头不再生长，身高也不会再增加。

二、影响生长发育的因素

1. 遗传因素

影响孩子身高最主要的决定因素是遗传。父母身高和孩子身高的关联性高达 80%，父母的影响各占一半，所以父母如果个子都不高，孩子的身高一般来说不会高。

2. 营养摄取

除了基因会影响身高，营养对身高也有重要影响，充足且均衡的营养是孩子长高的关键。促进孩子长高长壮的营养素有蛋白质、维生素 A、维生素 C、维生素 D、矿物质钙、铁、锌和碘。

蛋白质是构成及修补人体肌肉、骨骼及各部位组织的基本物质，蛋白质中的酶是人体物质代谢的催化剂，有些激素也是蛋白质。细胞膜上物质运输的载体、离子通道是蛋白质，蛋白质促进物质运输，促进物质代谢，促进人体生长发育。缺乏蛋白质会导致发育迟缓，骨骼和肌肉也会萎缩。

维生素 A 促进蛋白质的合成和骨细胞的分化，维护骨骼、牙齿的正常生长，促进抗体的合成，提高巨噬细胞活性，刺激 T 细胞增殖和 IL-2 产生，增强免疫系统功能。维生素 A 调节甲状腺功能，促进细胞增殖，促进儿童少年生长发育，人体缺乏维生素 A 时，食欲降低及蛋白利用率下降，生长停滞。

维生素 C 促进人体氧化还原反应，提高氧化酶的活性，维持巯基酶的活性，使亚铁络合酶等的巯基处于活性状态，促进蛋白质中的胱氨酸还原为半胱氨酸，进而促进免疫球蛋白合成，增强人体免疫力。维生素 C 能使难以吸收的三价铁还原为易于吸收的二价铁，从而促进了铁的吸收，促进红细胞成熟，促进叶酸还原为四氢叶酸，促进人体生长发育。

维生素 D 能促进钙和磷的吸收利用，促进骨骼和牙齿钙化；促进人体生长发育。如体内缺乏维生素 D，即使提供足够的钙质，大部分钙不能吸收，造成人体钙、磷缺乏，影响牙齿、骨骼的正常生长，出现"软骨病"、佝偻病、抵抗力减弱。

钙是生长发育的调控物质，通过与钙调素结合，激活钙调素，通过活化的钙调素调节一系列酶的活性，同时，钙是人体内 200 多种酶的激活剂，从而促进人体的生长发育。钙是骨骼的主要成分，可以促进骨骼生长，促进新骨的钙化与成熟，增加骨头密度。钙的缺乏导致偏食、厌食、生长发育不良，佝偻病，免疫力低下，直接影响身高。

锌是 DNA 聚合酶、RNA 聚合酶等近百种酶的必需成分或激活剂，控制着蛋白质、脂肪、糖以及核酸的合成和降解等各种代谢过程，促进人体生长发育。

锌影响性激素的合成和活性，促进生长素的合成和活性，促进儿童和青少年生长发育。锌影响味觉和食欲。唾液内味觉素是口腔黏膜上皮细胞的营养素，其分子内含有两个锌离子。缺锌后，口腔溃疡，口腔黏膜上皮细胞就会大量脱落，脱落的上皮细胞掩盖和阻塞乳头中的味蕾小孔，使味蕾小孔难以接触食物，自然难以品尝食物的滋味，从而使食欲降低，厌食、生长缓慢，面黄肌瘦，毛发脱落，身材矮小、瘦弱，甚至侏儒。

铁是血红蛋白的组成成分，与氧结合，把氧运输到身体的每一个部分，供细胞呼吸氧化，以提供能量，这是一切生长发育的基础。铁还是人体内氧化还原反应系统中电子传递的载体，也是一些酶如过氧化氢酶和细胞色素氧化酶等的重要组成部分。细胞色素是一系列血红素的化合物，通过其在线粒体中的电子传导作用，调节组织呼吸，如细胞色素 a、b 和 c 是氧化磷酸化、产生能量所必需的。铁直接参与能量的释放，为生长发育提供能量。铁调控一些酶的活性，如参与能量代谢的 NADP 脱氢酶和琥珀酸脱氢酶，对氧代谢副产物起反应的氢过氧化物酶，还有磷酸烯醇丙酮酸羟激酶（糖产生通路限速酶），核苷酸还原酶（DNA 合成所需的酶）等，促进人体正常代谢。铁缺乏使体内含铁酶活性降低，造成许多组织细胞代谢紊乱，血红蛋白含量和生理活性降低，携带的氧明显减少，引起缺铁性贫血，轻者头晕耳鸣、注意力不集中、记忆力减退，轻者面色萎黄，生长缓慢。

碘通过与甲状腺素结合促进三羧酸循环和生物氧化，协调生物氧化和磷酸化的偶联、调节能量转换，为生长发育提供能量。甲状腺素能活化体内 100 多种酶，如细胞色素酶系、琥珀酸氧化酶系、碱性磷酸酶等，促进物质代谢，当蛋白质摄入不足时，甲状腺素有促进蛋白质合成作用；当蛋白质摄入充足时，可促进蛋白质分解。甲状腺素能加速糖的吸收利用，促进糖原和脂肪氧化分解，促进身体的生长和智力的发育。在人脑发育的初级阶段（从怀孕开始到婴儿出生后 2 岁），神经系统发育依赖甲状腺素，此时缺碘，会导致婴儿的脑发育不良，严重的在临床上称为"呆小症"，而且这个过程是不可逆的。

3. 激素

激素对于生长发育起调节作用。生长骨骼系统是在内分泌腺的协同作用下的调节下完成的。参与调节的主要激素有生长激素、性激素、甲状腺素、胰岛素及皮质激素。促性腺激素、性激素则与骨骼成熟及青春期生长增速有关，甲状旁腺素、维生素（维生素食品）D 以及降钙素（钙食品）能影响骨骼发育及骨化。

4. 睡眠

良好的睡眠是身体和智力发育的重要保证。睡觉可使大脑神经、肌肉等得以松弛，解除肌体疲劳。另一方面，一天 24 小时人体生长激素的分泌是不平衡的，睡眠时分泌量高于清醒时。人体 80% 的生长激素在睡眠时分泌，特别是处于快速生长期的孩子。所以，"人在睡中长"。夜间生长激素分泌也是不平衡的，前半夜生长激素分泌比较多，特别是入睡初期的深度睡眠时分泌最多，在血液中的浓度达到最高峰，是"睡眠黄金期"。后半夜生长激素分泌相对少些。如果睡眠受到干扰，睡眠质量不高，生长激素的分泌就会减少，身高的增长也受到影响。所以要想长高，千万不要熬夜，尽可能在晚上 11 点前休息。

5. 心理因素

过大的心理压力会造成人体的内分泌功能失调，使生长激素分泌不足，生长因此受到抑制。心理压力太大也会使胃肠道功能失常，食欲降低，吸收能力也降低，导致营养不良，不利于孩子的生长。

三、促进人体生长发育的功能食品

人的生长发育可持续到 25 岁。世界卫生组织一项报告指出，人体一年中的生长速度不同，5~10 月生长较快，在经历了漫长的冬季后，进入 5~10 月份，温度适合人体生长发育有关的酶的活性，人体生长激素合成分泌增多，人体细胞及各器官的功能活跃，生长发育加快，从而加快生长速度。同时，消耗更多的营养物质，所以要及时补充各种营养，以促进人体生长发育，增强抗病能力。

1. 蛋白质

蛋白质构成及修补人体肌肉、骨骼及各部位组织，促进物质运输和代谢，促进生长发育。骨细胞的增生和肌肉、脏器的发育都离不开蛋白质。人体生长发育越快，则越需要补充蛋白质。禽蛋、牛奶、鱼、虾、瘦肉、花生、豆制品富含优质蛋白质，是补充蛋白质的优良食物。

2. 维生素

维生素是维持生命的要素，其中最重要的是维生素 A、维生素 D、维生素 C，是人体生长发育必不可少的。维生素 A 促进蛋白质的合成和骨细胞的分化，调节甲状腺功能，促进细胞增殖，促进儿童少年生长发育。维生素 C 提高氧化酶的活性，促进人体氧化还原反应，增加细胞活力，促进人体生长发育。维生素 D 促进促进肌体对钙、磷的吸收，促进人体生长和骨骼和牙齿钙化；维生素 A 促进蛋白质的合成和骨细胞的分化，维护骨骼、牙齿的正常生长，促进细胞增殖，促进儿童少年生长发育。

维生素 A 在蛋黄、奶油、排骨、动物的肝脏中含量丰富；菠菜、西红柿、红辣椒维生素 A 含量较高，有色蔬菜中的胡萝卜素可被人体可转化为维生素 A；维生素 D 在动物的肝、奶及蛋黄中含量较多，尤以鱼肝油含量最丰富；鲜枣、沙棘、猕猴桃、柚子维生素 C 含量很丰富。新鲜蔬菜维生素 C 含量较高。

3. 矿物质

钙是生长发育的调控物质，调节一系列酶的活性，促进人体的生长发育。钙是骨骼的主要成分，可以促进骨骼生长。奶类、小虾皮、海带、牡蛎、花生、含钙较高。牛乳中含有丰富的乳糖，可与钙螯合成低分子可溶性物质，促进钙的吸收，是补钙的最佳食品。

锌是近百种酶的必需成分或激活剂，控制着蛋白质、脂肪、糖以及核酸的合成和降解等各种代谢过程，提高性激素、生长素的合成和活性，促进人体生长发育。锌影响味觉和食欲，缺锌导致偏食、厌食、生长缓慢，面黄肌瘦甚至侏儒。牡蛎含锌最高，蛋类、蟹肉、奶酪、瘦肉、动物肝肾、鱼、花生、芝麻、核桃、小麦胚芽等锌含量较高，是补锌佳品。

铁是血红蛋白的组成成分，与氧结合，把氧运输到身体的每一个部分，供细胞呼吸氧化，以提供能量，这是一切生长发育的基础。铁通过其在线粒体中的电子传导作用，调节组织呼吸，直接参与能量的释放。铁调控一系列酶的活性，促进人体正常代谢。黑木耳、海藻类、动物肝脏、蛋黄、瘦肉、鱼、黄花菜、蘑菇、芝麻、动物血液、菠菜、含铁丰富，是补铁佳品。

碘通过与甲状腺素结合促进三羧酸循环和生物氧化，为生长发育提供能量。碘通过甲状腺素能活化体内 100 多种酶，促进物质代谢，促进身体的生长和智力的发育。海带、紫菜、海鱼、海虾、牛肝、菠萝、蛋、花生、猪肉、莴苣、菠菜、青胡椒、黄油、牛奶含碘丰富，是补碘良好食物。

4. 氨基酸

赖氨酸可以促进脑垂体分泌生长激素，加强骨细胞制造分泌活性因子如骨碱性磷酸酶（ALP）、胰岛素样生长因子（IGF-1）、转移生长因子（TGF-β）、骨钙素（osteocalin, OC）、一氧化氮（nitricoxide, NO）等。赖氨酸可以刺激胃蛋白酶与胃酸的分泌，增进食欲、促进幼儿生长发育。谷氨酰胺促进生长素的分泌，促进身体增高。精氨酸能促进垂体释放生长激素，有效降低抑长素（Somatostatin）的分泌，从而提高生长激素 GH 的浓度。

四、促进人体生长发育的方法

（一）保证充足的睡眠

常言说：人在睡中长。睡眠不仅可消除疲劳，而且在人体入睡后，生长激素分泌比平时旺盛，并且持续时间较长，有利于长高。因此要养成规律的生活习惯，睡眠要充足、定时，最好睡硬板床，枕头宜低于 5 厘米。

（二）参加体育锻炼

体育运动可加强机体新陈代谢，加速血液循环，促进生长激素分泌，加快骨组织生长，有益于人体长高。身体充分地运动后，食欲增加、晚上睡眠好，促进生长素的分泌。

一般来说，能够增进食欲、促进睡眠、给予骨骼一定程度纵向压力的运动有益于长高。情绪的稳定对长高也很重要，让孩子参加自己喜欢的运动。但是过度消耗体力的剧烈运动，过强的压力（举重等等）反而抑制骨骼纵向生长。具体地说，慢跑、跳绳、跳舞、打篮球以及打排球等都是有利于长高的运动。

（三）避免发胖和节食减肥

肥胖是因为过多摄取脂肪及糖分，造成骨龄的进展比实际年龄快，虽然早期身高突出，但是因为生长期缩短，最终不一定能长得高。

避免发胖，要限制高热量食物如汉堡、炸薯条等的摄入，饮食有度，少喝含糖饮料，配合规律的运动。也不要过分节食减肥，否则会导致营养不良，错失长高、发育的机会，影响健康。

（四）保心情舒畅

人的心理影响大脑皮质向下丘脑神经冲动传播，影响垂体分泌生长激素，因而影响人的生长。进行丰富文娱生活，保持身心健康，情绪稳定，无忧无虑有利生长发育。如果父母离异，儿童与监护人之间关系不正常，常受虐待，其生长速度会减慢，身体矮小又会加重儿童的自卑心理，形成恶性循环。

（五）积极防治慢性疾病

积极预防和治疗儿童及青少年期的慢性疾病。长期慢性疾病如慢性肝炎、慢性肾炎、哮喘、心脏病、贫血等均影响其生长发育。骨骼的遗传疾病，如软骨发育不良等，也使骨生长受限。

第五章
抗衰老功能食品

〖〗〖〗〖〗〖〗〖〗〖〗〖〗〖〗〖〗〖〗〖〗〖〗〖〗〖〗〖〗

一、人类寿限

人的衰老是一种自然现象，人们一直在寻找科学的手段延缓衰老，延续生命。但是我们离理论的寿命长度——120 岁还是相差很远。

研究表明，人类从胚胎到死亡，其纤维母细胞可进行 50 次左右的有丝分裂，每次细胞周期约为 2.4 年，推算人类的自然寿命，应为 120 岁左右。

法国著名的生物学家巴丰指出，哺乳动物的寿命约为生长期的 5~7 倍，通常称之为巴丰寿命系数。各种动物的最高寿限都相当稳定，人的生长期约为 20~25 年，因此预计人的自然寿命为 100~175 年。

平均寿命受环境影响很大，同时也是可以通过现代生物技术进行改变的。美国南加利福尼亚大学瓦尔特·隆哥在《细胞》杂志中指出，酵母 Sir2 基因通过抑制整段的基因组来控制寿命长短，酵母 SCH9 基因专门向细胞通告现在食物是否充足。如果酵母细胞缺乏这两种基因，细胞就会"认为"储备的食物即将耗尽，应该将主要的"精力"放在延续生命上，而不是继续生长和繁殖。把酵母细胞中的 Sir2 和 SCH9 两个基因去掉，成功地将酵母菌的寿命由自然状态下的 1 个星期延长到了 6 个星期。创造了延长生物生命的最高记录。科学家们在老鼠身上进行类似试验。去除这两种关键基因后，寿命明显延长。如果按人类的平均寿命按 70 岁来算，一旦可以将生命延长 6 倍，那么人类可以活到 400 多岁。随着干细胞、基因疗法和其他科学技术的发展，利用对身体定期进行维护，那么人类寿命会被延长。

二、器官衰老的顺序

同一物种不同个体，即使同一个体不同的组织或器官衰老速度不同。人从出生到 16 岁之前，各组织器官功能增长快。从 35 岁开始有的器官和组织功能开始随年龄增加呈线性下降，因此老年人容易患病。一般，肺衰老最快，其次是肾脏的肾小球，再次为心脏。神经、脑组织衰老速度相对慢一些。如果以 30 岁人的各组织器官功能为 100，则每增一岁其功能下降（休息状态下）为：神经传导速度下降 0.4%，心输出量下降 0.8%，肾过滤速率下降 1.0%，最大呼吸能力下降 1.1%。

三、衰老的机理

人的寿命主要通过内因和外因两大素实现。内因是遗传，外因是环境和生活习惯。遗传对寿命的影响在长寿者身上体现得较突出。一般来说，父母寿命高的，其子女寿命也长。美国科学家发现，大多数百岁老寿星的基因"4 号染色体"有相似之处。衰老并非由单一基因决定，而是一系列"衰老基因""长寿基因"的激活和阻滞以及通过各自产物相互作用的结果。外因也很重要，良好的自然、社会环境和健康生活方式可延长寿命 10 年。我国有的地方人很长寿，例如新疆的和田、江苏的南通、广西的巴马，说明环境很重要。DNA（特别是线粒体 DNA）并不是想象的那么稳定，DNA 及其遗传控制体系受氧自由基等内外环境因素的损伤，加速衰老进程。

细胞生物学、分子生物学等学科的迅速发展，推动了衰老机制的研究，提出了若干衰老学说，可分为两大类：一类为遗传衰老学说，认为衰老是基因按程序预先安排好的，为特异的衰老基因所表达，或为可用基因的最终耗竭。另一类为环境伤害学说，认为衰老是无序的，随机发生一系列紊乱的结果，是细胞器的进行性和累积性毁坏的结果。其中最有根据的是自由基学说（free radicle theory）、端粒学说和线粒体 DNA 损伤学说。其他还有遗传程序学说（genetic program theory）、染色体突变学说（chromosomal aberration theory）、免疫学说（immunological theory）、内分泌学说（endocrine theory）、衰老基因学说等。

（一）自由基学说

自由基是具有未配对电子的分子、离子、原子和原子团（即外层不配对电子，很不稳定），如氧自由基。人体代谢食物时，利用吸入的氧气，将其在线粒体内氧化，产生能量，同时也产生了高能氧气分子废物——自由基。

自由基有很强的氧化能力，可使 DNA、RNA 损伤，修复 DNA 损伤的能力下降，从而引起突变，转录错误的蛋白质。

自由基可氧化破坏蛋白质，使 DNA 聚合酶、RNA 聚合酶、蛋白质合成的酶等酶活性降低，蛋白质合成速度下降、错误率上升，染色质转录活性下降，活性基因减少，染色质对 DNA酶 I 消化敏感性下降，基因表达异常，影响细胞增殖。错误的 DNA 与蛋白质积累影响细胞的正常生长调控和自身稳态平衡，导致细胞形态与功能发生一系列退行性变化，从而引起细胞衰老。

自由基很易氧化脂质，产生过氧化脂类，从而破坏生物膜的结构和功能。溶酶体膜受到破坏会释放出溶酶体酶类，损害细胞甚至导致细胞自溶；粗面内质网膜破坏，核糖体无法附着，直接影响蛋白质的合成，线粒体膜的破坏，有氧呼吸和能量供给会发生障碍。细胞中脂质过氧化物与色素结合不被消化而成脂褐素，堆积于细胞，影响细胞正常功能。

一些抗氧化剂和抗氧化酶（如维生素 E、SOD），能清除脂质过氧化物而延缓衰老。随着年龄的增长，人体抗氧化剂和抗氧化酶减少，细胞清除氧自由基的能力下降，细胞内的氧自由基增多，于是造成各种损伤积累，细胞功能下降，引起衰老。

自由基对人体组织和细胞结构造成损害称为氧化应激。大部分与老化有关的健康问题，如糖尿病、白内障、心脏病和阿尔兹海默病都与体内氧化应激有关。

营养与氧化应激间存在密切的关系。一方面，营养素在体内代谢过程中会产生活性氧及中间产物自由基；有些微量元素，如铁离子、铜离子可促进活性氧生成。另一方面，某些营养素如维生素 E 和维生素 C 具有抗氧化作用。平衡膳食、合理营养可增强机体的抗氧化剂和抗氧化酶的抗氧化能力。

基础代谢、抗氧化剂与动物的寿限相关。哺乳动物的基础代谢率（SMR）与最高寿限（MLSP）之间存在一定关系，MLSP（年）高的，其基础代谢率低；反之，MLSP 低的，则基础代谢率高。SMR 与 MLSP 的乘积近于常数，说明机体的氧利用力与衰老相关。哺乳动物的最高寿限与血浆某些抗氧化化合物的浓度相关，认为某些抗氧化物可能是 MLSP 的决定因子。

1. 抗氧化酶及抗氧化剂

超氧化物歧化酶（SOD）催化歧化反应，人体有含铜锌的 CuZn-SOD 和含锰的 Mn-SOD。CuZn-SOD 中 Cu 参与酶分子的活性中心结构，并在催化反应中传递电子，Zn 则不参与催化作用，但对活性中心结构有支持稳定作用。CuZn-SOD 主要分布于细胞液，细胞器中极少存在，人体各种组织器官的 CuZn-SOD 含量相差较大，以肝与大脑灰质的含量最高。这种差异可能与其耗氧量大有关。Mn-SOD 主要分布在线粒体基质中，是主要的抗氧化酶。两种 SOD 所催化的反应相同，催化反应速度常数接近。

过氧化氢酶、过氧化物酶是含铁的酶。它们能清除体内生成的主要的氧化产物过氧化氢（H_2O_2）和过氧化物，阻止其进一步产生氧化性质更强的·OH。

过氧化氢酶（CAT）也称触酶，含有铁卟啉辅基，能分解 H_2O_2 成为水和氧，主要分布在细胞的过氧化物体内，过氧化物体内有如黄素蛋白脱氢酶催化产生的 H_2O_2。线粒体、内质网等仅有少量 CAT，因此产生的 H_2O_2 须由其他过氧化物酶处理。人体各组织的 CAT 活性差别悬殊。

人体具有含硒与不含硒的谷胱甘肽过氧化物酶(GPx)，含硒谷胱甘肽过氧化物酶(SeGPx)有四种，即 SeGPx-1、SeGPx-2、SeGPx-3 及 SeGPx-4。该酶的活性以肝、肾及脾最高。SeGPx 由 4 个亚基组成，每个亚基含有 1 个硒原子，以硒代半胱氨酸残基形式存在于蛋白质肽链中，硒半胱氨酸的硒醇是酶的活性中心，催化作用时发生氧化还原的反复循环，可以还原活性氧和自由基，具有抗衰老的功效。血浆硒低于正常水平时，该酶活性与硒水平呈正相关，如果膳食中硒摄入不足，该酶活性下降。故测定该酶活性可作为补硒的指标。

各种抗氧化酶与各种抗氧化的营养素之间，存在相互补充、相互依赖的协调平衡关系。如：由 SOD（超氧化物歧化酶）催化反应生成过氧化氢，过氧化氢酶分解过氧化氢，并由铜蓝蛋白催化亚铁氧化，从而减少过渡金属通过产生自由基引发的自由基损伤。细胞内有脂溶性抗氧化剂维生素 E 与作用于膜脂质的 PHGPx（磷脂氢谷胱甘肽过氧化物酶），同时有水溶性的维生素 C 和 SeGPx（含硒谷胱甘肽过氧化物酶）互相偶联。SeGPx 只能催化游离的脂氢过氧化物分解，PHGPx 则能催化膜上的脂氢过氧化物分解。此外，磷脂酶 A2 能水解磷脂中的过氧化脂质，糖苷酶能识别与切下脱氧核糖核酸双螺旋中的被氧化的碱基等，这既是一种防御的补充，又是一种修复功能。维生素 C 与维生素 E 在清除自由基过程中互相支持。当其自身被氧化后，需有其他还原剂恢复还原状态，并需催化还原反应酶参与。又如，还原型谷胱甘肽（GSH）是细胞内主要的、直接的还原剂，它也是谷胱甘肽过氧化物酶（GPx）催化过氧化物还原的底物，故细胞内 GSH 的浓度通常为氧化型谷胱甘肽的 10 倍左右。维持 GSH 的高水平则有赖于谷胱甘肽还原酶催化的辅酶（NADPH）的氧化反应，而充足的 NADPH 又依赖葡萄糖代谢的磷酸戊糖途径，谷胱甘肽的合成还必须有充足的含硫氨基酸的参与。此外，抗氧化成员间互相代偿，如动物缺硒时，SeGPx 活力降低，其同功酶—谷胱甘肽硫转移酶的活力则升高。Mn 缺乏的鸡组织中的 Mn-SOD 活力降低，CuZn-SOD 活力则升高。

2. 氧化应激与人体衰老

实验表明，控制老鼠热量摄入，不控制其他营养物质，其寿命比照常饮食的老鼠增长了 40%。其原因是，其饮食中的热量摄入很少，代谢消耗的氧气较少，产生的活性氧少，所承受的氧化应激水平较低。

氧化应激的产生既有内因也有外因，内因包括人体本身产生的抗氧化酶和抗氧化剂的能力等。外因包括环境污染以及生活方式等，如吸烟、喝酒、运动过度、进食过量。特别要注意的是日晒（紫外线辐射）过多也会引起氧化应激。

此外，硒、维生素 E、维生素 A 或其他抗氧化性营养物质缺乏也会导致氧化应激，无法维护抗氧化系统正常工作。体重超重，脂肪组织制造炎症分子，也会导致氧化应激。

烟是一种氧化剂，具有极高的氧化能力。当吸入这种氧化过的烟草时，肺部组织就会出现损伤，很快引发炎症，炎症也会引起氧化应激。因此，烟民大多患有支气管炎。

氧化应激的指示剂包括损伤的 DNA 碱基、蛋白质氧化产物、脂质过氧化产物。大量研究表明，神经退行性病变中反应性氧化物（Reactive Oxidative Species，ROS）增加。氧化应激，过度的 ROS 活性状态与血管疾病（如高血压、动脉粥样硬化）有关，是血管细胞增长的重要细胞内信号。超氧化物歧化酶是对抗超氧化物阴离子的重要保护性酶。在冠状动脉疾病状态时，ROS 由于血管细胞外超氧化物歧化酶减少而增加，ROS 在肺纤维化、癫痫、高血压、动脉粥样硬化、帕金森病中均扮演重要角色。

（二）端粒学说

端粒是染色体末端的特殊结构，由富含 G（鸟嘌呤苷酸）的简单重复序列组成，可由自带引物的逆转录酶催化合成。当它缺失时染色体不稳定，易被核酸酶所降解。

人体成纤维细胞染色体的复制分裂有海佛烈克（Hayflick）细胞分裂极限，一般分裂次数低于 50~60 次，染色体 DNA 每复制一次，端粒由于复制不完全而缩短一截，人体成纤维细胞端粒每年缩短十几个碱基。人体外周血白细胞端区长度随增龄变化，其长度平均每年减少约 35bp（碱基对）。当染色体端粒短到一定程度时，细胞的分裂就不能进行，细胞分裂次数便达到了极限，进而导致细胞和整个生物体的死亡，因此，端粒被认为是生命时钟，与衰老密切相关。有些肿瘤细胞在繁殖过程中由于端粒酶的作用，端粒不缩短，因此肿瘤细胞的繁殖永无休止，这不仅能解释细胞分裂繁殖终止的原因，而且也解释了肿瘤细胞的永生机理。

（三）线粒体 DNA 损伤学说

线粒体 DNA 损伤是近年来衰老机制研究的热点，被认为是细胞衰老与死亡的分子基础。

线粒体是细胞进行氧化磷酸化产生能量的主要场所（95%），在线粒体内发生氧化作用，产生高能分子三磷酸腺苷（ATP），供细胞生命的需要（其中包括转化为生物电）。线粒体 DNA 损伤时，能量（ATP）产生减少，影响细胞的能量供给，导致细胞、组织、器官功能的衰退。同时线粒体也是机体产生氧自由基的主要场所。因此认为，线粒体的变性、渗漏和破裂都是细胞衰老的重要原因。延缓线粒体的破坏过程，可能是延长细胞寿命，进而延长机体的寿命的关键。

（四）体细胞突变学说

体细胞在紫外线、X 射线、毒素、各种致突变物等因素的作用下发生 DNA 断裂、染色体畸变、基因突变。估计一生中约 10%DNA 发生突变，若损伤得不到修复，那么进一步复制就会产生差错，导致蛋白合成受阻或合成无功能蛋白质，必然影响细胞各方面的功能，所以细胞功能随年龄增加而下降（突变积累）即衰老。

（五）遗传程序假说

遗传程序假说认为不同种属的生物之所以有不同的寿命，是因为它们的出生、发育、成熟、衰老和死亡都是由遗传基因决定的。一个人的寿限，有一种预先计划好的信号，由亲代的生殖细胞精子和卵子带到子代，这种信号称"寿命基因"或"衰老基因"。它存在于细胞核染色体的脱氧核糖核酸的序列中。实验室培养的人体细胞，一般分裂 50 次左右不再分裂，与这种基因作用密切相关。

（六）内分泌学说

内分泌能通过内分泌腺分泌的激素调节人体生长、发育、成熟、衰老、死亡的过程。有人提出，垂体定期释放"衰老激素"，该激素可使细胞利用甲状腺素的能力降低，从而影响细胞的代谢能力，是衰老和死亡的原因。人类在衰老时以性激素分泌水平降低最为明显，如男子的睾丸素，女子的雌激素明显下降。除此之外，其他内分泌腺，如胰岛细胞的分泌功能也明显下降，受体组织细胞膜对胰岛素的接受能力也同时下降，所以老年人易患糖尿病。

（七）衰老基因学说

衰老并非由单一基因所决定，而是一连串基因激活和阻抑，并通过各自产物相互作用所决定。经过遗传学家几十年的辛勤探索，现已确定的与衰老和长寿有关的基因已达 10 多种，例如：age21、ras2p、lag21、lac21、daf22、daf216、daf223、clk21、spe226、gro21 等。这些基因或与抗氧化酶类的表达有关，或与抗紧张、抗紫外线伤害有关，有的与增加某种受体的表达有联系，也有的与哺乳动物精子的产生相关。许多"衰老基因"到底起什么生化作用，目前还不是很清楚。有人认为，这种基因编码的蛋白质可抑制 DNA 和蛋白质的合成。衰老基因在表达前被阻遏基因表达产物所抑制，阻遏基因是多拷贝的，随着分裂次数增加不断丢失，其产物也越来越少，浓度抑制不了衰老基因的表达时，衰老基因的表达产物就会抑制 DNA，蛋白质的合成，造成细胞的衰老死亡。

上述有关衰老的几个学说从不同角度论述了衰老的原因，但还有待于深入研究。

四、延缓衰老的对策

人的衰老是逐步发生的，只有早期开始科学地养生，才不至于过早过多地耗损精、气、神，造成未老先衰。科学的养生主要包括以下几方面：

（1）起居有常，劳逸适当。

起居有常是指平日生活要有规律，按时作息。劳逸适当是指既要积极完成所担负的本职工作，又要适当休息，使身体保持轻松愉快，也包括要进行适度的体育锻炼，要防止过度的安逸，更要防止过度的疲劳，包括体力、脑力劳动等生理活动的过度。否则，会代谢加快，产生过多的自由基，促进衰老。

（2）饮食有节，五谷为养。

饮食有节是指要防止饥饱失常，吃饭不能过饱，在满足基本营养需要的前提下少吃，以吃八分饱为宜。过饱会加剧消化系统的负担，加强每一个细胞的代谢强度，增加氧的消耗，产生更多的活性氧、自由基和其他代谢废物，增加身体负担，促进衰老；节食饥饿会代谢人体储存的脂肪和蛋白质，以提供能量。由于脂肪酸进入线粒体需要额外能量，最终会增加氧的消耗，产生更多的活性氧、自由基，促进衰老，同时，脂肪酸代谢产生的有机酸会导致酸中毒。蛋白质氨基酸代谢有些中间产物碳骨架不能进入三羧酸循环，不能产生能量，最终增加氧的消耗，产生更多的活性氧、自由基，同时给细胞造成代谢废物积累，阻碍细胞功能，促进衰老。前文美国专家关于酵母细胞 Sir2 基因和 SCH9 基因的研究说明饮食适当不足可以使细胞"认为"食物即将耗尽，应该将主要的"精力"放在延续生命上，从而延长寿命；五谷为养是指饮食要均衡多样化，防止偏食，尤其要防止食盐和动物脂肪的过多摄入。

（3）保护皮肤，防止面容老化。

皮肤衰老使人面容显老，是随着年龄的增长，皮肤逐渐老化，表现为皮肤干燥、粗糙、松弛、萎缩、出现皱纹，毛细血管扩张，皮肤色素沉积。和机体衰老一样，面容老化的机制还未完全明了。据研究，日光中紫外线可使皮肤弹力纤维变性，染色体基因改变，是导致皮肤衰老最重要的因素。

食物纤维能刺激肠的蠕动，吸收血液中的有毒色素等废物，使其及时排出体外，减少毒素对肠壁的毒害作用，减少色素在皮肤的沉积，因而可以保护皮肤，使面容年轻。

维生素 D、维生素 C、SOD 等抗氧化物及生物活性物质可以延缓皮肤衰老和去皱。对于二、三度皮肤损伤，由于皮肤组织已发生了不可逆损伤，而且筋膜、肌肉和骨膜松弛，脂肪减少，皮肤下垂，保守的药物治疗不可能达到满意效果，可以通过冷冻治疗、皮肤磨削、化学剥脱、皮肤下胶原注射、脂肪注射和种植体植入、面部皮肤上提术等防止面容老化。

胶原注射疗是将胶原注射在真皮内，作为皮内充填物，消除皮肤皱纹，一般 3~6 个月后，注射的胶原将完全被吸收。手术除皱是目前处理皮肤皱纹最好的方法。

（4）保持心情舒畅。

保持心情舒畅能使大脑神经系统正常，内分泌正常，人体各项功能协调、平衡，使能量的利用率高，从而减少了活性氧、自由基的产生。凡高寿之人均性格开朗、情绪乐观稳定。

五、抗衰老功能食品

（一）抗衰老功能食品成分

抗氧化物质能还原自由基，补充抗氧化性物质是防止衰老的主要方法。

1. 维生素 E

维生素 E 具有还原性，是一种很强的抗氧化剂，能抑制细胞内和细胞膜上的脂质过氧化作用，阻止不饱和脂肪酸被氧化成氢过氧化物，从而保护细胞免受自由基的危害。此外，维生素 E 也能防止维生素 A、维生素 C、硒（Se）、两种含硫氨基酸和三磷酸腺苷（ATP）的氧化，帮助肌肤对抗自由基、紫外线和污染物的侵害，消除脂褐素在细胞中的沉积，令肌肤滋润有弹性，保持青春的容姿，减慢组织细胞的衰老过程，预防癌症和肌肤老化。近年来，维生素 E 广泛用于抗衰老。体外（in vitro）研究表明，维生素 E 能抑制氧化 LDL 生成，对预防心脑血管疾病可能有效。

2. 维生素 A

维生素 A 具有还原性，具有抗氧化功能，能保护细胞免受自由基的侵害，防止脂质过氧化，调节表皮及角质层新陈代谢，抗衰老，去皱纹，可维持皮肤正常结构和功能。在化妆品中用作营养添加剂，能防止皮肤粗糙。维生素 A 阻止 LDL 被氧化形成氧化型 LDL，而能预防阻塞性动脉粥样硬化、冠心病、中风等多种老年性疾病。富含维生素 A 的食物有动物肝脏、鱼、瘦肉、鸡蛋、牛奶以及深色蔬菜等。

3. 维生素 C

维生素 C 具有一定的还原性，可增加细胞活力，有防止黑斑、雀斑、皱纹形成的功效，护肤的同时能增强机体抵抗力。富含维生素 C 的食物有猕猴桃、苹果、西蓝花、冬瓜以及柑橘类水果等。

4. 胡萝卜素

类胡萝卜素具有抗氧化作用，因而具有抗衰老的功能。体外（in vitro）实验表明类胡萝卜素具有防癌的功能。

5. 多酚

多酚是分子中具有多个羟基酚类，极易被氧化，对活性氧等自由基有很强的还原能力，具有很强的抗氧化性和清除自由基的能力。因此，植物多酚能保护生物大分子免受自由基诱发的损伤，减缓人体组织器官的衰老。植物多酚能够抑制血小板的聚集粘连，诱导血管舒张，并抑制脂代谢中酶的活性，防止冠心病、动脉粥样硬化和中风等心脑血管疾病的发生。

葡萄酒中富含白藜芦醇，具有抗氧化作用，能够抑制 LDL 的氧化，预防以动脉硬化为主的心血管疾病以及癌症的发生，是一种健康饮品。

绿茶含有较高的茶多酚，苹果含苹果多酚，长期饮用绿茶和吃苹果能抗衰老，抗癌症。大豆、豆腐、豆皮等富含异黄酮（一种多酚），蔬菜、可可、巧克力也含有较多的多酚，能在一定程度上延缓衰老。

6. 超氧化物歧化酶（SOD）

在氢离子与超氧化物反应生成过氧化氢和氧的过程中，SOD 充当催化酶作用。人类线粒体中存在着含锰（Mu）的 SOD（MuSOD），细胞浆则为含铜（Cu）、含锌（Zn）的 SOD。线粒体虽可代谢掉细胞中氧的 95% 以上，但因 MuSOD 的抗氧化作用，超氧化物等引起的氧化应激比较弱。更有报道先天性肌营养不良等患者 MuSOD 活性降，糖尿病患者白细胞 MuSOD 活性低下。

MuSOD 与 CuSOD、ZuSOD 不同，前者在面对应激时将表达增强。但是，随着年龄的增长，此作用消失，故认为 MuSOD 亦与老化有关。

7. 虾青素

虾青素（Astaxanthin），在日本和港澳地区也被称为虾红素，是 1938 年从龙虾中首次被分离出来的一种超强的天然胞外抗氧化剂，能延缓器官和组织衰老。

2008 年荷兰莱顿大学的科学家弗朗西斯科·布达（Francesco Buda）教授发现熟透的虾、蟹等诱人的鲜红色是因为虾、蟹等都富含天然红色物质虾青素。虾青素具有抗氧化、抗衰老、清除氧自由基的功效，其抗氧化清除自由基的能力是维生素 E 的 1000 倍。

8. 氨基酸

蛋白质在人体的变化有两个方面：一是合成组织蛋白质及各种活性物质；二是组织蛋白质的分解、产生能量和废物。生长发育期的婴儿及青少年，合成大于分解，一般成年人是合成等于分解。老年人由于小肠功能衰退，胃液及胃蛋白酶分泌减少、胃液酸度下降、对蛋白质消化吸收下降，体内肽类增多，游离氨基酸减少；因肝功能下降，对肽的利用也减少；因肾功能低下，氨基酸再吸收减少，由于热能摄入低、饮食氮存留下降。总之，老年人蛋白质分解大于合成，身体呈负氮平衡，蛋白质总量为青壮年的 60%~70%。导致血红蛋白质合成减少，容易患贫血。

给予老年人与中青年人相同营养条件，老年人血浆氨基酸（缬、亮、酪、赖、蛋、丝、丙氨酸）含量降低，特别支链氨基酸（缬、亮、异亮氨酸）不足。高浓度支链氨基酸为物质合成提供骨架，当补给支链氨基酸时，能产生三磷酸腺苷（ATP）供能源，降低蛋白质分解，并促进胰岛素分泌，加强蛋白质的合成。

总之，为了维持氮平衡，老人需要摄取蛋白质比一般成年人高。每日摄取蛋白质 60~75 克，蛋白质供热比为 12%~14%。而且蛋白质必需氨基酸种类齐全，配比适当，特别是要一定的支链氨基酸。

免疫的物质基础是蛋白质，人体免疫物质如抗体、补体等都是蛋白质组成的。在正常条件下缺乏必需氨基酸会减低体液的免疫反应。例如色氨酸缺乏的大鼠，其 IgG 及 IgM 受到抑制；苯丙氨酸和酪氨酸缺乏，大鼠的免疫细胞对肿瘤细胞反应被抑制；蛋氨酸与胱氨酸的缺乏，还可引起抗体的合成障碍。某些非必需氨基酸虽然人体能够合成，但在严重应激的状态（包括精神紧张、焦虑、思想负担）或某些疾病的情况下容易缺乏，如牛磺酸、精氨酸和谷氨酰胺。要延缓衰老，必须重视氨基酸的供给。当前与抗衰老相关的氨基酸有：

（1）牛磺酸。

牛磺酸是由蛋氨酸经硫化作用转化成胱氨酸，再经过一系列的酶促反应合成。人和许多高等动物不能合成足够牛磺酸以满足机体需要，需从膳食中摄取。

牛磺酸与葡萄糖的反应产物具有较强抗氧化作用，能阻止蛋黄卵磷脂氧化成脂质过氧化物，因而有显著抗衰老的作用。

中枢神经系统衰老时，氨基酸类和单胺类神经递质的合成、释放、重吸收及运输机制发生增年性变化，大脑脂褐质增加，当神经元胞浆蓄积大量的脂褐质时，细胞核、细胞质受压变形，影响神经元的正常功能。牛磺酸可使组织中脂褐质含量下降，超氧化物歧化酶（SOD）活性增加，抑制脂质过氧化产物丙二醛（MDA）对低密度脂质蛋白（LDL）的修饰。

（2）精氨酸。

精氨酸虽然不是必需氨基酸，但在严重应激情况下（如发生疾病或受伤）、又是条件性必需氨基酸。精氨酸是一氧化氮（NO）与瓜氨酸反应代谢途径中的必需物质，NO 的主要作用是刺激机体提高吞噬细胞中环鸟苷酸的水平，并刺激白介素的产生，调节巨噬细胞吞噬作用。与精氨酸有关的 NO 酶系统，也在血管的内皮细胞、脑组织与肝脏的肝巨噬细胞（kupffercells）中发现，它能刺激这些器官与组织激素分泌，增强免疫作用。

（3）谷氨酰胺。

在正常情况下，谷氨酰胺是一非必需氨基酸，但在剧烈运动、受伤、感染等应激情况下，谷氨酰胺的需要量大大超过了机体合成谷氨酰胺的能力，使体内的谷氨酰胺含量降低，蛋白质合成减少、小肠黏膜萎缩及免疫功能低下，因此又是条件性必需氨基酸。

肠道是人体中最大的免疫器官，也是人体血脑屏障和胎盘屏障外的第三种屏障。若动物用无谷氨酰胺的全静脉输液，则动物小肠的绒毛发生萎缩，肠壁变薄，肠免疫功能降低。谷氨酰胺对维持肠黏膜功能、提高免疫能力有一定作用，特别对于老年人是不可缺少的。

8. 硒

人体具有含硒与不含硒的谷胱甘肽过氧化物酶（GPx），含硒谷胱甘肽过氧化物酶由 4 个亚基组成，每个亚基含有 1 个硒原子，以硒代半胱氨酸残基形式存在于酶蛋白质肽链中，硒半胱氨酸的硒醇是酶的活性中心，催化作用时发生氧化还原的反复循环，可以还原活性氧和自由基，具有抗衰老的功效，是人体组织保持弹性所必需的微量元素。血浆硒低于正常水平时，该酶活性与硒水平呈正相关，如果膳食中硒摄入不足，该酶活性下降。富含硒元素的食物有：如蛋类、坚果类、水产品等。

9. 番茄红素

番茄红素所具有的长链多不饱和烯烃分子结构，使其具有很强的消除自由基能力和抗氧化能力。

10. 褪黑素

褪黑素通过抗氧化，清除自由基和抑制脂质的过氧化反应保护细胞结构，防止 DNA 损伤。褪黑素对黄樟素（一种通过释放自由基而损伤 DNA 的致癌物）引起 DNA 损伤的保护作用可达到 99%，且呈剂量—反应关系。褪黑素对外源性毒物（如百草枯）引起的过氧化以及产生的自由基所造成的组织损伤有明显的拮抗作用。褪黑素还能降低脑中 LPO 的含量，且呈剂量依赖关系。

（二）抗衰老功能食品

（1）绿茶。

绿茶含有的茶多酚和茶多糖，能清除机体过量的自由基，延缓细胞衰老，抑制和杀灭病原菌，每天用绿茶漱口水还可以抑制口腔细菌的生长。绿茶能抗癌、抗糖尿病，降低人体胆固醇，预防心肌梗死，减低患心脑血管疾病的风险，使人延年益寿。

（2）西兰花。

人体每天都会产生大量的自由基以及一些其他的氧化性物质，是引起人身体衰老的主要原因。西兰花富含维生素 C、胡萝卜素及异硫氰化物，都是强抗氧化剂，能识别并清除体内的自由基，促进人体健康，延缓衰老，是最好的抗衰老和抗癌食物。

（3）洋葱。

洋葱含有丰富的微量元素硒、维生素 C、维生素 E 和硫质，有很强的抗氧化功能，促进细胞的修复，抑制老年斑的生成，具有抗衰美容的作用。洋葱能消炎杀菌，促进消化，洋葱所含的硫化物能够降低血脂，防止动脉硬化。

（4）麦芽。

富含矿物质钙、铁、锌和多种维生素，维生素 E 含量特别丰富，具有很好的抗氧化、抗自由基、抗衰老功能。

（5）苹果。

苹果中含丰富的维生素 C，具有一定的抗氧化作用，能够抵抗自由基对身体的危害，从而延缓衰老。苹果含有丰富的纤维素及果胶，促进毒素排除，防止皮肤疱疹，保持皮肤光泽。苹果皮富含的槲皮素以及杨梅素，能帮助肌肤抵挡自由基所致的衰老。

（6）牛奶。

富含有维生素 D 和钙，使人的骨骼和牙齿强健。牛奶中的 SOD 含量丰富，能催化活性氧及自由基还原，故能抗衰老，延年益寿。

（7）西红柿。

西红柿含有丰富的胡萝卜素，维生素 C 和最强的抗氧化剂番茄红素，可以清除体内的自由基，保护细胞，防止皮肤干燥，抑制心脑血管疾病，增强机体抵抗力、防治坏血病，是最好的抗衰老食物。烹制过的番茄可以降低人类患前列腺癌和其他癌症的危险。

（8）蜂蜜。

蜂蜜能刺激大脑、脑垂体和肾上腺，促进组织供氧，增强细胞活力，是延缓衰老的食物之一。蜂蜜中含丰富维生素和矿物质，促进皮肤细胞的修复，具有滋阴、润肤、增白除皱等功效，蜂蜜还能促进肠道排毒，对抗炎性损伤，是非常好的抗衰老食物。

（9）豆类。

豆类食物包括黑豆、黄豆和红豆以及其所制作的豆腐，含有丰富的优质蛋白质。黑豆中含有丰富的维生素 E，大豆中的类黄酮有雌激素的作用，能够养血益气、滋养肌肤，减少皱纹、美容养颜、防止老年痴呆、骨质疏松和心血管疾病，使女性年轻美丽。

（10）猕猴桃。

猕猴桃含有丰富的维生素 C 和维生素 E，具有抗氧化和抗衰老的作用，能滋养皮肤，消除雀斑和暗疮，预防皮肤衰老。此外猕猴桃还含有大量的可溶性纤维，可以促进人体碳水化合物的代谢，帮助消化，防止便秘。

（11）桑葚。

桑葚中的花青素具有超强的抗氧化能力，是维生素 E 的 50 倍，不仅能够延缓衰老、维持肌肤健康，还能够防止紫外线侵袭，被誉为"口服的皮肤化妆品"。

（12）油梨。

油梨含不饱和脂肪酸油脂，可以降低坏（低密度）胆固醇，预防心血管疾病。油梨富含维生素 E，可以抗氧化，防衰老。油梨对更年期的女性，燥热、出汗症状也有帮助。另外油梨富含钾，可以减缓水肿，预防高血压（钾钠平衡的原理）。

（13）西瓜子。

西瓜子富含有维生素 E、硒和锌，具有抗氧化，抗自由基，防衰老的作用。

（14）核桃。

核桃富含不饱和脂肪酸，可预防心血管衰老，核桃也富含维生素 E、钾、镁、铁、锌、铜和硒等矿物质可提高消化和免疫系统功能，还可以让肌肤更健康。

（15）菠菜。

菠菜含丰富的维生素和矿物质钙、铁、锌以及叶黄素，有助于预防老年眼部疾病，减少皱纹。

（16）芝麻。

芝麻含有丰富的维生素 E，能抵消或中和细胞内衰老物质"自由基"的积聚，防止过氧化脂质对人体的危害，起到延年益寿的作用。

（17）花粉。

花粉内含维生素、氨基酸、天然酵素酶等，特别是所含的黄酮类物质是抗衰延年的重要成分。

（18）柠檬。

柠檬维生素 C 含量高，能消除疲劳和抵抗皮肤老化。柠檬中的果酸能够软化角质层、去除死皮和促进皮肤新陈代谢。

（19）石榴。

石榴中含有红石榴多酚和花青素，它们能起到抗氧化和延缓衰老的作用。

（20）姜。

生姜中的辛辣成分抗氧化作用高，能够抑制体内过氧化脂质的生成，另外，姜含有类似于阿司匹林中水杨酸的物质，可以降血脂、血压，防止血栓。

第六章
免疫系统功能食品

免疫系统（immune system）主要是由特异免疫应答的器官、组织、细胞和免疫活性介质（免疫效应分子）在系统发生过程中长期适应外界环境形成的防御系统。其主要功能是保护使人体免于病毒、细菌等病原微生物的攻击；清除免疫细胞与抗原战斗后遗留下来的尸体及新陈代谢废物；修补受损的器官和组织。

免疫器官包括中枢免疫器官（骨髓、胸腺）和外周免疫器官（脾脏、淋巴结、扁桃体），如图 6-1 所示。免疫细胞包括 T 淋巴细胞、B 淋巴细胞、吞噬细胞等。免疫分子包括抗体、细胞因子和补体等。

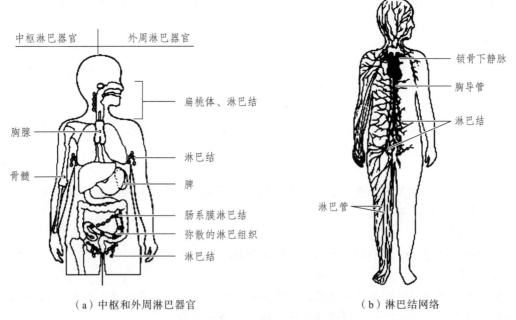

（a）中枢和外周淋巴器官　　　　　　（b）淋巴结网络

图 6-1　人体免疫器官和淋巴结网络

人体共有三道免疫防线：

第一道防线是皮肤和黏膜，它们能阻挡病原体侵入人体，其分泌物（如乳酸、脂肪酸、胃酸和酶等）还有杀菌的作用。

第二道防线是体液中的吞噬细胞和杀菌物质。这两道防线是人类在进化过程中逐渐建立起来的天然防御屏障，特点是生来就有，不针对某一种特定的病原体，对多种病原体都有防御作用，因此叫作非特异性免疫（又称先天性免疫）。

第三道防线主要由免疫器官（胸腺、淋巴结和脾脏等）和免疫细胞（淋巴细胞，是白细胞中的一种）组成的。是人体在出生以后逐渐建立起来的后天防御系统，只针对某一特定的病原体或异物起作用，因而叫作特异性免疫（又称后天性免疫）。

一、中枢免疫器官和功能

中枢免疫器官包括胸腺（thymus）和骨髓（类囊器官）。它们发生、发育较早，是造血干细胞增殖发育分化为 T 淋巴细胞、B 淋巴细胞的场所，淋巴细胞在此增殖不需要抗原的刺激。它们向外周免疫器官输送 T 细胞、B 细胞，决定着外周免疫器官的发育。

1. 胸腺

胸腺（thymus）由第Ⅲ、Ⅳ对咽囊内胚层分化而来。从胚胎第六周末，第Ⅲ、Ⅳ对咽囊腹侧部上皮细胞增厚突起，形成上皮芽，伸长成上皮管，细胞很快增殖，管腔消失成上皮索，形成胸腺原基。胸腺原基边增大边向胸腔下部迁移，在下降中左右原基互相接近、会合，并逐渐与咽囊分离，最后定位在心包腹侧。初生儿胸腺重约 10~15 克，以后逐渐长大，至青春期最重约 30~40 克，青春期以后，胸腺开始慢慢退化，步入老年，胸腺组织大部分被脂肪组织所取代，但仍残留一定的功能。胸腺结构如图 6-2 所示。

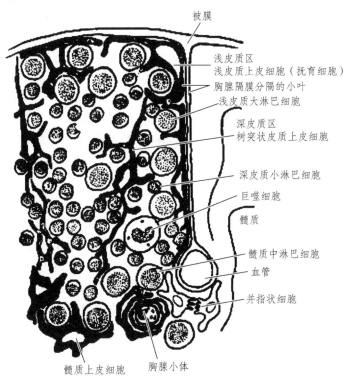

图 6-2　胸腺结构图

胸腺组织影响 T 淋巴细胞的分化。在胚胎早期的卵黄囊、血岛、胚胎肝脾和随后的骨髓中的前 T 细胞、T 系干细胞经血流进入胸腺，先在皮质部分迅速大量增殖，然后逐渐移向皮质深层分裂增殖成为许多小型胸腺细胞，其中绝大部分不久即死亡，仅有少数（＜5%）可在髓质继续发育成具有免疫应答能力的成熟 T 细胞。成熟 T 细胞随血流迁移至外周免疫器官的一定区域—胸腺依赖区（thymus dependent area）定居。外周免疫器官在 T 细胞影响下，发育成熟。

胸腺通过胸腺上皮细胞产生多种胸腺肽类激素，培育出大量 T 细胞，进而分化出不同的亚群，担当特异性细胞免疫和免疫调节功能。胸腺发育不全或将胸腺早期切除，细胞免疫功能衰退甚至全部丧失。如将出生后立即切除胸腺的雌小鼠，在成年后与正常雄小鼠交配怀孕后，胎鼠胸腺正常的发育会影响母鼠，使母鼠细胞免疫功能因此得到明显的改善。1961 年 Miller 将新生小鼠胸腺切除后，不再出现对同种异体皮肤的排斥现象及细胞免疫功能严重衰退。当植入微孔弥散室（内有胸腺细胞，但细胞不能通过微孔滤膜）时，则可使该小鼠的细胞免疫功能迅速恢复。他因此提出胸腺可以通过分泌体液影响 T 细胞的发育，确认了胸腺对 T 细胞的发育以及对细胞免疫各种功能的作用。

2. 骨髓

骨髓（bone marrow）是造血器官，它是红细胞、粒细胞、单核细胞、血小板等的发源地和分化成熟的场所。哺乳类和人类 B 淋巴系干细胞是在骨髓内各种激素调节下，增殖、分化发育成长为 B 细胞。在发育过程中，对自身成分能起应答反应的 B 细胞和 T 细胞会被抑制或消除，称为克隆消除（clonal deletion）或称克隆流产（clonal abortion）。

二、外周淋巴器官和功能

外周淋巴器官包括淋巴结、脾、阑尾、扁桃体以及弥散的淋巴组织等。它们是淋巴细胞定居和增殖场所，具有高度特化的组织结构，抗原在此诱导形成免疫应答，是淋巴液过滤的部位，侵入的病原微生物滤至淋巴窦内，促使吞噬细胞吞噬和提呈抗原。外周淋巴器官是淋巴细胞再循环的重要环节。

1. 淋巴结

淋巴结（lymph node）为圆形淋巴器官，直径在 1 厘米左右（见图 6-3），主要分布在非黏膜部位，包括肘、腋下、腹股沟、头颈、肠系膜等部位。淋巴结表面有致密的结缔组织被膜包被，由被膜向淋巴结内伸入多条分支的结缔组织小梁，形成淋巴结的支持结构。淋巴结内实质可分皮质和髓质两部分。靠近被膜的皮质部分称皮质浅区，是 B 细胞居留地，又称非胸腺依赖区（thymus independent area）。此区内有由 B 细胞聚集形成的初级淋巴滤泡（primary lymphoid of follicle）或称为淋巴小结。当 B 细胞受抗原刺激时，可不断增殖，形成生发中心，又称次级淋巴滤泡（secondary lymphoid of follicile）。皮质浅区与髓质之间是皮质深区，又称副皮质区（paracortical area），为 T 细胞居留地，称为胸腺依赖区（thymus dependent area）。

淋巴结的中心部位是髓质，由髓索围成髓窦。淋巴结内 T 细胞、B 细胞免疫应答生成的致敏 T 淋巴细胞及特异抗体都汇集于窦内。此外还存有网状细胞、巨噬细胞和树突状细胞（dendritic cell）。当抗原过滤于此处时，它们吞噬抗原并把抗原信息呈递给 T 淋巴细胞、B 淋巴细胞，使之激活。

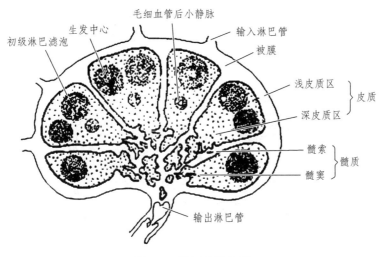

图 6-3　淋巴结结构图

2. 脾脏

脾脏（spleen）是体内最大的淋巴器官，富含血管，分为皮质（白髓）和髓质（红髓）两部分。入脾的动脉分支贯穿白髓部分的小梁中成为中央小动脉，在小动脉周围的淋巴鞘是 T 细胞的居留地。白髓中的淋巴小结即为初级淋巴滤泡，是 B 细胞的居留地。受抗原刺激后，B 细胞增殖分化形成生发中心，为次级淋巴滤泡。红髓由脾索（splenic cord）围成无数脾窦（splenic sinus），窦内充满循环的血液和巨噬细胞、树突状细胞。混入血液内的抗原在此被吞噬和呈递。此外，脾有造血功能，血窦有储存和调节血量的作用。

3. 淋巴细胞的再循环

淋巴细胞再循环（lymphocyte recirculation）是指淋巴细胞为了捕捉抗原，发挥保护作用，在全身血液与淋巴组织之间反复地、周身地巡游。在淋巴结中，淋巴细胞从输出淋巴管输出，由胸导管进入血液循环，随血液循环而运至全身，然后通过毛细血管后小静脉（在淋巴结深皮质区）的内皮细胞穿出血管壁进入淋巴结内（见图 6-4）。此外，也可随组织液和（或）淋巴液，经输入淋巴管进入淋巴结。

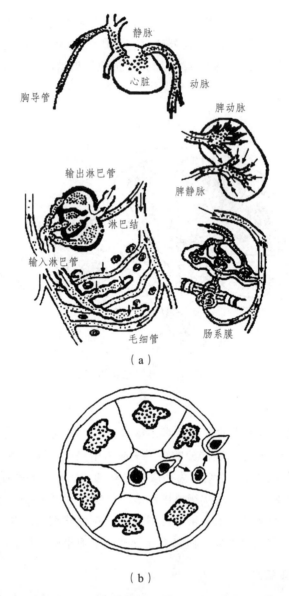

图 6-4　淋巴细胞再循环图（a）和淋巴细胞穿过毛细血管后小静脉内皮细胞（b）

在脾脏内，T 细胞、B 细胞主要经血液往返循环，其中部分可穿过脾边缘血窦的上皮细胞，从输出淋巴管经胸导管进入血液循环，再回到脾脏。再循环以 T 细胞为主，约占 70%~75%，而 B 细胞仅占 25%~30%。

T 细胞、B 细胞虽经反复循环，但回到外周淋巴组织时，其分布不会改变，在原区域定居，如在淋巴结内，B 细胞始终居留在皮质浅区，T 细胞在皮质深区；淋巴细胞出入血管是通过毛细血管后小静脉，称为高内皮细胞小静脉（high endothelial venule，HEV），在淋巴细胞上有识别 HEV 的导航受体，不同淋巴细胞的导航受体不同，不同淋巴组织中 HEV 上的识别分子亦不同，这就决定了淋巴细胞的运行路线和在外周淋巴器官中定居的部位。如用蛋白酶处理淋巴细胞，其表面分子被消化掉，则淋巴细胞在外周淋巴器官中的分布是随机的。从小鼠淋巴结的淋巴细胞分离的表面糖蛋白决定簇 gp90，制备大鼠单克隆抗体 MEL-14，它能阻断这些淋巴细胞与毛细管后小静脉的结合，估计淋巴细胞选择性地定居与 gpMEL-14 有关。另外，血液中的淋巴细胞并不与其他毛细血管的内皮细胞结合，因此淋巴结中的淋巴细胞经再循环后回归至淋巴结，而不回归至肠道集合淋巴结或脾脏。

三、免疫细胞

参与免疫应答或与免疫应答有关的细胞统称免疫细胞（immunocyte），包括淋巴细胞、单核细胞、巨噬细胞、多形核细胞、肥大细胞和辅助细胞等。其中能接受抗原刺激而活化、增殖、分化发生特异性免疫应答的淋巴细胞称为抗原特异性淋巴细胞（antigen specific lymphocyte），或称免疫活性细胞（immunocompetent cell，ICC），即 T 淋巴细胞和 B 淋巴细胞（简称 T 细胞、B 细胞）。

1. T 细胞的分化与功能

T 细胞是在胸腺内分化发育成熟的。进入胸腺的前 T 细胞（T 系淋巴干细胞）在胸腺激素和由胸腺保育细胞合成的神经肽（β-内啡肽）、催产素（ocytocin）、精氨酸加压素（arginine vasopressin，AVP）、白细胞介素-2（interleukin 2，IL-2）等多种激素的作用下进一步发育，对自身成分起应答反应的"禁忌细胞株"（forbidden clone）被抑制或消除，仅不到 5% 的 T 细胞发育成熟。这些 T 细胞称为胸腺依赖性淋巴细胞（thymus dependent lymphocyte）。

现在一般是从分子水平上分析细胞膜上的蛋白质差异来研究细胞的分化发育、分类和功能。抗体分子与抗原的结合是检查分子结构差异的有效方法，目前更多的是应用单克隆抗体技术对人类 T 细胞表面抗原进行研究。在 T 细胞发育的不同阶段，其细胞表达不同种类的分子，成熟 T 细胞在静止期和活化期其细胞表面表达的分子种类及数目也都不同，它们涉及 T 细胞对抗原的识别、细胞的活化、信息的转递、细胞因子的接受和继发的增殖和分化过程，正是由于这些差异，T 细胞在功能上才有所不同。在对 T 细胞分化抗原的研究基础上，1983年第一届人类白细胞分化抗原国际会议确定以分化群（cluster of differentiation，CD）来命名。由于是通过单克隆抗体发现和检测 T 细胞分化抗原的，所以这种命名既代表了不同的分化抗原，也代表了相应的系统单克隆抗体。

T 系淋巴干细胞进入胸腺时尚无分化抗原标志，当其在胸腺皮质开始早期分化阶段，表达 CD2 分子，进而分化表达 CD3，进一步在同一细胞上表达 CD4 和 CD8。在胸腺髓质内，T 细胞分化成两亚群，除都有 CD2、CD3 外，其中一群有 CD4，另一群有 CD8。

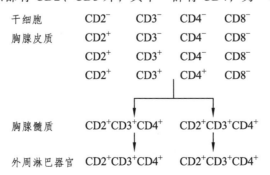

| 干细胞 | CD2⁻ | CD3⁻ | CD4⁻ | CD8⁻ |

这两亚群表面标志差异也反映在功能上的不同：

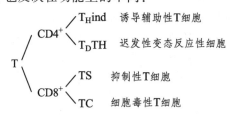

CD4⁺CD8⁻T 细胞包括诱导/辅助细胞和迟发性变态反应性细胞。前者的功能是促进 TH、TC、TS 的成熟，后者辅助 B 细胞产生抗体，并可引起机体产生迟发性变态反应。这是由于当它接触相应抗原时，可释放多种淋巴因子促使吞噬细胞的吞噬和感染部位出现炎症反应。CD4⁻CD8T⁺细胞包括抑制性 T 细胞（suppressor T cell，Ts）和细胞毒性细胞（cytotoxic T ce11，Tc）。Ts 可抑制 B 细胞产生抗体，Tc 对靶细胞有直接杀伤作用。

2. B 细胞的分化与功能

B 细胞是在鸟类的法氏囊、哺乳类和人类的骨髓内分化发育成熟的。来自卵黄囊血岛，经胚肝或骨髓转移到法氏囊的 B 系干细胞，开始在皮质部位发育成前 B 细胞，继而进入髓质，在髓质上皮细胞产生的囊生长素（bursopoitin）等激素的培育和诱导下，发育成"不成熟 B 细胞"（immature），最后在髓质内发育为成熟的 B 细胞。B 细胞在哺乳类和人类骨髓内的发育成熟过程与此类似。

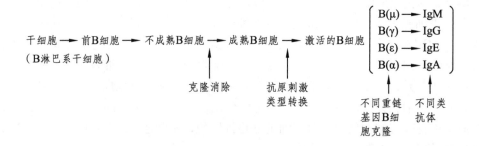

成熟 B 细胞是静止的细胞，一旦被抗原激活，就进一步分化（发生免疫球蛋白重链类型的基因转换）而成为激活的 B 细胞，B 细胞进而发育成熟为浆细胞，分泌抗体，发挥免疫效应。

3. 其他免疫细胞

有免疫功能的细胞除 T 细胞、B 细胞外，还有一些淋巴样细胞：杀伤细胞（killer cell，K 细胞）和自然杀伤细胞（natural killer cell，NK 细胞）。K 细胞表面存在抗体 IgG 羧基端受体（Fcγ），当抗体氨基端与靶细胞结合后，K 细胞的 Fcγ 与 IgG 抗体结合而触发了 K 细胞的杀伤作用。由于 K 细胞只能杀伤那些被抗体覆盖（结合）的靶细胞，因此称为抗体依赖性细胞介导的细胞毒作用（antibody-dependent cell-mediated cytotoxicity，ADCC）。作为杀伤对象的靶细胞包括：肿瘤细胞、各种病原体以及自身衰老细胞，特别是对较大的病原体（如寄生虫），在不易被吞噬细胞吞噬的情况下，K 细胞的杀伤作用对机体的免疫保护是很有意义的。

NK 细胞是颗粒较大（约 15 微米）的淋巴样细胞，在血液中约占淋巴细胞总数的 10%。在无胸腺或免疫缺损的个体内都可检测到 NK 细胞。它是具有自然细胞毒性的特殊细胞，无需抗体的存在而直接杀伤靶细胞。因此 NK 细胞可能就是抵抗自发性肿瘤细胞和病毒感染的第一道防线。它不属于单核细胞和 B 细胞、T 细胞，代表一个特殊的谱系。

四、免疫活性介质

T 淋巴细胞进行免疫调节是靠释放淋巴因子介导的。淋巴因子（Lymphocykine）是由淋巴细胞分泌的能影响其他细胞功能的多肽。随着生物化学的发展，证实了单核细胞（单核因子）、内皮细胞以及成纤维细胞等多种细胞都可以释放各种对免疫功能有调节作用的多肽，因而把它们统称为细胞因子（cytokine）。

抗体又称免疫球蛋白，是 B 细胞受抗原刺激后，经分化增殖而分泌的一类糖蛋白。它具有中和毒素和病毒、引起细菌凝集和蛋白质抗原沉淀等功能。

补体是正常动物和人类血清中存在的一类具有酶活性的蛋白质，它被激活以后可产生溶菌、溶细胞等多种生理效应。

五、人体免疫过程

人体的免疫系统是一个精密系统，时刻协调不计其数、不同职能的免疫器官、免疫细胞、免疫分子的功能，保护着人体免受外来入侵物的危害，同时也预防体内细胞突变引发癌症。

骨髓是制造红细胞和白细胞等免疫细胞的组织，每秒钟就有 800 万个免疫细胞死亡并有相同数量的免疫细胞在这里生成。

胸腺分泌免疫调节功能的荷尔蒙，负责协调 T 细胞战斗工作。

淋巴结是免疫细胞与抗原战斗的战场。当因感染而须开始作战时，外来的入侵者和免疫细胞都聚集在这里，淋巴结就会肿大。肿胀的淋巴结表明身体受到感染，免疫系统正在努力地战斗。淋巴结还肩负着过滤淋巴液的工作，把病毒、细菌等废物运走。

脾脏是血液的仓库，也是血液过滤器，承担着过滤血液的职能，除去死亡的免疫细胞，并吞噬病毒和细菌。它还能激活 B 细胞使其产生大量的抗体。

扁桃体是咽喉守卫者，对经由口鼻进入人体的入侵者保持着高度的警戒。割除扁桃体的人患上链球菌咽喉炎和霍奇金病的概率明显升高，证明扁桃体在保护上呼吸道方面具有非常重要的作用。

盲肠是免疫助手，能够帮助 B 细胞成熟以及抗体（IgA）的生产，生产免疫调节分子来调节白细胞在身体的分布。盲肠还能"通知"白细胞在消化道内存在有入侵者。在帮助局部免疫的同时，盲肠还能帮助控制抗体的过度免疫反应。

集合淋巴结是肠胃守护者，对肠胃中的入侵者起反应，对控制人体血液中入侵的微生物至关重要。

人体免疫系统的结构纷繁复杂，多个器官共同协调运作。人体主要的淋巴器官骨髓和胸腺和外围的淋巴器官扁桃体、脾、淋巴结、集合淋巴结与盲肠都是用来防堵入侵的微生物。当我们喉咙发痒或眼睛流泪时，都是我们的免疫系统在努力工作的信号。长久以来，人们因为盲肠和扁桃体没有明显的功能而选择割除它们，但是最近的研究显示盲肠和扁桃体内有大量的淋巴结，能够协助免疫系统运作。人体免疫机理如下：

外来抗原进入机体后，人体要进行免疫反应，特异性免疫反应分为体液免疫和细胞免疫，免疫反应由 T 淋巴细胞"领导"的"细胞免疫部队"和 B 淋巴细胞"领导"的"体液免疫部队"两部分完成。前者主要调节人体免疫反应和直接杀伤外来入侵物，后者则是通过产生抗体（免疫球蛋白分子）来中和外来病原微生物产生的毒素和杀死病原微生物。在实际战斗中，"细胞免疫部队"和"体液免疫部队"之间会相互配合、相互促进、相互协调，我们不能截然分清哪支部队的功劳更大一些，而只能说在某一场战役中，哪一支免疫部队起主导作用，并各有感应、反应、效应三个阶段。

（1）感应阶段：识别和处理抗原的阶段。外来抗原进入人体后，大部分抗原被吞噬细胞清除，而失去活性，对人体不形成危害。一部分未能清除的抗原由抗原提呈细胞（如巨噬细胞）提呈给 T 细胞识别。

（2）反应阶段：当 T 细胞识别抗原后，原来静止的细胞就开始活跃，大量繁殖，产生大量细胞因子来调节免疫反应，如辅助和监控 B 细胞成熟，激活 B 细胞，使从静止期演变成为成熟的浆细胞制造抗体和杀伤抗原。

（3）效应阶段：T 细胞形成致敏淋巴细胞，分泌大量的细胞因子。B 细胞也开始分泌大量相应抗体和进入体内的抗原结合，使抗原失活，同时形成免疫反应。这样整个免疫反应过程就完成了。

在抗感染免疫中体液免疫与细胞免疫相辅相成，共同发挥免疫作用。一般病原体是含有多种抗原决定簇的复合体，不同的抗原决定簇刺激机体不同的免疫活性细胞，因而常能同时形成细胞免疫和体液免疫。但不同的病原体所产生的免疫反应，常以一种为主。例如细菌外毒素需有特异的抗毒素与之中和，故以体液免疫为主；结核杆菌是胞内寄生菌，抗体不能进入与之作用，需依赖细胞免疫将其杀灭。而在病毒感染中，体液免疫可阻止病毒的血行播散，要彻底消灭病毒却需依赖细胞免疫。

当第一次的感染被抑制以后，免疫系统会把抑制致病微生物的所有过程记录下来。如果人体再次受到同样的致病微生物入侵，免疫系统已经清楚地知道该怎样对付他们，并能够准确、迅速地做出反应，将入侵之敌消灭掉。

六、提高人体免疫力的食品

自从抗生素发明以来，人们一直期望发明治疗疾病的药物，但是，人们逐渐发现化学药物无法替代免疫系统的功能，相反扰乱免疫系统平衡，对人体免疫系统具有不利影响。而适当的营养却能使免疫系统有效地运作，有助于人体更好地防御疾病、克服环境污染及毒素的侵袭。

免疫力是指人体自身的防御病原微生物的能力，也就是当人体受到病原微生物（包括细菌、病毒、衣原体等多种）侵袭时，人体免疫细胞对外来病原微生物加以识别、清除从而维护人体的健康的能力。

研究表明，免疫力与营养有着密切的关系：营养是维持人体正常免疫功能的物质基础，平衡的营养可强化免疫系统的功能，不平衡的营养会使免疫系统功能减弱、失调，甚至导致疾病。当人饥饿时，身体会分泌肾上腺素，如果体重每周减轻 850 克以上，抵御病原微生物的 T 细胞活性就会受到抑制。

（一）提高人体免疫力的食品成分

1. 蛋白质和氨基酸

蛋白质是构成免疫系统的物质基础，与免疫器官的发育、免疫细胞的形成、免疫球蛋白的合成密切相关。人体的各免疫器官、免疫细胞以及免疫活性介质（抗体、补体、干扰素等）主要由蛋白质及其衍生物构成。蛋白质营养不良使免疫器官（如胸腺、肝脏、脾脏、黏膜等）的组织结构和功能均会受到不同程度的影响，例如胸腺萎缩，重量减轻，淋巴细胞数目减少。特别对细胞免疫影响较大，降低吞噬细胞的吞噬能力，抑制体内蛋白质的合成，使抗体浓度下降，抗体反应减弱。因此蛋白质能增强人体免疫能力。

精氨酸具有免疫调节功能，精氨酸能增加胸腺的重量，防止胸腺的退化（尤其是受伤后的退化），促进胸腺中淋巴细胞的生长。活化吞噬细胞酶系统，增加吞噬细胞的吞噬能力。

谷氨酰胺是近年来日益受到重视的免疫营养之一，能强化免疫系统的功能。

2. 脂类

脂类对免疫功能有调节作用。磷脂和胆固醇是生物膜的重要组成部分，也是维持中枢免疫器官和外周免疫器官细胞完整性的重要物质，是 T 细胞、B 细胞分化成熟不可缺少的物质，所以脂肪与免疫功能直接相关。淋巴细胞增殖、细胞因子产生、吞噬细胞活性、黏附分子表达和 NK 细胞活性易受到某些脂类的作用而改变。

研究表明，T 细胞能识别磷脂，对脂质做出反应。狼疮患者体内有与磷脂结合的抗体。杰米·罗斯约翰（Jamie Rossjohn）和亚当·沙辛（Adam Shahine）利用结构生物学技术，将 CD1b 蛋白与脂类结合在一起，形成 CD1b-脂质的复合物，能结合 T 细胞受体，激活免疫应答。鱼油和橄榄油具有抗炎特性，它们已用于改善类风湿性关节炎和其它炎性疾病的症状，也作为能抗结肠癌和乳腺癌的生物学介体应用。

饮食中脂肪酸成分影响淋巴细胞以及其他免疫细胞中的脂肪酸组成和性质。一些 ω-3 不饱和长链脂肪酸改变淋巴细胞膜的流动性、影响前列腺素和磷脂酰肌醇的合成，提高免疫力，如 α-亚麻酸能增强 T 淋巴细胞反应，抑制产生过敏性的血小板活化因子的排放，调节过敏反应。如果亚油酸摄取过多，会引起过敏、衰老等病症，还会抑制免疫力、减弱人体的抵抗力，大量摄取时还会引发癌症。

EPA 能抑制中性细胞和单核细胞的 5'-脂合酶的活性，抑制 LTB4（具有收缩平滑肌与致炎作用）介导的中性白细胞机能，降低白介素-1 的浓度，具有抗炎作用，保护皮肤健康。

DHA 能促进 T 淋巴细胞的增殖，提高细胞因子 TNF-α、IL-β、IL-6 的转录，DHA 能下调 T 淋巴细胞表面死亡受体 Fas，使其凋亡减少，延长其抗肿瘤的时间提高免疫系统对肿瘤的杀伤能力。

3. 碳水化合物

（1）一般碳水化合物。

人体抗体、补体、细胞因子的合成需要能量，K 细胞、NK 细胞等免疫细胞吞噬和消灭抗原需要能量，碳水化合物为免疫过程提供能量，提高机体免疫力。如果能量不足，免疫力就会下降。例如人在寒冷时容易感冒，就是因为人体产生的能量用于抗寒，用于免疫的能量不足，故免疫力下降。

当血液中葡萄糖浓度较高时，葡萄糖就会与免疫球蛋白、补体、细胞因子等免疫相关蛋白结合，使免疫相关蛋白活性降低，所以糖尿病患者的免疫力下降。

（2）多糖。

一些多糖从不同方面提高免疫力。例如：

香菇多糖、黑柄炭角多糖、裂褶菌多糖、细菌脂多糖、牛膝多糖、商陆多糖、树舌多糖、海藻多糖等诱导白细胞介素 1（Il-1）和肿瘤坏死因子（tnf）的生成，提高巨噬细胞的吞噬能力。

中华猕猴桃多糖、茯苓多糖、人参多糖、刺五加多糖、枸杞子多糖、芸芝多糖肽、香菇多糖、灵芝多糖、银耳多糖、商陆多糖、黄芪多糖等诱导人体细胞分泌白细胞介素 2（Il-2），促进 T 细胞增殖。

枸杞子多糖、黄芪多糖、刺五加多糖、鼠伤寒菌内毒素多糖等促进淋巴因子激活杀伤细胞活性。

银耳多糖、香菇多糖、褐藻多糖、苜蓿多糖等提高 B 细胞活性，增加多种抗体的分泌，加强机体的体液免疫功能。

酵母多糖、裂褶菌多糖、当归多糖、茯苓多糖、酸枣仁多糖、车前子多糖、细菌脂多糖、香菇多糖等能通过替代通路或经典途径激活补体。

海带多糖对巨噬细胞、T 细胞有直接的免疫调节作用。

皮下注射岩藻糖胶可增强小鼠 T 细胞、B 细胞及 NK 细胞功能。范曼芳等认为褐藻酸钠能明显增强小鼠腹腔巨噬细胞的吞噬功能，吞噬指数为对照组的 2.96 倍，且能增加半数溶血值 HC，增强小鼠的体液免疫功能。褐藻酸钠对人外周血淋巴细胞的转化也具有一定的刺激作用，对正常及免疫低下小鼠经腹腔注射给药 10 d 后，发现能提高免疫低下小鼠胸腺、脾指数及外周血白细胞数，促进正常及免疫低下小鼠脾的 T 细胞、B 细胞增殖能力，脾细胞产生 IL-2 的能力以及增加血清和脾细胞溶血素的含量。

一些多糖能抑制病毒反转录酶的活性从而抑制病毒复制，具有抗病毒活性，可用于制备多糖疫苗。某些天然多糖硫酸酯如卡拉胶、肝素有抑制疱疹病毒复制的作用。近年来发现，硫酸化多糖作为抗生素，可以治疗艾滋病，许多经硫酸酯化的多糖，如香菇多糖、地衣多糖、右旋糖酐、裂褶菌多糖、木聚糖、箬叶多糖的硫酸酯干扰 hiv-1 对宿主细胞的黏附作用，抑制逆转录酶的活性。抗病毒硫酸酯化多糖的硫酸根取代度在 15~20 为最佳，如果将这些多糖的硫酸根除去，上述活性则随之消失。

多糖及其衍生物具有抗癌免疫作用。自从 20 世纪 50 年代发现酵母多糖具有抗肿瘤效应以来，已分离出了许多具有抗肿瘤活性的多糖，如牛膝多糖、茯苓多糖、刺五加多糖、银耳多糖、香菇多糖、芸芝多糖等具有细胞毒性的多糖能直接杀死了肿瘤细胞。

一些多糖作为生物免疫调节剂，能提高淋巴因子激活杀伤（LAK）细胞、自然杀伤细胞（NK）活性、诱导巨噬细胞产生肿瘤坏死因子，抑制或杀死肿瘤细胞。

地黄多糖可使 lewis 肿瘤细胞内的 p53 基因表达明显增强，从而引发 lewis 肺癌细胞的程序性死亡，这可能是多糖抗肿瘤作用的又一新发现。

人参多糖、波叶大黄多糖、魔芋多糖、枸杞子多糖、紫芸多糖等具有抗突变活性。

20 世纪 60 年代科学家就发现菇类多糖体具有良好的抗癌效果，这些菇类多糖体能够活化免疫细胞，维持免疫系统的平衡，进而使免疫系统摧毁已有的癌细胞和病毒，抑制肿瘤生长。因此，适当的食用菇类也可以增强免疫功能。

4. 维生素

研究表明：维生素对人的免疫系统有非常重要的调节作用，维生素 C、维生素 B_7、维生素 E、维生素 A、维生素 B_4、维生素 B_{12} 及维生素 D 都和儿童抗感染的免疫力有关。

维生素 A 从多方面影响机体免疫功能，促进机体对细菌、病毒、寄生虫等病原微生物产生特异性的抗体，提高机体细胞免疫的反应性。

免疫球蛋白是一种糖蛋白，维生素 A 能促进糖蛋白的合成，从而促进免疫球蛋白的合成。

维生素 A 增加绵羊红细胞或蛋白质免疫小鼠的脾脏 PFC（空斑形成细胞）数目，增强非 T 细胞依赖抗原所引起抗体的产生，还可增强外周血淋巴细胞对 PHA（植物血细胞凝集素）反应，提高 NK 细胞和巨噬细胞活性，刺激 T 细胞增殖和 IL-2 产生，增强免疫系统功能。

维生素 A 增强皮肤/黏膜完整性。维生素 A 缺乏容易导致呼吸道黏膜上皮细胞萎缩，纤毛数量减少，引起呼吸、消化、泌尿、生殖上皮细胞角化，其完整性被破坏，皮肤、黏膜的局部免疫力降低。

维生素 A 缺乏导致淋巴器官萎缩，自然杀伤细胞活性降低，对抗原产生的特异性抗体（如 IgA）显现减少，容易遭受细菌侵入，增加呼吸道、肠道感染性疾病的发生。

维生素 C 是一种具有抗氧化性的维生素，可以提高具有吞噬功能的白细胞的活性，有助于蛋白质中的胱氨酸还原为半胱氨酸，进而促进免疫球蛋白合成，是抗体形成的"催化剂"。

维生素 C 促进机体干扰素（一种能够干扰病毒复制的活性物质）的产生，增强人体免疫力，有抗病毒的作用，人感冒时白细胞中的维生素 C 会急速地消耗，因此感冒期间必须补充大量维生素 C。机体缺乏维生素 C 时，免疫细胞、免疫球蛋白的数量也会减少。

维生素 E 是免疫调节剂，促进免疫器官的发育和免疫细胞的分化，促进巨噬细胞、B 淋巴细胞的增殖，增加抗体。缺乏维生素 E，免疫细胞、免疫球蛋白减少。

维生素 E 是一种重要的抗氧化剂，通过清除免疫细胞代谢所产生的过氧化物，保护免疫细胞膜免受氧化破坏，提高机体细胞免疫和体液免疫的功能。

维生素 E 可刺激 B 淋巴细胞的增殖，参与从免疫球蛋白 M（IgM）到免疫球蛋白 G（IgG）的合成转化，调节淋巴细胞表面标志的分布，增强其对外来抗原的识别和反应性，从而提高机体的免疫应答水平。

血清中前列腺素（PG，尤其是 PGE1 和 PGE2）水平与机体免疫能力呈负相关。维生素 E 抑制环加氧酶活力，降低 PGE2。维生素 E 和硒协同作用改变动物体内花生四烯酸的代谢，防止其过氧化作用，降低具有免疫抑制作用的 PG 合成。故维生素 E 可增强机体免疫力。

维生素 B$_7$ 促进胸腺增生，促进一系列细胞因子的分泌，稳定组织的溶酶体膜，维持机体的体液免疫、细胞免疫，增强机体的免疫力。

5. 矿物质

研究表明，一些矿物质对机体免疫器官的发育、免疫细胞的形成以及免疫细胞的杀伤力均有影响。

钙是免疫力的基础，与机体的免疫力有着直接的关系，作为生命的信使，把细菌病毒和其他有害物质进入体内的信息传递出去。缺钙免疫功能紊乱，免疫力下降。

铁是血红蛋白重要成分，为免疫战斗提供氧气和能量保障，促进抗体的产生，增加中性白细胞和吞噬细胞的吞噬能力，提高机体的免疫力。铁摄入不足影响免疫器官和免疫细胞的发育，可使胸腺萎缩，T 淋巴细胞数量减少，抗氧化酶活性降低，吞噬细胞的杀菌活性降低，免疫球蛋白产生会明显减少，体内吞噬细胞活力降低，导致免疫力减弱。

锌是免疫器官胸腺发育的营养素，促进 T 淋巴细胞正常分化，提高细胞免疫功能。锌的缺乏可使胸腺萎缩，T 淋巴细胞数量减少，吞噬细胞的杀菌活性降低，免疫球蛋白产生会明显减少，白细胞活性降低，细胞免疫功能低下。

硒几乎存在于所有免疫细胞中，促进淋巴细胞产生抗体，提高机体免疫能力，阻断病毒的变异，增强机体防癌和抗癌能力，刺激体液免疫和细胞免疫，增加免疫球蛋白 IgM、IgG 的产生，提高中性粒细胞和巨噬细胞吞噬异物的能力。

值得注意的是矿物质的过量摄入会降低人的免疫功能。所以缺乏矿物质也不可盲目补充，尤其是私自服用矿物质化学制剂。

6. 抗氧化物质

人体内存在超氧化物歧化酶（SOD）、谷胱甘肽过氧化物酶、过氧化氢酶等抗氧化酶和 β-胡萝卜素、维生素 C、维生素 E 和锌、硒等抗氧化剂还原自由基，使人体的免疫系统不受自由基的损害。β-胡萝卜素是重要的抗氧化物质，可以促进免疫细胞的活化。维生素 E 在一定剂量范围内能促进免疫器官的发育和免疫细胞的分化，保证免疫系统有充足的后备力量。因此，每天应适量地吃些新鲜、有色的蔬菜和水果，获得身体需要的抗氧化剂。

7. 多酚类化合物

植物多酚提高细胞免疫力和抑制肿瘤细胞生长，是一种十分有效的抗诱变剂，减少诱变剂的致癌作用，亚硝酸盐类化合物具有致癌性，而植物多酚中的茶多酚对亚硝酸盐有抑制作用，从而具有抗癌的功效。长期饮用绿茶，能够减少癌症和肿瘤的发病率。

多酚对多种细菌、真菌、酵母菌都有明显的抑制作用，尤其对霍乱菌、金黄色葡萄球菌和大肠杆菌等常见致病细菌有很强的抑制能力。植物多酚治疗流感、疱疹都与其抗病毒作用有关。茶多酚对于肠胃炎病毒和甲肝病毒等也有较强的抑制作用，可以用作胃炎和溃疡药物的成分，抑制幽门螺杆菌的生长，抑制链球菌在牙齿表面的吸附。低分子量的水解单宁可用作口服剂来抑制艾滋病，延长潜伏期。红茶和绿茶提取物能够抑制甲、乙型流感病毒；儿茶素能够抑制人体呼吸系统合孢体病毒。

8. 有机硫化物

烯丙基硫化物可激活巨噬细胞，刺激机体产生抗癌干扰素，还具有杀菌、消炎、增强机体免疫力的功能。

9. 萜类化合物

皂苷可以增强机体免疫功能。人参皂苷、绞股蓝皂苷和黄芪皂苷可明显增强巨噬细胞的吞噬能力，提高 T 细胞数量及血清补体水平；人参皂苷能抑制大肠杆菌、幽门螺杆菌，预防十二指肠溃疡。大豆皂苷能明显提高 NK 细胞活性，抑制大肠杆菌、枯草杆菌和金色葡萄球菌；茶叶皂苷对多种致病菌有良好的抑制作用。

10. 类胡萝卜素

类胡萝卜素对免疫系统有"双向调节"的作用，抑制自身免疫反应，增强细胞免疫的功能。β-胡萝卜素可以增强牛血中性粒细胞过氧化物酶的活性及细胞吞噬功能，促进有丝分裂原诱导的淋巴细胞增殖，加强抗体反应，提高巨噬细胞的细胞色素氧化酶、过氧化氢酶的活性。

类胡萝卜素具有抗炎的作用。在炎症发生的情况下，例如 Crohn 病中，吞噬细胞在炎症部位（肠黏和肠腔内）释放出活性氧，脂质过氧化物等氧化产物增加，加重哮喘及其炎症。类胡萝卜素能够通过抗氧化发挥抗炎作用，增强巨噬细胞杀灭肿瘤活性，保护自身细胞免于氧代谢物的伤害。

番茄红素能够增加自发性乳腺肿瘤小鼠 T 辅助细胞的数量，使胸腺内 T 细胞的分化正常。

虾青素可预防幽门螺杆菌引起的溃疡，降低幽门螺杆菌对胃的附着和感染。体外实验表明，虾青素促进小鼠脾细胞对胸腺依赖抗原（TD－Ag）反应中抗体的产生，提高依赖于 T 细胞专一抗原的体液免疫反应。人体血细胞的体外研究中也发现虾青素和类胡萝卜素均能显著促进胸腺依赖抗原刺激时的抗体产生，分泌 IgG 和 IgM 的细胞数增加。

11. 褪黑素

褪黑素活化人体单核细胞，诱导其细胞毒性及 IL-1 分泌。抑制褪黑素的生物合成，可导致小鼠体液和细胞免疫受抑。褪黑素能拮抗由精神因素（急性焦虑）所诱发的小鼠应激性免疫抑制效应，防止由感染因素（亚致死剂量脑心肌病毒）导致急性应激而产生的瘫痪和死亡。褪黑素能提高荷瘤小鼠 CD4+CD8+值，协同 IL-2 提高外周血淋巴细胞及嗜酸性粒细胞数量，增强脾 NK 细胞和 LAK 活性，促进 IL-2 的产生；注射褪黑素提高 H_{22} 肝癌小鼠巨噬细胞的杀伤活性及 IL-1 的诱生水平。褪黑激素通过骨髓 T-细胞促进内源性粒性白细胞/巨噬细胞积聚因子的产生，可作为肿瘤的辅助治疗。

12. 左旋肉碱

左旋肉碱保护免疫细胞膜的稳定性，促进脂肪代谢，提供能量，提高人体的免疫力。

13. 辅酶 Q_{10}

辅酶 Q_{10} 保护和恢复生物膜结构的完整性、稳定膜电位，增强机体非特异性免疫，提高机体抗炎症、抗肿瘤等方面的能力，对病毒性心肌炎、慢性肝炎、糖尿病性神经炎、慢性阻塞性肺炎、支气管炎、哮喘、牙周炎等都有一定的预防作用。

14. γ-氨基丁酸

生长抑素抑制免疫球蛋白（特别是 lgA）的合成和 T 淋巴细胞的活性，抑制胃泌素的释放，γ-氨基丁酸增强黏膜完整性，抑制消化道生长抑素的分泌，从而促进免疫球蛋白（特别是 lgA）的合成和 T 淋巴细胞的活性，增强免疫功能。

总之，营养对于人体免疫力有着举足轻重的作用。营养不良将导致免疫系统功能受损，从而导致机体对病原微生物的抵抗力下降，有利于感染的发生和发展。因此，通过均衡的饮食，从各种食物中摄取足够的营养，是增强抵抗力的基础。

（二）提高免疫力的食物

想要提高免疫力，不能靠摄取单一的食物，要摄取均衡营养，在日常饮食中不要只吃精细的食品，每天要摄入一定的五谷杂粮，保证能量的需要。另外还要适量地吃鸡蛋、牛奶、瘦肉、鱼肉、豆制品等优质蛋白，多吃新鲜的绿叶蔬菜、水果，以满足人体对维生素和矿物质以及膳食纤维的需要。除此之外，注意摄取以下食物：

（1）灵芝：灵芝含有抗癌功能的多糖，还含有丰富的锗元素，能加速身体的新陈代谢，延缓细胞的衰老，诱导人体产生干扰素，增强人体的免疫力。

（2）新鲜萝卜：新鲜萝卜含有丰富的干扰素诱导剂而具有免疫作用。

（3）人参蜂王浆：含蜂乳酸，能调节内分泌，提高机体免疫力，具有防癌作用。

（4）香菇：香菇所含的香菇多糖能增强人体免疫力。

（5）杏仁：杏仁维生素 E 和烟酸含量高，能提高免疫系统的免疫能力。

（6）牡蛎：牡蛎含矿物质锌高，促进免疫系统功能，促进伤口的愈合。

（7）白蘑菇：白蘑菇富含硒和抗氧化剂，以及核黄素和烟酸等 B 族维生素，可以提高人体免疫功能。

（8）葡萄柚：葡萄柚富含维生素 C，可以辅助治疗感冒和流感，其富含大量的类黄酮，具有抗氧化，增强免疫系统功能的作用。

（9）酸奶：酸奶富含维生素 D 和钙，酸奶中的益生菌可以刺激机体的免疫功能，帮助身体抵抗病毒等病原菌感染。

第七章
生殖功能食品

一、男性生殖器官

人体生殖系统是人分泌性激素，维持男性性征，繁殖后代的器官的总称。男性生殖系统由内生殖器和外生殖器 2 部分组成。外生殖器包括阴囊和阴茎；内生殖器包括生殖腺体（睾丸）、排精管道（附睾、输精管、射精管和尿道）以及附属腺体（精囊腺、前列腺和尿道球腺），如图 7-1 所示。

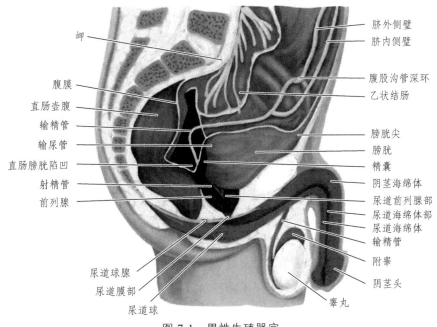

图 7-1　男性生殖器官

左侧标注（从上到下）：岬、腹膜、直肠壶腹、输精管、输尿管、直肠膀胱陷凹、射精管、前列腺、尿道球腺、尿道膜部、尿道球

右侧标注（从上到下）：脐外侧襞、脐内侧襞、腹股沟管深环、乙状结肠、膀胱尖、膀胱、精囊、阴茎海绵体、尿道前列腺部、尿道海绵体部、尿道海绵体、输精管、附睾、阴茎头、睾丸

（一）男性内生殖器官

1. 睾丸

睾丸是男性生殖腺，左右各一，呈卵圆形，由精索将其悬吊于阴囊内，是产生雄性激素的主要内分泌腺，也是产生雄性生殖细胞（即精子）的器官。

睾丸表面有一层厚的致密结缔组织膜，称白膜。白膜以内为疏松的结缔组织，内有丰富的血管，称血管膜。睾丸的白膜在其背侧增厚，并向睾丸内陷入，构成睾丸纵隔。纵隔呈放射状伸入睾丸实质，把睾丸分成若干小叶。每个小叶内含有 1~3 个弯曲的曲细精管，它在小叶顶端汇合成为一个短的直细精管，进入纵隔，在纵隔内这些小管彼此吻合成网，形成睾丸网，由睾丸网发出 12~13 条弯曲的小管，称睾丸输出管，它们穿出白膜进入附睾头中。曲细精管之有间质细胞，分泌雄性激素，促进男性生殖器官和男性第二性征的发育及维持。曲细精管上皮细胞具有产生精子的作用。直细精管是精子输送的管道系统，汇合成一条管进入附睾头部，通过输精管排出体外。

睾丸主要功能是产生精子和分泌男性激素（睾酮）。精子与卵子结合而受精，是繁殖后代的重要物质基础，男性激素是维持男性性征的重要物质。睾丸在胚胎早期位于腹腔内，腹股沟管内环处，以后逐渐下降，到第 7 个月时，睾丸快速通过腹股沟管而降至阴囊中，睾丸以上部位则闭锁。睾丸在下降至阴囊的过程中，可以出现各种异常情况，如鞘膜突不闭锁或闭锁不完全，则发生鞘膜积水、精索囊肿、疝等；如睾丸下降不完全而停止在腹腔中或腹股沟管中，称为"睾丸下降不全"，或称"隐睾"；如睾丸在下降时未至阴囊而偏移到会阴、阴茎根部、股部等处，称为"睾丸异位"。睾丸的位置不正常，影响精子的生成和发育的质和量，不利于生育。

2. 附睾

附睾外形细长呈扁平状，又似半月形，左右各一，长约 5 厘米，附于睾丸的后侧面，由附睾管在睾丸的后缘盘曲而成，小管之间有纤细的纤维组织和蜂窝组织，分头、体、尾三部分。附睾头由输出管构成，管壁由假复层柱状上皮构成，含有两种细胞，一种是纤毛柱状上皮，另一种是低柱状的分泌细胞，细胞高矮交互排列，所以管腔不规则而成锯齿状。附睾的体尾是由附睾管组成，此管由假复层柱状纤毛上皮构成，上皮高矮一致，所以管腔规则。

附睾主要功能是促进精子发育和成熟，储存和排放精子，分泌体液营养精子。精子从睾丸曲细精管产生，但缺乏活力，不具备生育能力，需要在附睾内继续发育成熟。附睾分泌附睾液，直接哺育精子成熟。其钾含量、甘油磷酸胆盐浓度、糖苷酶浓度高，酸碱度低，渗透压高，氧少，二氧化碳含量高。一般来说，附睾储存约 70% 的精子（输精管也储存）5~25 天，平均 12 天，要比其他部位的时间都长。性交时，附睾中的精子通过附睾管、输精管、经射精管及尿道排出体外。精子在附睾管若长期不排出，则部分被分解吸收，部分逐渐进入尿道随尿液排出，所以在成年男子的尿液检查时，偶或发现精子。当附睾发生炎症或其他疾病时，会影响精子成熟而不利于生育。

3. 精索、输精管及射精管

精索是系悬睾丸和附睾的柔软带，将睾丸和附睾悬吊于阴囊之内，使睾丸不随意活动（提睾肌），保护睾丸和附睾不受损伤，同时随着温度变化而收缩或松弛，使睾丸适应外在环境，保持精子产生的最佳条件。起于腹股沟内环，终止于睾丸后缘，左右各一，全长 14 厘米左右。

精索内包含有输精管、睾丸动脉、输精管动脉及提睾肌动脉、静脉、神经及蜂窝组织，是睾丸、附睾及输精管血液、淋巴液循环通路，也是保证睾丸的生精功能及成熟精子输送的主要途径。当外伤或感染而引起精索病变时，睾丸和附睾血液供应的条件被破坏，影响睾丸和附睾的功能；当精索的淋巴管发生堵塞时，也可造成睾丸和附睾功能减退；当精索静脉曲张时，精索静脉内血液瘀滞，则影响睾丸局部血液循环，致使睾丸内血氧减少，酸碱度改变，造成畸形精子增多，精子数量下降、精子活力减退等，因此精索是睾丸的"生命线"。

输精管是精子从附睾被输送到尿道的唯一通路，输精管管壁肌肉很厚，具有很强的蠕动能力，主要功能是运输和排泄精子，全长约40~46厘米，直径约2~3毫米，起于附睾尾部，于输尿管与膀胱之间向正中走行，其末端膨大扩张形成输精管壶腹，最后与精囊腺的排泄管汇合成射精管，穿过前列腺，开口于尿道。在射精时，交感神经未悄释放大量类肾上腺素，使输精管互相协调而有力收缩，将精子迅速输往排泄管、射精管和尿道中。当输精管发生炎症或堵塞时，精子不能排出，造成男性不育。

射精管是输精管壶腹与精囊管汇合之后的延续。射精管很短，长仅为2厘米左右。射精管壁肌肉较丰富，具有强有力的收缩力，帮助精液射出，同时射精管开口于狭窄的尿道的开口，以保证射精时的应有压力，通过神经反射，有一种"挤出"的射精快感，从而达到性高潮。

4. 精囊腺、前列腺和尿道球腺

精囊腺为一对扁平长囊状腺体，左右各一，表面凹凸不平呈结节状，长约4~5厘米，宽约2厘米，容积约4毫升，位于输精管末端外侧和膀胱的后下方，其末端细小为精囊腺的排泄管，与输精管的末端汇合成射精管，在尿道前列腺部开口于尿道。

精囊腺主要功能是分泌一种主要含磷酸胆盐、球蛋白、柠檬酸和糖苷等的碱性黏液，是精液的主要成分（占50%~80%），苷糖在射精后提供精子活动的主要能源；精囊腺分泌物含凝固酶，主要作用是当精液射入女性阴道之后，可促使精液在阴道内保持短暂凝固，防止从阴道中流出，增加受孕机会。当精囊发生炎症或身体不佳时，则影响精囊分泌功能，糖苷含量减少，精子活力减弱，甚至死亡，而造成男性不育。

前列腺为一个栗子状的腺体，中间有凹陷沟，左右两侧隆起，底部向上与膀胱连接，尖端向下抵尿生殖膈上筋膜约18克。在精阜近端，前列腺平滑肌加强，称为前列腺前括约肌，具有防止逆行射精的功能。

前列腺主要功能是分泌前列腺液进入精液（占精液13%~32%），前列腺液为乳白色黏性液体，呈碱性，含有多种微量元素，比血液含有更多的钠、钾、钙离子，以及大量的锌、镁等阳离子，还含有氯、碳酸氢盐、磷酸盐、拘橼酸盐、氨基酸等。前列腺液还含有酸性磷酸酶、蛋白酶、纤维蛋白溶解酶和透明质酸酶等多种酶类，能溶解子宫颈管口内的粘液栓和卵子的透明带，促进精子和卵子的结合而受精。前列腺液偏碱性，能中和女性阴道中的酸性分泌物，有利于精子在阴道内生存。前列腺中的液化因子与精囊液中的凝固因子协同作用，使精液先凝固以免精液流失，然后液化，使精子在精液中自由活动，有助于精子受精。当前列腺发生炎症或其他疾病时，前列腺液的分泌与排泄则受影响，不利于受精。

尿道球腺位于尿生殖膈上下筋膜之间的会阴深囊内，开口于球部尿道近端。当阴茎勃起时，尿道球腺受挤压，分泌少量的透明略带灰白色的蛋白黏液，也是精液的组成部分，满布尿道黏膜表面，起润滑作用，有利于精液的排出。

5. 尿道

尿道是尿液和精液的共同通道，既有排尿功能，又有排精的功能。

精液由精子和精囊腺、前列腺分泌的液体组成，呈乳白色，一次射精约 2~3 毫升，含精子 3~5 亿个。

（二）男性外生殖器

男性外生殖器官包括阴阜、阴囊和阴茎。

1. 阴阜

阴阜为耻骨前方的皮肤和皮下丰富的脂肪组织。阴阜皮下组织有皮脂腺和汗腺。青壮年时阴阜显著隆起，中年以后脂肪组织减少下陷，老年则萎缩变平。成年人阴阜皮肤上有阴毛，是男性第二性征之一，雄激素的缺乏表现为阴毛稀少或不发育。

2. 阴茎

阴茎由 3 个平行的长圆柱状海绵体组成。阴茎上面两个海绵体称阴茎海绵体，下面一个称尿道海绵体，3 个海绵体具有丰富的血管、神经、淋巴管。尿和精液均从尿道海绵体中的尿道排出。阴茎的前端膨大为阴茎头（或称龟头），含有海绵组织，尿道口就位于龟头内。阴茎体与龟头之间是冠状沟，龟头、冠状沟都充满神经末梢，对刺激敏感。

儿童时期，一般男性阴茎较小，青春期阴茎开始生长，颜色加深。阴茎的大小与遗传有一定关系，常态下阴茎长度范围为 4.5~8.6 厘米，一般来说，阴茎的长短和粗细并不能代表性功能的强弱。

阴茎头和与阴茎体的连接处有阴茎包皮，如包皮过长，包着阴茎头不能翻起时，就为包茎。包茎不仅影响性生活，还能引起炎症，甚至癌症。因此，多余的包皮应手术切除。

阴茎主要功能是排尿、性交和排精，是性行为的主要器官。人类的阴茎有松弛和勃起两种状态，与其他哺乳动物相比缺少勃起用的软骨，而是用充血来使其勃起。在无性冲动时，阴茎绵软，性冲动时，阴茎海绵体的血窦可以吸入血液，阴茎海绵体的血窦内血液增多，阴茎膨大、增粗、变硬而勃起，当流入的血液和回流的血液相等时，则阴茎持续勃起；性冲动时，阴茎不能勃起或勃起硬度不够，无法进行性交，称为"阳痿"。阴茎头部神经末稍丰富，性感极强，阴茎皮肤极薄，皮肤下无脂肪，具有活动性和伸展性，其来回活动刺激神经能引起性冲动，在性交达到高潮时，由于射精中枢的高度兴奋而射精。

3. 阴囊

阴囊是由皮肤、肌肉等构成的柔软而富有弹性的袋状囊，把睾丸、附睾、精索等兜在腹腔外、两胯间。阴囊皮肤薄而柔软，并有很多的褶皱，有明显的色素沉着，长有稀疏的阴毛，还有丰富的汗腺，容易出汗，经常是湿漉漉的。阴囊内有阴囊隔，将阴囊内腔分成左右两部，各容纳一个睾丸和附睾。阴囊的主要功能是保护睾丸、调节温度，以利于精子的产生和贮存等。

睾丸产生精子和精子成熟需要 35℃左右的温度，而人体体温为 37.2℃左右，需要阴囊调节温度。阴囊皮肤薄而柔软，含有丰富的汗腺和皮脂腺，在寒冷时，阴囊收缩使睾丸上提接近腹部，借助身体热量而提高温度，炎热时，阴囊松弛使睾丸下降，拉长与腹部的距离，同时分泌汗液使阴囊内热量散失，使睾丸温度下降。因此阴囊是睾丸的"恒温箱"。当阴囊出现问题时，恒温环境被破坏，不利精子的生成和发育，影响精子的质量。若睾丸长期暴露在过冷或过热的环境中，都会造成精子减少甚至造成不育，增加睾丸癌的概率。

二、女性生殖器官

女性生殖器官，根据其位置的不同，分为内生殖器官和外生殖器官两大部分。外生殖器又称外阴，包括阴阜、大阴唇、小阴唇、阴蒂、前庭、前庭大腺、阴道口、处女膜和会阴；内生殖器位于盆腔内，包括卵巢、输卵管、子宫和阴道（见图 7-2）。

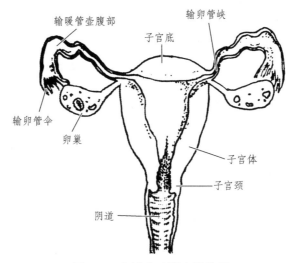

图 7-2　女性生殖器官结构图

（一）女性内生殖器

1. 卵巢

卵巢是女性的生殖腺，是产生卵子和分泌女性激素（雌激素、孕激素）的地方，呈卵圆形，左右各一，位于子宫两侧，输卵管的后下方，扁椭圆形。其大小随年龄而不同。性成熟期最大，大如拇指末节，其后随月经停止而逐渐萎缩。

雌激素的主要作用是促进女性生殖器官发育及生殖，并激发第二性征的出现，突出女性体态，如皮肤细嫩、皮下脂肪丰满、乳房隆起、臀部宽阔等。孕激素（又称孕酮、黄体酮）能促进子宫内膜的生长，保证受精卵在子宫"着床"，并保证受精卵的植入和维持妊娠。

在一个月经周期中，卵巢内常有几个至十几个卵泡同时发育，但一般只有一个发育成熟为卵子。随着卵泡的成熟，卵巢壁有一部分变薄而突出，卵泡就从这里破裂排出卵子进入输卵管。在一般情况下，女子自青春期起，每隔 28 天排卵一次，每次通常只排出一个卵，排卵一般是在两次月经中间，即下一次月经前的第 14 天左右。女子一生中有 400~500 个卵泡发育成为成熟的卵子。

2. 输卵管

输卵管是位于子宫上方左右两条细长而弯曲的圆柱形管道,是输送卵子进入子宫的通道,每条长 14~18 厘米,一端与子宫相连通,近子宫端较细部分称为峡部,另一端开口于腹膜腔,开口的游离缘有许多指状突起,称为输卵管伞,呈漏斗状游离,开口覆盖于卵巢表面,卵巢排出的卵子从此开口进入输卵管,外侧扩大部分称为壶腹部,为卵子受精部位。输卵管管壁由黏膜、肌层及外膜三层组成。黏膜上皮为单层柱状纤毛上皮。肌层的蠕动及纤毛的摆动有助于受精卵进入子宫腔内。输卵管的主要功能是承接卵巢排出的卵子,运输到输卵管壶腹部,与精子受精,并把受精卵送入子宫腔内,同时输卵管的分泌物也滋养了受精卵。

3. 子宫

子宫是骨盆腔内由肌肉组成倒梨形的中空器官,位于在膀胱与直肠之间,紧贴在膀胱上,而当膀胱膨胀时,子宫就会往后倾斜,体积与人的拳头相当,正面呈三角形,前后略扁,上端宽大,高出于输卵管内口的部分称子宫底,中间膨大部分为子宫体,子宫体内三角形腔隙称子宫腔,腔的上部两角与左右的输卵管相通;子宫下端变细呈圆柱形为子宫颈,其末端突入阴道内,与阴道成 90 度角;子宫体与子宫颈之间稍细部叫子宫峡部。

子宫壁很厚,由外向内分为外膜、肌层和内膜。外膜由单层扁平上皮和结缔组织构成。肌层由纵横交错排列的平滑肌所组成,其中有血管贯穿其间,具有很大的伸展性,妊娠时平滑肌细胞体积增大,以适应妊娠需要。分娩时,子宫平滑肌节律性收缩成为胎儿娩出的动力。同时,由于其收缩,压迫血管,防止产后出血。内膜中有丰富的小血管和淋巴管,内膜内管状腺体称为子宫腺。从青春期到更年期,子宫内膜受卵巢分泌的激素影响,发生周期性的脱落和出血,从阴道流出即形成月经。如果性生活时精子从阴道进入子宫到达输卵管,并与卵子结合形成受精卵,子宫内膜就不脱落和出血,等待受精卵的到来,使其在这里着床并发育成胎儿。分娩时子宫收缩,胎儿娩出。因此,子宫的功能就是产生月经和给胎儿提供生长发育的场所。

4. 阴道

阴道为女性性交的器官,也是月经流出和胎儿娩出的通道。阴道前壁紧贴膀胱和尿道,后壁与直肠相邻,四周则由坚韧的骨盆和肌肉所保护。阴道肌肉内分布着网状微血管。通常阴道壁是紧闭着的,当阴茎插入以及生产时,微血管充血扩张,阴道张开。阴道长约 7 厘米,性交时能自行伸缩,除非是受伤或发育不健全,否则不论阴茎形状大小阴道都可以性交。阴道上端包绕子宫颈的下部,形成环形凹陷叫阴道穹窿,阴道后穹窿较深。阴道下部开口于阴道前庭。阴道口边缘附着的黏膜皱襞称处女膜,处女膜两面被鳞状上皮所覆盖,在处女膜中间含有结缔组织、血管以及神经末梢,处女膜中间有孔隙。初次性生活时,处女膜往往破裂,可伴有少量出血和疼痛感觉,但也有例外。

阴道黏膜呈粉红色,能渗出少量液体,与子宫的一些分泌物共同构成白带,以保持阴道湿润,呈弱酸性,防止致病细菌在阴道内繁殖。性生活时,阴道血管高度充盈,渗出液体,滑润阴道,避免损伤。幼女及绝经后的妇女由于缺乏雌激素,阴道黏膜上皮很薄,皱襞少且伸展性小,而阴道壁有丰富的血管,容易损伤,受伤后容易出血或形成血肿。而且由于幼女及绝经后的妇女免疫力弱,病菌更易感染,要用 pH4 的弱酸性女性护理液清洗私处。长期用碱性沐浴露及各种洗液冲洗阴道，会杀死对身体有益的阴道杆菌，降低局部抵抗力，增加感染机会。

（二）女性外生殖器

1. 大、小阴唇及阴道前庭

大阴唇为两股内侧一对纵长而隆起的皮肤皱襞，前端与阴阜相连，后端逐渐变薄与会阴相连。一般在 10 岁以后，在阴阜开始隆起的同时，大阴唇开始丰满且有色素沉着，并向内遮掩小阴唇，青春期后也长有阴毛。皮层内含有多量的脂肪组织和弹性纤维，并含有丰富的静脉血管、淋巴管和神经，损伤后易引起出血和血肿。每侧大阴唇的基底部都有腺体组织，性兴奋时因充血而变得更为柔软、胀大，且从中线向外张开，暴露阴道口，便于性交。大阴唇感觉比较敏锐，性兴奋时腺体组织能分泌液体滑润外阴。未婚女子的两侧大阴唇自然合拢，遮盖阴道口及尿道口，起保护作用。

小阴唇位于大阴唇内侧，为一对较薄的皮肤皱襞，两侧小阴唇向前融合包绕阴蒂，内侧面呈淡红色，含有丰富的神经末梢，极其敏感，平时合拢，关闭阴道口及尿道口，性兴奋时充血、分开并增大，增加阴道的有效长度。

阴道前庭是两侧小阴唇之间的凹陷部分。阴道前庭的前半部有尿道开口，后半部有阴道开口，阴道口的两侧有前庭大腺，又称巴氏腺，如黄豆般大小，性兴奋时，分泌淡黄色液体润滑阴道。

2. 阴阜

阴阜位于女性前腹壁的最低部分，在耻骨联合前方，为一隆起的脂肪垫，有肥厚的皮下脂肪，青春期开始，阴阜皮肤上长出阴毛，阴毛的分布大多呈尖端向下的倒三角形，是女子的第二性征之一。但阴毛的有无、疏密、粗细和色泽因人或种族而异，一般不能视为病态。

3. 阴蒂

阴蒂在阴道前庭的前端，两侧小阴唇之间上方联合处，约黄豆般大小，含有丰富的感觉神经末梢，性兴奋时，可稍肿胀、隆起、增大，是最重要的性感区。

三、生殖过程

为了保证受精顺利完成，男方必须性功能正常，并能排出足够的、功能正常的精子以及适合于精子游动的液体环境。女方必须能产生正常而成熟的卵子，而且输卵管通畅。在女方的排卵期前后进行性交，以保证精子、卵子有机会受精。

男子在生育期可持续地产生精子。成年男子每次射精排放到女性生殖道内的精液中含有 2 亿~3 亿个精子，性交使精子射入阴道后，精子沿女性生殖道向上移送到子宫、输卵管，此过程中大批精子失去活力而衰亡，只有 300~500 个能到达受精地点——输卵管壶腹部。精子射入女性生殖道后保持受精能力的时间为 1~3 天。

女性每月定期排卵一次。通常每次只能排出一个发育成熟的卵子。排卵时间（排卵期）一般在下次月经前 12~16 天。排出的卵子一般只能存活 12~30 小时，性交后可受精时间平均为 12~24 小时。因此，只有在女性排卵期前 3 天至排卵期后 1 天同房才能怀孕。受精过程约需 24 小时。卵子从卵巢排出后大约经 8~10 分钟就进入输卵管，经输卵管伞部到达输卵管和峡部的连接点处（输卵管壶腹部），并在此受精。

受精前后，精子的表面膜和卵子的微纤毛都有明显的超微结构变化。卵细胞外围的放射冠细胞在输卵管黏膜和精液内酶的作用下分散，若干个精子借助自身的运动穿过放射冠，10 分钟内精子借顶体的顶体反应穿过透明带。精子穿过透明带后只有一个精子能进入卵细胞内，随即抑制其他精子穿入，所以只有一个精子能与卵子结合。精子进入卵细胞后再进入卵黄，释出第二极体。此时，精子尾部消失，头部变圆、膨大，形成雄原核；卵黄收缩，透明带内出现缝隙，而次级卵母细胞完成第二次有丝分裂，排出第二极体后，主细胞成为成熟的卵细胞，其细胞核形成雌原核。雌雄原核的接触、融合形成一个新细胞——受精卵，恢复 46 个染色体（父系母系各 23 个），这个过程就称为受精。

受精卵形成后还要经过 3~4 天的旅行才能从输卵管到达子宫。此时的子宫内膜在雌激素与孕激素的作用下，形成一个适合胚胎发育的环境。受精卵经过卵裂后形成胚泡，分泌一种蛋白分解酶，侵蚀子宫内膜，使受精卵植入其中，叫作"着床"，从此怀胎。

四、男子不育

不孕不育分为女性不孕症和男性不育症。育龄夫妇同居一年以上，有正常性生活，没有采用任何避孕措施的情况下，未能成功怀孕者称不孕症。虽能受孕但因种种原因导致流产、死胎而不能获得存活婴儿的称为不育症。一般说来，男子具有生育能力的基本条件是能产生足量健康的精子、具有通畅的输精管、良好的射精功能。缺乏上述条件之一，就有可能不育。

不育是很多疾病引起的一种后果。男性不育临床上可分为原发性不育和继发性不育，原发性指婚后女方从未受孕过；继发性指婚后曾有孕育史，而后再未受孕。男子不育又可分为绝对不育和相对不育，前者指完全没有生育的能力，如无精症；后者指有一定的生育能力，但生育力的各项指标低于怀孕所需要的临界值，或由于其他因素影响孕育，造成暂时不育，如精子减少症。

（一）男子不育的原因

（1）性功能障碍。

男性性功能障碍，例如男性的阳痿、早泄、不射精和逆行射精等，导致男性精子不能进入到女性生殖道内，从而引发男子不育。

（2）免疫性不育。

正常情况下，男性体内不会产生自身的抗精子抗体。但当男性输精管发生炎症或某些病变时，精子抗原有可能渗透到外周组织中去，使自身产生抗精子抗体，影响精子活力和存活率及对卵子的穿透力，是最为常见的不孕不育抗体。

免疫珠试验使免疫性不育的研究取得较大进展。该方法通过显微镜观察可见的免疫珠情况，了解常见的抗精子抗体（antispet-mantibodv）。最近选择新型的免疫珠，了解抗精子抗体在血清、宫颈粘液、卵泡液、精液、精子表面的情况以及抗体类型是 IgG、IgA 或 IgM。甚至可以知道抗体是贴附在精子头还是尾部。

（3）睾丸生精功能异常。

隐睾、小睾丸、无睾、病毒性睾丸炎、精索静脉曲张，毒素、磁场、高热和外伤等理化因素皆可引起男性睾丸的生精功能异常，精子的产生发生阻碍，引发男性不育。

（4）输精道梗阻。

输精道梗阻会导致精子无法正常地输送出体外，引起男性不育。

（5）精子、精液异常。

精子活力和存活率不足，精子无法从精液获能，影响精子的运动，或者产生顶体反应等引起男性不育。

（6）生殖器感染。

常见的引起男性不育的感染有睾丸炎、附睾炎、前列腺炎、尿道炎等等，严重者影响男性的生育能力。

（7）内分泌疾病。

男性的内分泌异常，性激素分泌不足，而导致男性不育。如下丘脑功能障碍，Kallmann 综合征，主要是促性腺激素释放激素缺乏，垂体功能障碍，如选择性黄体生成素（LH）缺陷症，尿促性素（FSH）缺陷症，高泌乳素血症等。肾上腺皮质增生症可抑制垂体分泌 FSH、LH，导致不育。

（8）染色体异常。

男性的染色体异常会造成男性不育。如假两性畸形、克氏综合征、XYY 综合征、46XY/47XXY 等染色体异常致睾丸生精障碍。

（9）药物因素。

常见的有西咪替丁、柳氮磺吡啶、雷公藤、螺内酯、呋喃妥因、尼立达唑、秋水仙素、各种激素类药物和癌症化疗药物如某些烷基化合物，能导致暂时或永久精子生成障碍。

（10）手术因素。

如尿道瓣膜手术、尿道梗阻施行的膀胱颈部切开术、腹膜后淋巴结清除术或较大的腹膜后手术，均可能引起逆行射精或射精障碍，导致不育。

（11）生活习惯和工作因素。

长期穿紧身裤、嗜烟和酗酒、接触有毒物质、频繁热水浴、房事不当或过频、经常长途坐车、骑自行车、过度劳累和放射线损害等。

（12）其他。

儿童时期就患有慢性呼吸道疾病的病人，成年后患纤毛滞动综合征，其精子尾部纤毛异常，精子游动的能力弱。

（二）男子不育的检查

1. 病史介绍

患者要如实反映以下情况：

（1）职业：有无接触毒物（铅、汞、磷）、是否高温作业，接触放射线时间以及有无防护措施。

（2）既往病史：是否患过淋病、腮腺炎、结核、附睾炎、前列腺炎、肾盂肾炎、膀胱炎或脊髓损伤，有无排尿困难，有无糖尿病或甲状腺机能减退等；治疗情况及效果如何。

（3）婚姻及性生活情况：包括对性生活的态度，性交频度；有无遗精、阳痿、早泄等，婚前有无自慰习惯；夫妻感情如何，妻子的健康情况，性生活是否协调等；结婚年限、同居时间及是否采取过避孕措施。

（4）既往检查与治疗情况：男方精液检查结果、采集时间与方法；是否治疗，效果如何；女方检查的情况。

（5）家族史：家族中有无不育症、两性畸形、遗传病、结核病等患者。

（6）营养状况；有无不良嗜好（烟、酒）等。

2. 体格检查

体格检查包括全身检查及生殖器官检查。

全身检查：对身高、体重、血压、脉搏、体态、外形、有无男性第二性征、男性内分泌功能紊乱体征等进行检测和观察，同时注意心血管、呼吸系统、消化系统和神经系统有无异常的体征。

生殖器官的检查：生殖系统检查是男性不育检查的重点，检查内容如下：

（1）阴茎：注意有无严重的包茎、硬结、炎症、肿瘤或发育异常。

（2）尿道：有无瘘孔、下裂、硬结或狭窄。

（3）前列腺：经肛诊可检查其大小，有无硬结、肿物，还可按摩取前列腺液检查。

（4）睾丸：测量其大小、触诊硬度，有无硬结、压痛、肿物，是否为隐睾。

（5）精索：触摸其中输精管的硬度，有无结节、压痛、有无精索静脉曲张。

3. 实验室检查

精液检查是实验室检查重点，有助于了解男性生育力，是不育症的必查项目。为保证检查的准确可靠，患者应在检查的前3~5天内不过性生活。其余项目视患者情况选择。

（1）精液分析。检查精液的色、量、气味、凝固与液化、酸碱度、精子形态、精子数、精子活力、精子存活率、畸形精子率、精子顶体酶测定、精子免疫组织化学分析，必要时还要做精子功能分析（穿透力、运动速度等）、精液微生物学检查等。检查主要内容有细菌检查、病毒检测、衣原体支原体检测等。检测的方法有涂片检查、病原体培养、抗原抗体检测等。

（2）体外异种授精实验。即使常规精液分析完全正常，但有时仍不能完全代表精子的授精能力。体外异种授精实验可准确地估计精子的授精能力，常用人精子穿透仓鼠卵子的异种授精实验，以正常生育者的精子作为对照。

（3）前列腺液检查。前列腺分泌液是精液的组成部分，有时需要单独分析前列腺液，一般包括外观检查、显微镜检查、生化分析等。正常前列腺液为乳白色、偏碱性，高倍镜下可见满视野的微小、折光的卵磷脂颗粒，少许上皮细胞、淀粉样体及精子，白细胞数<10。有炎症时白细胞数目增加，或见成堆脓细胞，卵磷脂颗粒显著减少。

（4）内分泌检查。主要检测睾丸的雄性激素（主要是睾酮）的分泌状况，通过促性腺激素释放激素或克罗米芬刺激试验可以了解下丘脑—垂体—睾丸轴的功能，测定睾酮水平可以直接反映间质细胞的功能。如有必要可测定促卵泡刺激素（FSH）、促黄体生成素（LH）、雌二醇（E2）、甲状腺激素、肾上腺皮质激素或泌乳素。

（5）精索检查。多普勒超声检查精索，确认是否精索静脉曲张。

（6）X线检查。采用输精管、附睾造影，输精管、精囊造影或尿道造影等确定输精管道的梗阻部位，高泌乳素血症者摄蝶鞍X线断层片（正、侧位）以确定有无垂体腺瘤。

（7）免疫学检查。人类精液含有大量的抗原成分，包括精浆抗原、精子抗原和精浆与精子共有抗原，此外还存在血型抗原，成分复杂，能引起自身、同种或生殖道局部的免疫反应，诱发特异性抗体产生，引起不孕。通过精子凝集试验或制动试验检测血清或精液精子凝集抗体或制动抗体。

（8）睾丸活检。对于无精子或少精子症，直接检查睾丸曲细精管的生精功能及间质细胞的发育情况，用免疫组化染色了解局部激素的合成与代谢。对精液分析为无精子，睾丸体积小于12毫升者做此项检查能确定睾丸原发性萎缩。对中度少精症的病人，经一段时间的治疗后精子质量不能提高的患者，也可做睾丸活检。但对睾丸有一定的损伤。

（9）细胞遗传学检查。常用的细胞遗传学检查内容有：鼓槌小体检查、染色体核型分析、染色体畸变等，主要查明染色体有无异常。用于外生殖器官畸形、睾丸发育不良以及原因不明的无精子症。染色体异常引起男性不育的发病率约6%~15%。

（三）男子不育的诊断

（1）梗阻性无精子症。睾丸大小正常，但精液无精子；睾丸活组织检查见生精上皮细胞排列紊乱，有较活跃的生精过程；精道造影可明确梗阻部位。

（2）生精细胞未发育。睾丸大小正常，但精液中无精子；睾丸活组织检查见曲细精管内只有柱状支持细胞，无生精细胞。

（3）曲细精管透明变性。睾丸大小正常，但质软，常伴性欲减退，精液中无精子。可继发于非特异性炎症、腮腺炎、睾丸扭转，或应用雌性激素引起；睾丸活组织检查生精细胞及支持细胞消失，曲细精管透明变性，管腔闭锁消失。

（4）生精细胞成熟障碍。睾丸大小质地正常，精液检查为少精子。发生原因与环境中某些有害物质（如铅）、工业烟雾（如汽油）、高温及精索静脉曲张有关；睾丸组织检查示生精过程多停顿于精母细胞期，曲细精管中进一步发育的生精细胞极少。

（5）克莱恩费尔特氏综合征。（Klinefelter syndrome）睾丸小而软，精液量少无精子。睾丸活组织检查可见不规则的间质细胞团块，其间偶见支持细胞构成的小管。

（6）睾丸发育受阻。睾丸小而软，精液量少，无精子。如系青春期前垂体分泌的促性腺激素不足，睾丸活组织检查可见曲细精管由未分化的原始支持细胞和原始生精细胞构成，缺乏间质细胞。如青春期后垂体病变或接受过量雄激素或雌激素治疗而导致睾丸萎缩者，睾丸活组织检查早期改变为固有膜增厚及生精退化，晚期曲细精管硬化，间质细胞萎缩。

（7）睾丸纤维化。睾丸变小而硬，精液中无精子。可能与睾丸内感染有关；睾丸活组织检查见间质内多处散在的小瘢痕。

（四）男子不育的治疗

1. 激素类药物治疗

治疗对象为少精症或精液质量差的病例。

（1）绒毛膜促性腺激素（HCG）：应用于垂体功能减退、促卵泡激素（FSH）水平低下、继发性睾丸生精功能障碍者。临床应用的制剂包含有促间质细胞激素（ICSH）和促卵泡激素（FSH）。它们能促进睾丸曲细精管产生精子，促进间质细胞发育释放睾丸酮。剂量为1000u，隔日肌肉注射1次，10~12周为一疗程。

（2）氯蔗酚胺（Clomiphene）：是一种合成的女性激素衍生物，在下丘脑竞争性地与雌二醇受体结合，抑制雌二醇对下丘脑的反馈作用，促使GnRH和垂体促性腺激素分泌，有利于精子发生，使用方法为每日25~50毫克口服25天停5天，持续3~6个月。

（3）睾丸素：小剂量睾丸素具有促进生精上皮细胞精子发生，提高精子活力的作用；大剂量睾丸素反而抑制生精作用，不过一旦停药则在半年左右出现反跳现象，导致促性腺激素升高和精子计数超过治疗前水平，并持续数月之久。具体用法为小剂量睾丸素治疗：甲基睾酮10~15毫克/天，或1-甲氢睾酮（mesterolone）50毫克/天，或Flucrometerone50毫克/天。大剂量睾丸酮治疗可用丙酸睾丸素50毫克每周3次肌注，12周为一疗程。或庚酸睾酮，每3周200毫克，肌注，9周为一疗程。

2. 手术治疗

精道梗阻或精索静脉曲张者，可通过外科手术纠正。

（1）梗阻性无精子症。睾丸曲细精管生精功能正常，而输精管或附睾梗阻者可行输精管附睾吻合术或输精管睾丸吻合术，但成功率有限，前者仅20%，后者精子不经过附睾获能，可能缺乏致孕能力。但对作了输精管结扎术的绝育男子，经输精管重建吻合术效果较好，可达到70%~80%的复通率和50%左右的致孕率。

（2）精索静脉曲张。据统计1/3男子不育症系精索静脉曲张所致。手术方法有精索静脉结扎术，精索静脉和腹壁下静脉吻合术，或经皮逆行插管行精索静脉栓塞术。经手术纠正后，其中1/3可获得生育能力。

（3）隐睾影响成年后男子生育能力，当在青春发育期前通过内分泌治疗或外科手术纠正。

3. 抗生素治疗

有生殖道炎症者应积极给予抗生素治疗。

4. 免疫性不育者的治疗

对于免疫性不育者，先采用避孕套性交可消除和减低精子抗原对女性的刺激，然后取消避孕套性交。免疫抑制剂大剂量短期应用和精子洗涤人工授精等方法，对治疗免疫性不育有帮助。

5. 体外受精技术

近几年来，体外人工辅助生殖技术得到飞速发展，尤其是胞浆内单精子注入术（ICSI）

已用于治疗少精子症、弱精子症和无精子症，取得了较好的效果。

体外受精（In Vitro Fertilization，IVF）或（external fertilization）是指哺乳动物的精子和卵子在体外人工控制的环境中完成受精过程的技术。由于它与胚胎移植技术（ET）密不可分，又简称为 IVF-ET。

20 世纪 60 年代初至 20 世纪 80 年代中期，人们以家兔、小鼠和大鼠等为实验材料，进行了大量基础研究，在精子获能机理和获能方法方面取得很大进展。精子由最初在同种或异种雌性生殖道孵育获能，发展到用子宫液、卵泡液、子宫内膜提取液或血清等在体外培养获能，最后用化学成分明确的溶液培养获能。同时，通过射出精子和附睾精子获能效果的比较研究，人们发现射出精液中含有去能因子，并认识到获能的实质是去除精子表面的去能因子。这些理论和方法上的成就，推动了体外受精技术的发展。

体外受精就是将精子或卵子取出体外，经过处理受精卵在人工孵育条件下分裂达到 8 至 16 个卵裂细胞时，再用人工方法移入分泌期的妇女子宫内，使受精卵着床。实际上最简单的精子洗涤合并子宫的体外授精术也是体外受精的一种，对于轻度的不孕症，例如轻度的精子活动力差，夫妻体内的抗精子抗体的自体免疫疾病，子宫颈的疾病，性交与射精障碍者，施以体外授精治疗每次有 20% 的怀孕率。

（1）卵母细胞采集与培养。

① 卵母细胞的采集方法通常有三种。

超数排卵：对于实验动物如小鼠、兔，以及家畜猪、羊等用促性腺激素处理，使其排出更多的卵子，然后，从输卵管中冲取成熟卵子可直接与获能精子受精。其关键是卵子要在具有旺盛受精力之前冲取。对于大家畜，由于操作程序复杂，成本较高，很少使用。

从活体卵巢中采集卵母细胞：对牛和马等大家畜常借助超声波探测仪、内窥镜或腹腔镜直接从活体动物的卵巢中吸取卵母细胞。其方法是用手从直肠把握卵巢，经阴道壁穿刺插入吸卵针，借助 B 型超声波图像引导，吸取大卵泡中的卵母细胞。一头健康母牛每周可获得 5~10 枚卵子。在家畜中，活体采集的卵母细胞一般要经成熟培养后才能与精子受精。

从屠宰后母畜卵巢上采集卵母细胞：该方法是从刚屠宰母畜体内摘出卵巢，经洗涤放入含有生理盐水或磷酸缓冲液（PBS）的保温瓶中保温（30~37℃）后，快速运到实验室，吸卵前卵巢要用生理盐水或 PBS 多次洗涤；所用溶液都要添加抗生素。在无菌条件下用注射器或真空泵抽吸卵巢表面一定直径卵泡中的卵母细胞（牛卵泡直径要求 3~10 毫米）也可对卵巢进行切片，收集卵母细胞。用此方法获得的卵母细胞多数处于生发泡期（GV 期），需要在体外培养成熟后才能与精子受精。该方法的关键是卵巢的保温和防止细菌污染，最大优点是材料来源丰富，成本低廉，但确定母畜的系谱困难。

② 母细胞的选择。

采集的卵母细胞绝大部分与卵丘细胞形成卵丘卵母细胞复合体（cumulus oocyte complexs，COC）。无论采用何种方法，采集的 COC 都要求卵母细胞形态规则，细胞质均匀，外围有多层卵丘细胞紧密包围。在家畜体外受精研究中，常把未成熟卵母细胞分为 A、B、C 和 D 四个等级。A 级卵母细胞要求有三层以上卵丘细胞紧密包围，细胞质均匀；B 级要求卵母细胞质均匀，卵丘细胞层低于三层或部分包围卵母细胞；C 级为没有卵丘细胞包围的裸露卵母细胞；D级是死亡或退化的卵母细胞。在体外受精实践中，一般只培养A级和B级卵母细胞。

③ 卵母细胞的成熟培养。

由超数排卵采集的卵母细胞已发育成熟，不需培养可直接与精子受精，对未成熟卵母细胞需要在体外培养成熟。培养时，先将采集的卵母细胞经过实体显微镜挑选和洗涤后，然后放入成熟培养液中培养。卵母细胞的成熟培养液普遍采用TCM199添加孕牛血清、促性腺激素、雌激素和抗生素成分。通常采用微滴培养法，微滴体积为50~200微升，每滴中放入的卵母细胞数按每5微升一个计算单位。卵母细胞移入小滴后，放入二氧化碳培养箱中培养，培养条件为39℃、100%湿度和5%二氧化碳的空气。牛的培养时间为20~24小时，卵丘卵母细胞复合体经成熟培养后，卵丘细胞层扩散靠近卵母细胞周围的卵丘细胞呈放射状排列，出现放射冠，用DNA特异性染料染色后，在显微镜下进行核相观察，可见卵母细胞处于第2次成熟分裂中期。

（2）精子的采集与处理。

精子的采集方法有假阴道法、手握法、电刺激法。哺乳动物精子需进行获能处理，处理方法有培养和化学诱导两种方法。牛、羊的精子常用化学药物诱导获能，诱导获能的药物常用肝素和钙离子载体。

受精：即获能精子与成熟卵子的共培养，除钙离子载体诱导获能外，精子和卵子一般在体积为50~200微升获能液小滴中共培养中完成受精过程。受精时精子密度为 $1 \times 10^6 \sim 9 \times 10^6$ 个/毫升，每10微升精液中放入1~2枚卵子，受精培养时间与获能方法有关。在B2液中一般为6~8小时，而用TALP或S.F液做受精液时可培养18~24小时。

（3）胚胎培养。

精子和卵子受精后，受精卵需移入发育培养液中继续培养以检查受精状况和受精卵的发育潜力，质量较好的胚胎可移入受体母畜的生殖道内继续发育成熟或进行冷冻保存。

提高受精卵发育率的关键因素是选择理想的培养体系。在家畜中，胚胎培养液分为复杂的培养液和化学成分明确的培养液两大类。复杂培养液中的成分很多，除无机和有机盐外，还添加维生素、氨基酸、核苷酸和嘌呤等营养成分和血清，最常用的有TCM199、B2和F10。用它们培养胚胎时，可以采用体细胞与胚胎在微滴中共同培养，利用体细胞生长过程中分泌的有益因子，促进胚胎发育，克服发育阻断。

受精卵的培养广泛采用微滴法，胚胎与培养液的比例为一枚胚胎用3~10微升培养液；一般5~10枚胚胎放在一个小滴中培养以利用胚胎在生长过程中分泌的活性因子，相互促进发育。胚胎培养条件与卵母细胞成熟培养条件相同。有的实验室采用88% N2、7% O2和5%二氧化碳混合气体培养，以降低培养液中氧自由基浓度，提高胚胎发育率。胚胎在培养过程中要求每48~72小时更换一次培养液，同时观察胚胎的发育状况。当胚胎发育到一定阶段时可进行胚胎移植或冷冻保存，牛、羊受精卵通常培养到致密桑椹胚或囊胚时进行移植或冷冻保存。

经过近20年的发展，家畜体外受精技术已取得很大进展，其中牛的ⅣF水平最高，入孵卵母细胞（即进入成熟培养）的卵裂率为80%~90%，受精后第七天的囊胚发育率为40%~50%，囊胚超低温冷冻后继续发育率为80%，移植后的产犊率为30%~40%。每个卵巢可获得A级卵母细胞10个左右，经体外受精可获得3~4个囊胚，移植后产犊1~2头。

（4）存在的问题。

体外受精卵在培养过程中普遍存在发育阻断（developmental block），即胚胎发育到一定阶段后停止发育并退化的现象。牛胚胎阻断发生在8~16细胞阶段，导致体外受精卵的囊胚发育率远低于体内受精。此外，与体内受精囊胚相比，体外受精囊胚的细胞总数和内细胞团细胞数明显减少。

家畜体外受精胚胎，特别是牛的IVF胚胎移入受体后，产犊率比体内受精低15%~20%，但胎儿初生重比体内受精后代高3~4千克，导致受体母畜难产率高。

（5）发展方向

体外受精效率低的主要原因是人们对卵子发生和胚胎发育的分子机理了解不够。大幅度提高ⅣF效率的前提是探明卵母细胞和早期胚胎发育的分子调控机理，然后以此理论为指导，研究理想的培养体系，促使胚胎基因组得到稳定、有序表达。

ⅣF技术利用的卵母细胞不足家畜卵巢上卵母细胞总数的千分之一。为此，一方面提高活体取卵技术，另一方面需研究腔前卵泡和小卵泡的体外成熟技术。为保证卵母细胞的稳定来源及良种母畜或濒危动物的保种，卵泡和卵母细胞的超低温冷冻保存技术的研究必须加强。

加强体外受精与其他生物技术的结合。体外受精与转基因、克隆、性别控制及胚胎干细胞的培养密不可分。通过体外受精可为外源基因的导入提供充足的胚胎来源；为克隆技术提供成熟卵母细胞和克隆胚胎的培养体系；用分离的X和Y精子与卵子体外受精，可对哺乳动物进行性别控制。同样，胚胎干细胞的分离也需要ⅣF技术提供胚胎和培养体系。这些生物技术的综合发展将对人类生活产生重大影响。

6. "试管婴儿"技术

由于环境因素的影响，精液的质量呈现出下降的趋势，因男性因素造成的不育也越来越多。为了解决严重的少弱精子症等IVF技术也无法解决的问题，"试管婴儿"技术——显微辅助授精技术即卵细胞质内单精子注射（ICSI）技术诞生。

ICSI是在多种显微授精技术如透明带钻孔、透明带部分切除及透明带下授精等的基础上发展起来的。借助显微操作系统将单一精子注射入卵子内使其受精。仅需数条精子可以达到受精、妊娠，是严重男性因素不育患者的最有效治疗方法。1992年Palerme等用该技术授精的首例试管婴儿诞生。之后ICSI技术的适用范围越来越广。

ICSI适应症如下：

（1）严重少、弱、畸形精子、圆头（顶体缺乏）精子、完全不活动精子以及通过附睾或睾丸手术获得数目较少或活动力很差的精子适合进行"试管婴儿"技术助孕。

（2）不明原因不孕："试管婴儿"技术的受精率较ⅣF技术高，对ⅣF技术失败者，对不明原因的不育患者，适合进行ICSI技术助孕。

（3）对取精困难者，平时可收集精液冻存备用。若无备用精，可取附睾或睾丸精子进行ICSI作为一种补救措施。

（4）为避免透明带上黏附精子对检验结果的影响，需诊断的胚胎，有必要采用"试管婴儿"技术。

ICSI 是男性不育症的最有效治疗方法，活产率为 20%~25%，ICSI 的成功率很大程度上受精子质量和显微操作技术的影响。女方子宫不具备妊娠功能者不能接受 ICSI。

五、女子不孕

女子不孕显著病状有婚后多年不孕，经量少，开始形如豆沙，继则鲜红，每次月经前一周先有头部作痛，随之乳房作胀，经行后缓解等。女子不孕症分为输卵管性不孕、外阴/阴道性不孕、宫颈性不孕、子宫性不孕、卵巢性不孕、免疫性不孕、内分泌性不孕、性交不孕以及全身性疾病引起的不孕。

（一）女子不孕症状

（1）月经紊乱：月经周期改变，月经提早或延迟，经量过多或过少，经期延长。常见于黄体功能不全及子宫内膜炎症。

（2）闭经：年龄超过 18 岁尚无月经来潮，来潮后又连续停经超过 6 个月。按病变部位又有子宫性、卵巢性、垂体性、下丘脑性之分。

（3）痛经：因子宫内膜异位、子宫肌瘤、子宫发育不良、子宫位置异常、盆腔炎等引起。

（4）月经前后诸症：经前"面部痤疮"，经期"乳胀""头痛""泄泻""浮肿""发热""口糜""风疹块""抑郁或烦躁"等一系列症状。因内分泌失调，黄体功能不健引起。

（5）白带异常：白带增多、色黄、有气味，呈豆腐渣样或水样，或伴外阴痒、疼痛等。因阴道炎、宫颈炎（宫颈糜烂）、子宫内膜炎、附件炎、盆腔炎及各种性传播疾病引起。

（6）腹痛：下腹、两侧腹慢性隐痛或腰骶痛。因盆腔炎、子宫肌炎、卵巢炎、子宫内膜异位症，子宫、卵巢肿瘤引起。

（7）溢乳：非哺乳期乳房自行或挤压后有乳汁溢出，溢乳常常合并闭经。因下丘脑功能不全、垂体肿瘤、泌乳素瘤、原发性甲状腺功能低下、慢性肾功能衰竭等疾病、避孕药及利血平等降压药引起。

（二）女子不孕病因

（1）排卵障碍。

排卵障碍是女性不孕最为常见的原因。卵巢发育不全、黄体功能不全、卵巢早衰、多囊性卵巢综合征、卵巢肿瘤等影响卵泡发育和卵子排出。表现为月经周期中无排卵，或者是虽然有排卵，但排卵后黄体功能不健全，出现闭经，或者月经不调。

（2）输卵管功能障碍。

通常情况下，当卵子从卵巢排出来，就会到达输卵管，沿着输卵管向宫腔的移动，在输卵管的三分之一处的壶腹部与精子结合而受精，形成受精卵。当输卵管过长或者是狭窄，输卵管炎症造成管腔闭塞、积水或粘连，阻碍精子、卵子或受精卵的运行，导致不孕。输卵管疾病占到了女性不孕的 25%。

（3）宫颈病变。

宫颈先天异常、闭锁或狭窄、息肉、糜烂、肿瘤、粘连等阻碍精子通过；宫颈粘液中存在抗精子抗体，影响精子穿透宫颈管，或使精子失去活力。

（4）内分泌失调。

内分泌失调会引起女性排卵障碍，输卵管异常，闭经，多囊卵巢综合征，多毛症、男性化、高催乳血症、黄体功能不全，功能性的出血，排卵期出血，卵巢功能不全，卵巢早衰等一系列的现象，影响女性生育。

（5）免疫性因素。

精液内存在多种抗原。这些抗原在女性生殖道中经宫颈上皮吸收后产生免疫反应，在女方血液和生殖道局部产生抗精子抗体，影响精子的运行，导致不孕。

子宫内膜是胚胎着床和生长发育之地，在子宫内膜炎、子宫内膜异位症及子宫腺肌症等病理状态下，可转化成抗原或半抗原，刺激机体自身产生相应的抗体。此外，人工流产刮宫时，胚囊也可能作为抗原刺激机体产生抗体。一旦女性体内有抗子宫内膜抗体存在，便会导致不孕、停孕或流产。不少女性初次妊娠时人流而不再怀孕，这种继发不孕多数是因为体内产生了抗子宫内膜抗体。

在 20 世纪六七十年代已发现卵巢存在特殊抗原，抗卵巢自身免疫影响卵巢的正常发育和功能，有卵巢抗体的女性卵泡发育很不正常，卵泡长不到受孕之时，或者长到受孕之时不能自然排出，有些人还过早地出现了卵巢早衰现象，卵泡成熟前闭锁，难以发育出成熟的卵泡，导致原发性不孕和继发性不孕。

人绒毛膜促性腺激素（hCG）是维持早期妊娠的主要激素，但有自然流产史、人工流产史及生化妊娠史的女性，在流产过程中，绒毛组织中的 hCG 可能作为抗原刺激母体产生抗体。另外曾接受过 hCG 注射，以促进排卵的女性，体内的抗 hCG 抗体也有可能为阳性。此类患者可能在临床上表现为不孕或习惯性流产等。

（6）生殖器因素。

生殖器官先天性发育异常或者是后天性生殖器官病变，如先天性无阴道，阴道横隔，阴道畸形、阴道狭窄、处女膜闭锁等阻碍从外阴至输卵管生殖通道的通畅，妨碍性生活，阻碍精子游动，造成女性不孕。

（7）生殖感染。

如果感染解脲支原体、沙眼衣原体、人型支原体、生殖支原体等，会发生宫颈糜烂，甚至出现性病，破坏女性输卵管功能，使卵子活力大为降低。严重阴道炎症时，大量的白细胞消耗精液中的能量物质，降低精子活力，缩短其生存时间而影响受孕。

（三）女子不孕检查

（1）系统检查。除了女性的全身检查以外，还要做生殖系统检查。要进行视诊、触诊，阴道窥镜检查，内诊以了解的阴道、宫颈、子宫等的情况。

（2）推测排卵并预测排卵期。

以月为周期，正常妇女的基础体温在卵巢功能的影响下呈双相型。每天清晨在静息状态下将体温表放在舌下 5 分钟，并将温度记入特制的表格中。通过基础体温测定结合宫颈黏液检查了解女性有无排卵日期和排卵功能障碍。

（3）子宫内膜检查。

通过对女性子宫内膜的活检了解有无排卵、黄体功能，宫腔大小，内外宫腔病变如结核、肌瘤等。

（4）内分泌功能测定。

在女性月经周期中，测定血清雌激素以及孕激素，包括血清 LH、FSH、PRL、E2、P、T、T3、T4 等，以了解卵巢的功能等是否正常。

（5）输卵管检查。

通过输卵管通液和通气试验，子宫输卵管碘油造影了解输卵管是否通畅，子宫是否畸形。

（6）染色体检查。

检查是否有染色体畸变引起的不育病。

（7）免疫检查。

免疫检查可查血液中 AsAb，抗体会使精子凝集或可失去活力而不育。

抗体成对的免疫珠是理想的精子—bound 蛋白标签，可以直接在活精子表面看见。免疫珠能精确有效地与特异性抗原、抗体结合，优于 ELISA、细胞毒性分析等方法。

宫颈粘液局部抗体检测和血循环抗体测定是必需的。做 IvF 的妇女血清循环抗体浓度测定很高者也应检查她们的卵泡液抗体浓度。虽然局部的抗体对配子功能影响更重要，但在男女双方血清中的抗体能说明问题的严重程度，可以作为治疗过程中一个重要的观察指标。

不育患者和自然流产的妇女血清中的有害物质和免疫球蛋白（抗体）有一定的关系。在体外实验中用患者的血清、捐精、hamster·卵混合后进行精子穿透试验（SPA），观察有害物质妨碍精子穿入和受精，将患者血清卵子受精率与对照血清比较，以了解患者血清中有无抗受精因素或有害物质。这种方法用在无透明带金黄地鼠卵——精子穿透试验（zone. free—hamsteregg speml penetrationtest，ZSPT）中比鼠胚胎培养更敏感和确切地鉴定血清或其他体液中是否存在影响受精的因素。

（四）治疗方法

不孕症诊断和治疗的金方法是腹腔镜微创手术，能查明不孕原因并进行手术矫治。该技术使用冷光源照明，将腹腔镜镜头（直径为 3~10 毫米）插入腹腔内，运用数字摄像技术使腹腔镜镜头拍摄到的图像通过光导纤维传导至信号处理系统，并实时显示在专用监视器上。通过监视器屏幕上患者器官不同角度的图像，对患者的病情进行分析，运用特殊的腹腔镜器械在患者腹部打开 3 个 0.5~1 厘米的小孔进行手术。

（1）输卵管病变：输卵管病变是女性不孕的重要因素，因输卵管或卵巢炎性粘连及病变导致输卵管欠通畅，妨碍精子上游、卵子摄取或受精卵运送，常做腹腔镜下输卵管手术，输卵管或盆腔粘连松解术，子宫扩张术，输卵管造口术等。

（2）子宫内膜异位症：根据子宫内膜异位症病损，可分别进行异位电灼、囊肿穿刺、骶韧带病灶切除和腹腔镜下卵巢功能囊肿剔除术等，以重建正常的盆腔结构，恢复盆腔环境。

（3）多囊卵巢综合征：多囊卵巢综合征导致排卵故障不育，手术目的在于去除排卵的机械屏障，使激素水平正常化而恢复排卵。

（五）女子不孕的预防

（1）避免人工流产。

孕妇妊娠在 6 个月以内，并且胎儿尚不具备一些独立生存的能力就意外产出，这种情况叫作流产。人工流产后，妊娠突然中断，体内激素水平骤降，影响卵子的生存环境，影响卵子的活力。使用药物流产还会打乱女性的生理周期，使内分泌紊乱，影响正常排卵而造成不孕。人流手术时阴道的细菌很容易随手术器械进入宫腔，上行感染致输卵管，导致输卵管炎症，日久造成输卵管梗阻、积水，进而引起输卵管不畅，使受精卵不能通过输卵管进入宫腔受孕，有的最终引起子宫外孕，有不少患者不得不切除输卵管，从而失去自然生育的机会。

自然流产3次以上，就称为习惯性流产。习惯性流产原因主要以下几个方面：

① 胚胎发育不全，孕卵异常是早期流产的主要原因，在妊娠头两个月的流产中，约有80%是由于精子和卵子有某种缺陷，以致使胚胎发育到一定程度而终止。

② 分泌功能失调，受精卵在孕激素的作用下，才能正常地在女性的子宫壁上着床，生长发育成胎儿。

③ 生殖器官疾病，如子宫畸形如双角子宫、纵隔子宫和子宫发育不良易发生晚期流产。

④ 孕妇全身性疾病：孕妇患有流感、伤寒、肺炎等急性传染病，细菌毒素或病毒通过胎盘进入胎儿体内，使胎儿中毒死亡。

⑤ 情绪急骤变化：如果孕妇的情绪受到重大刺激，过度悲伤，惊吓等情绪过分的激动，可引起孕妇子宫收缩引起流产。

（2）30岁前受孕。

年龄影响卵子的质量。女人生育能力25岁最强，30岁后缓慢下降，35岁以后迅速下降。

年龄超过35岁的孕产妇称为高龄孕产妇。女性年龄越大，卵巢内分泌雌激素能力越差，卵子的质量也越差，受精卵可能发育不良，出现染色体异常而导致畸形儿的产生。

由于怀孕期间需要付出大量体能，年龄越大，怀孕时会越疲惫，高龄孕妇容易发生妊娠并发症（如妊娠高血压疾病，妊娠期糖尿病等），对胎儿发育不利。高龄产妇的宫颈、子宫和阴道收缩力舒张力不强，增加分娩的难度，产程可能比年轻产妇长，剖宫产率也比年轻产妇高，还可能会因影响胎儿的健康，甚至威胁到母体安全。

（3）不喝酒、吸烟。

长期吸烟影响卵巢的功能，伤害身体的整个激素系统，引起长期的月经不调、卵巢早衰，影响卵子质量，导致卵子活力下降。吸烟妇女即使怀孕，也易出现流产和死胎，所生婴儿的体重轻。

酒的主要成分是酒精，酒精可使生殖细胞受到损害，影响胎儿在子宫内的发育，引起流产、畸形、低能儿，甚至诱发白血病。所以，酒后不宜受孕。一般在受孕前3个月就要停止饮酒。

（4）经期不性生活。

经期性生活可刺激机体产生抗精子抗体，引发盆腔感染、子宫内膜异位等，减低卵子活力。

（5）避孕药后不立即怀孕。

口服避孕药为激素类避孕药，其作用比天然激素强很多。如果停药时间过短，体内的激素不能完全代谢，可能会使胚胎发生病变，最好在停用避孕药6个月以后再受孕。

（6）早产及流产后不立即再孕。

早产或流产的女性，特别是流产还进行刮宫或吸宫以清除宫腔内残留组织，使子宫内膜受到损伤，子宫等生殖器官功能及内分泌功能暂未完全恢复，器官之间的平衡被打破，出现功能紊乱，如果受孕，就不能为胎儿提供一个良好的生长环境。另外，如果是药物流产后短时间再次受孕，药物中的雌激素影响胚胎的发育，导致再次流产或畸形。因此早产及流产的女性至少要过半年以后再怀孕。

（7）谨慎使用抗生素等药物。

卵细胞发育为成熟卵子约需14天，此时卵子易受抗生素、止吐药、泻药、抗癌药、治疗精神疾病的药物的影响。一般来讲，在停用药物后30天受孕，不会影响到下一代。

（8）蜜月期要避孕。

新婚蜜月期间，夫妻两人要操办婚礼，忙于应酬，都很劳累，男女生理机能下降。同时，婚礼前后的一段时间，大多要陪着亲朋好友喝酒吸烟，大吃大喝。酒中含有的酒精，烟中含有的尼古丁，喜宴中含有的高热量、高脂肪、高蛋白食物破坏人体营养平衡，直接或间接损害发育中的精子和卵子。再加上新婚蜜月里，精神兴奋，性生活频繁，男方的精子和女方的卵子质量都不高，很容易导致流产、死胎、胎儿畸形、智力低下等后果。因此，新婚夫妇在蜜月期间应采取避孕措施，结婚3个月后再受孕。

（9）调整心态。

情绪与健康息息相关，不良的情绪可影响母体激素分泌，造成月经不调，使胎儿不安、躁动而影响生长发育。因此，精神不愉快、压抑、郁闷时避免受孕。

（10）高温严寒谨慎怀孕。

酷暑高温，孕妇妊娠反应重，食欲不佳，蛋白质及各种营养摄入减少，机体消耗大，影响胎儿大脑的发育。严寒季节，孕妇多在室内活动，新鲜空气少，接触呼吸道病毒的机会增多，容易感冒而损害胎儿健康。无论何时都要避免小腹受寒，经期勿冒雨涉水，防止受寒。最佳受孕时间是每年的5月，第二年3月生产。

（11）避开放射性物质及剧毒性物质。

X射线能穿透人体组织，引起人体组织细胞发生物理与生物化学反应，引起不同程度的损伤。医学X射线虽然对人体每次照射量很少，但它同样能杀伤人体内的生殖细胞，使卵细胞的染色体发生畸变或基因突变。一般说，接受过X射线透视的女性，4周后怀孕较安全。如果曾反复接触农药等剧毒性物质，也要等两个月受孕，以免生出畸形胎儿。在新装修的新房里受孕，也有生出畸形儿的危险。

（12）旅行途中要避孕。

旅途中受客观条件限制不易保持性器官卫生，女方更易受害，如尿路感染、生殖器官炎症等。而且旅游途中往往生活起居没有规律，饮食失调，饥饱无常，营养不匀，睡眠不足，大脑皮质经常处于兴奋状态。加上过度疲劳和旅途颠簸，可影响受精卵生长或引起孕妇子宫收缩，易导致流产或先兆流产。因此，旅游途中不宜怀孕。

（13）生活有规律。

熬夜、过度劳累、生活不规律会导致月经不调。持续出血24小时后没有减少，且出血量大，或月经少到没有，应马上看医生。

六、提高生殖力的功能食品及方法

（一）提高生殖力的功能食品成分

生殖器官的发育和其他器官的发育一样，需要全面均衡适度的营养，在此基础上，一些特殊的营养对人的生殖能力起着直接的促进作用。

1. 碳水化合物

碳水化合物为生殖器官和生殖细胞的发育提供能量和物质代谢的原料，例如葡萄糖经三羧酸循环产生 ATP 和乙酰辅酶 A，乙酰辅酶 A 可以合成脂肪和胆固醇，进一步合成雄激素和雌激素，促进生殖器官和生殖细胞的发育，提高生殖能力。所以碳水化合物摄取不足，将影响一系列重要物资的合成，包括雄激素和雌激素，从而影响生殖器官和生殖细胞的发育，甚至导致不育。

精子的活动力与精囊中所含果糖的量有关，果糖为精子补充能量。如精液中果糖含量低，引起弱精子症。果糖在蜂蜜及各种水果，如梨、苹果、葡萄、菠萝、甜橙中含量尤丰。

2. 蛋白质

蛋白质中的酶是人体物质代谢的催化剂，促进人体物质代谢，促进生长发育。生殖器官的发育需要酶的催化，性激素的合成需要酶的催化，所以蛋白质是维持生殖能力不可或缺的。蛋白质是细胞的重要组成部分，也是生成精子的重要原材料，合理补充富含优质蛋白质的食物，有益于协调性激素的分泌，以及提高精子的数量和质量。富含优质蛋白质的食物：禽蛋、猪瘦肉、猪脊髓、狗肉、牛羊肉、麻雀肉、鱼虾、蟹、干贝、鸡鸭、鳝鱼、海参、蟹黄、黑鱼、墨鱼、章鱼、蹄筋等。

蛋白质构成成分氨基酸——精氨酸是构成精子头部的主要成分，是精子形成必需的，能提高精子活力，对维持男子生殖系统正常功能有重要作用。精氨酸缺乏时可以发生少精症。富含精氨酸的食物有海参、鳝鱼、泥鳅、墨鱼及芝麻、山药、银杏、豆腐皮、花生仁、葵花子、榛子等。如海参自古被视为补肾益精、壮阳疗痿的珍品。

3. 脂肪和胆固醇

胆固醇是性激素合成的前体物资，脂肪又是胆固醇合成的原料，所以脂肪和胆固醇促进性器官和生殖细胞的发育，提高生殖能力。动物内脏如猪心、羊肝等含有较多的胆固醇，还含有较高的肾上腺皮质激素和性激素，对增强性功能有一定作用。

4. 维生素 A、B、E、C

维生素 A 影响生殖功能。维生素 A 缺乏影响雄性动物精索上皮产生精母细胞，影响雌性阴道上皮、胎盘上皮周期变化，使胚胎形成受阻，降低催化黄体酮前体合成酶的活性，减少肾上腺、生殖腺及胎盘中类固醇激素的产生。孕妇缺乏维生素 A 时会直接影响胎儿发育，甚至死亡。维生素 A 在蛋黄、奶油、排骨、动物的肝脏中含量丰富；菠菜、胡萝卜、西红柿、南瓜、杏、红辣椒含量较高，有色蔬菜中的胡萝卜素经吸收后可转化为维生素 A。

维生素 E 能促进卵巢分泌雌性激素，促进卵泡的成熟，使黄体增大，抑制孕酮氧化，促进胎儿发育，防止流产，提高生育能力，使女性乳房组织更加丰满。维生素 E 对月经过多、外阴瘙痒具有辅助治疗作用。维生素 E 促进男性精子的产生，增强精子数量和活力，是真正的"后代支持者"。维生素 E 缺乏时男性睾丸萎缩，精子产生减少，不育；女性脑垂体调节卵巢雌激素分泌障碍，胚胎与胎盘萎缩，引起流产，诱发更年期综合征。在临床上常用维生素 E 治疗先兆流产和习惯性流产，防治男性不育症。维生素 E 含量最为丰富的是小麦胚芽，富含维生素 E 的食物有：瘦肉、乳类、蛋类、压榨植物油、柑橘皮、猕猴桃、菠菜、卷心菜、菜塞花、羽衣甘蓝、莴苣、甘薯、山药、杏仁、榛子和胡桃。

维生素 B_2 维护细胞膜的完整性，保护皮肤毛囊黏膜及皮脂腺的功能，预防和消除口腔生殖综合征，是肌体组织代谢和修复的必须营养素。维生素 B_2 缺乏导致男子阴囊炎，导致女性阴唇炎，生殖道黏膜细胞代谢失调，黏膜变薄、黏膜层损伤、微血管破裂，阴道壁干燥、阴道黏膜充血、溃破、性欲减退、性交疼痛，畏惧同房，胎儿发育不良。维生素 B_2 在动物性食品中的含量高于植物性食物，如各种动物的肝脏、肾脏、心脏、蛋黄、鳝鱼以及奶类等。

维生素 B_7 促进男性性腺发育，生物素缺乏时，生殖功能衰退。维生素 B_9（叶酸）促进男子生殖细胞的发育，提高精子活力，预防阳痿早泄。孕妇缺乏叶酸可能导致胎儿出生时低体重、唇腭裂、心脏缺陷等。在备孕的过程当中，夫妻双方同时补充叶酸，可以预防胎儿贫血、早产、发育迟缓或者免疫力低下。但是，口服大剂量叶酸（350 毫克）可能影响锌的吸收而导致锌缺乏，使胎儿发育迟缓，出生儿体重降低，掩盖维生素 B_{12} 缺乏的早期表现，而导致神经系统损害。叶酸广泛存在新鲜蔬菜、水果、酵母、肝中，备孕双方需适度补充叶酸。

维生素 C 通过催化羟化反应，促进 5-羟色胺及去甲肾上腺素合成及类固醇激素（性激素）的合成，从而促进生殖器官和生殖细胞的发育。维生素 C 有助于预防妊娠毒血症，让孕妇顺产。维生素 C 主要存在于新鲜的蔬菜、水果中，鲜枣、沙棘、猕猴桃、柚子维生素 C 含量很丰富。

5. 矿物质锌、钙、碘、铜、硒

锌调控近百种酶的活性，控制着蛋白质、脂肪、糖以及核酸的合成和分解代谢过程，也调控人生殖器官和生殖细胞的发育。

锌调控性激素的合成和活性，促进性器官发育，提高生殖能力，男性睾丸富含锌，参与精子的生成、成熟和获能的过程，增强精子的活力。精浆中锌主要由前列腺分泌，大部分与蛋白质（酶）结合存在，参与人体生殖功能调控。青少年缺锌，影响脑垂体分泌促性腺激素，影响男性性器官的发育，精子生成发生障碍，精子数量减少，活力下降，前列腺的酶系统异常，影响精液的液化和精子的正常运动，使精子头部的帽状顶体和精子膜变性，精子游动或穿透卵子的能力大大下降，性功能低下，严重者可造成男性不育症。硫酸锌可治疗因缺锌引起的不育。

女性缺锌可出现月经不调或闭经，孕妇妊娠反应加重：嗜酸，呕吐加重，胎儿发育迟缓，导致低体重儿，分娩合并症增多，产程延长、早产、流产、胎儿畸形，脑功能不全。

牡蛎锌含量最高，其次为蟹肉、奶酪、瘦猪肉、牛肉、羊肉、动物肝肾、蛋类、可可、菠菜、蘑菇、鱼、花生、芝麻、核桃等。

钙的主要生物学功能是通过与钙调素结合，激活钙调素，通过活化的钙调素调节一系列酶的活性，同时，钙是人体内 200 多种酶的激活剂，从而促进人体生殖器官和生殖细胞的发育。

钙在受精过程中对精子的运动、获能、维持透明质酸酶的活性起着举足轻重的作用。男子缺钙，会使精子运动迟缓，精子顶体蛋白酶的活性降低。孕产妇缺钙会小腿痉挛、腰酸背痛、关节痛、浮肿、妊娠高血压等。所以男女都应注重多摄食些富含钙的食物，如牛奶、豆制品、酥鱼、排骨汤、紫菜、虾皮、海带、裙带菜、金针菜、香菇、芥菜、芫荽、甜杏仁、葡萄干等。

碘通过与甲状腺素结合活化体内 100 多种酶，促进三羧酸循环和生物氧化，促进物质代谢，促进垂体分泌促性腺激素，从而促进生殖器官和生殖细胞的发育。

碘缺乏会导致人体的甲状腺过量增长，发生甲状腺肿大，孕妇缺碘导致胎儿流产、死胎、畸形。碘的丰富来源有海带、紫菜、海鱼、海虾、牛肝、菠萝、蛋、花生、猪肉、莴苣、菠菜、青胡椒、黄油、牛奶。

育龄女性离不开铜。妇女缺铜就难以受孕，即使受孕也会因缺铜而削弱羊膜的厚度和韧性，导致羊膜早破，引起流产或胎儿感染。食物中铜的丰富来源有动物肝、肾、肉类、贝类、豆制品、核桃、栗子、茶叶、牡蛎、蘑菇、可可、花生、杏仁、开心果等。

人类精子细胞含有大量的不饱和脂肪酸，易受精液中氧自由基攻击，诱发脂质过氧化，从而损伤精子膜，使精子活力下降，甚至功能丧失，造成不育。硒具有强大的抗氧化作用，可清除过剩的自由基，抑制脂质过氧化作用，保护男性生殖能力。

（二）提高生殖力的功能食品

（1）鸡蛋。

鸡蛋蛋白质含量高，品质最好，富含精氨酸，能增强精子活力。鸡蛋锌含量高，能促进性激素的分泌，促进性器官和生殖细胞的发育，鸡蛋脂肪、卵磷脂和胆固醇含量高，而脂肪、卵磷脂和胆固醇是性激素合成的前体，促进性激素的合成，促进精原细胞分裂和成熟。所以鸡蛋能提高人的生殖能力。

（2）韭菜。

韭菜，质嫩味鲜，营养丰富，含有蛋白质、脂肪、碳水化合物、钙、磷、铁、维生素 C、胡萝卜素、挥发油及含硫化合物，能促进食欲、杀菌和降低血脂。韭菜有固精、助阳、补肾、治带、暖腰膝等作用，适用于阳痿、遗精、多尿等疾病患者，有"起阳草"之名。

（3）泥鳅。

泥鳅富含锌，锌是男人是精子形成的必需成分，如果缺乏锌将导致性欲低下、精子量少，甚至阳痿。泥鳅还富含精氨酸，精氨酸是构成精子头部的主要成分，是精子形成必需的，能提高精子活力，维持男子生殖系统正常功能。精氨酸缺乏时可以发生少精症。泥鳅蛋白质、脂肪、维生素 A、维生素 B_1、叶酸、铁、磷、钙含量也高，对于男女性功能保健十分重要。

（4）蜂蜜。

蜂蜜中含有生殖腺内分泌素，能使性腺活跃。蜂蜜富含果糖，精液也富含果糖，能给精子补充果糖营养，提高男性性功能，迅速消除性生活的疲劳，对于男性的精液的形成十分有益。蜂蜜还含多种氨基酸、生物活性物质、维生素及微量元素，能促进前列腺的新陈代谢，调节前列腺的分泌功能。

（5）狗肉。

狗肉味甘，性温，具有益脾和胃、壮阳补肾、暖腰膝、壮气力等功效。用黑豆烧狗肉，食肉饮汤，可治疗阳痿。用姜烧的狗肉能温肾壮阳。但热疡及阳盛火旺者，不宜食用。

（6）紫菜。

含有丰富的蛋白质、碘、B 族维生素、锌、铁、钙、磷等矿物质。其味咸，性温，有温肾固精益气补虚之功效，可强壮身体，增强性功能。适用于男性性功能障碍、遗精、阳痿、疲劳、消渴等症。

（7）牡蛎。

牡蛎锌含量特别高，锌是提高生殖能力最重要的营养，可提高精子量及性功能，对遗精、虚劳乏损、肾虚阳痿等有较好的食疗效果。牡蛎还含有丰富的铁、磷、钙等矿物质，优质蛋白质、糖类及多种维生素，有滋阴潜阳，补肾涩精功效。

（8）虾。

虾含丰富的脂肪、微量元素（磷、锌、钙、铁等）和氨基酸，还含有荷尔蒙，有助于补肾壮阳。中医认为，虾味甘、咸、性温，有壮阳益肾、补精、通乳之功。

（9）羊肾。

又称羊腰子，含有丰富蛋白质、脂肪、维生素 A、维生素 C、维生素 E 等营养物质，性温，有生精益血，壮阳补肾功效。适用于肾虚阳痿者食用。

（10）麦芽油。

麦芽油含丰富的维生素 E、B_1，缺乏维生素 E 会导致阴茎退化及萎缩、性激素分泌减少。因此应当常食含麦芽油的玉米、小米和全麦粉等。

（11）荔枝。

有补益气血、添精生髓、生津和胃、丰肌泽肤等功能，既可健身益颜，又可用于治疗肾亏梦遗，健忘失眠。常食荔枝能改善人的性能力，对遗精，阳痿，早泄，有辅助治疗作用。

（12）枸杞子。

枸杞子有滋补肝肾、益精明目、和血润燥、泽肤悦颜、培元乌发，增强机体免疫功能、促进细胞代谢，可用于治疗肝肾阴虚、头晕目眩、视物昏花、遗精阳痿、面色暗黄、须发枯黄、腰膝酸软、阴虚劳嗽等症，是提高男女性功能的良药。

（13）松子。

松子含有较多不饱和脂肪酸、优质蛋白质、多种维生素和矿物质，有强阳补骨，提高机体免疫功能，增强性功能等作用。对食欲不振、易疲劳、遗精、盗汗、多梦失眠、缺乏勃起力度者有较好疗效。

（14）动物内脏。

动物内脏含有较多的胆固醇，胆固醇虽然是动脉粥样硬化的主要因素，但也是合成性激素的重要原料。动物内脏还含有较高的肾上腺皮质激素和性激素，能促进精原细胞的分裂与成熟。因此，适量食用肝、肾、肠、肚、心等动物内脏，有利于提高体内雄激素水平，增强精液分泌量，促进生殖功能。

（15）女子要多吃含铁和滋补性的食物。

女子要补充足够铁质，以免发生缺铁性贫血。多吃乌骨鸡、海参、羊肉、鱼子、虾、猪羊肾脏、淡菜、黑豆、胡桃仁、虾等海鲜类、鸡、牛肉、羊肉、猪瘦肉、鸽肉、鹌鹑肉、蛋类、芹菜、菠菜、豆类等食物。

（三）提高生殖力的方法

（1）避免高温环境。

睾丸是一个很娇嫩的器官，其最佳工作温度要比人的体温低1度左右，如果温度高，就会影响精子的产生，所以任何能够使睾丸温度升高的因素都要避免。如：长时间骑自行车、泡热水澡、蒸桑拿、使用电热毯、厨师、锅炉工、炼铁工人、夏季露天作业等高温环境对男性生殖能力影响甚大。

（2）戒烟戒酒。

烟草中的尼古丁等有害成分通过血液循环可以进入生殖系统，降低性激素分泌，杀伤精子，导致畸形精子出现，引发性功能障碍，严重影响受精卵和胚胎的质量，影响受孕率，甚至导致不育或生下畸形子女。

酒的主要成分是酒精，酒精影响精子发育和活力，损伤的精子如果受精，则会影响胎儿的发育，引起流产、畸形、低能儿，甚至诱发白血病。所以，酒后不宜受孕，一般在受孕前3个月就要停止饮酒。

（3）避免电磁辐射和放射性物质。

电磁辐射和放射性射线会杀伤生殖细胞，影响受精率和胚胎发育，引起流产，畸形儿。家电的电磁辐射对生殖健康有一定影响，所以少用家电，使其对生殖健康的影响减到最低。放射性操作一定要严格按照操作规程进行，最好能够脱离此类环境半年后再生育。

（4）避免接触和有毒物品。

一些有毒物毛质影响生殖细胞的发育和活力。从干洗店取回的衣服要放置几天再穿，因为干洗剂会影响男性的性功能。

（5）不穿紧身裤，穿宽松的纯棉内裤，系宽松透气的腰带。

长期穿紧身裤，紧系不透气的腰带会使阴囊散热受阻，睾丸温度升高；阻碍阴囊的血液循环，造成睾丸瘀血。故不应穿任何式样的紧身裤，要穿纯棉内裤保持低温。聚酯纤维内裤的静电场使人性功能减退，抑制精子生成，引起妊娠妇女体内孕激素水平降低，导致流产。所以平时最好穿宽松的纯棉内裤，系宽松透气的腰带，透气凉爽，恢复阴囊天然的伸缩功能，促进雄性激素的分泌，增强性功能。

（6）不要长途骑自行车。

长途骑自行车时，车座正好压迫尿道、阴囊、会阴部位，使上述部位充血，影响睾丸、附睾、前列腺和精囊腺的功能；骑车的颠簸震荡，还会直接损害睾丸的生精功能。因此，骑车时要穿有护垫的短裤，并选择减震功能良好的自行车。

（7）预防各种危害男性生育能力的传染病，如流行性腮腺炎、性传播疾病等。

流行性腮腺炎病毒，除了在腮腺中"为非作歹"之外，还会在人体的生殖器官、神经组织和胰腺等组织器官里"惹是生非"。当它侵犯睾丸时，可引起睾丸发炎，睾丸肿胀和疼痛，伴有发烧、寒战、恶心、呕吐等全身性症状。严重的是流行性腮腺炎病毒会使睾丸组织萎缩，特别是会使专门制造精子的"工厂"——精曲细管的结构破坏。如果双侧睾丸都被破坏，就会引发终生不育。

（8）节制性欲。

睾丸每天能产生数亿个精子，都必须在附睾里发育成熟。一次射精后，须 5~7 天才能恢复有生育力的精子数量。所以，房事过频导致每次射出的精子数减少，引起不育。生活不检点引发炎症，如果炎症严重或是急性发作，很可能会导致输精管堵塞，从而影响精子的输出。另外，性交中断、手淫过度或房事不规范，会导致性器官的不正常充血，均不利于精子生成。

（9）放松心态。

精神压力过大抑制性神经兴奋，抑制性激素的分泌，影响精子的成长发育。

（10）适度体育锻炼。

运动可以增加全身氧含量，增加了睾丸素的分泌，增强男性生殖能力。但锻炼强度要适中，剧烈的运动，如马拉松和长距离的骑车等会使睾丸的温度升高，破坏精子成长所需的低温环境。有氧运动（快走，慢跑）已被证明能显著改善男性的性功能。男性身体过度肥胖，会导致腹股沟处的温度升高，损害精子的发育，导致不育。因此，体重控制在标准范围内可以提高精子的质量。

第八章
减尿酸功能食品

一、尿酸的生成与代谢

尿酸主要是人体细胞内核酸和蛋白质分解代谢产生的中间产物嘌呤类化合物以及食物中所含的嘌呤类化合物、核酸及蛋白质代谢生成（见图8-1）。核酸的基本结构是核糖和碱基。碱基有嘌呤和嘧啶2类。嘌呤有鸟嘌呤和腺嘌呤2种。蛋白质本身并不含嘌呤，但是蛋白质在人体内一些氨基酸酶作用下，可降解为次黄嘌呤。

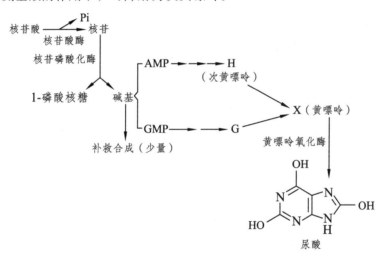

图 8-1　尿酸的产生

嘌呤主要以嘌呤核苷酸的形式存在，其分解代谢的主要部位在肝脏、小肠和肾脏。先在单核苷酸酶催化下水解生成嘌呤核苷（包括腺苷和鸟苷），其中腺苷继续在腺苷脱氨酶催化下生产次黄嘌呤核苷。次黄嘌呤核苷和鸟苷在嘌呤核苷磷酸酶的催化下，分别转化成次黄嘌呤和鸟嘌呤。鸟嘌呤在鸟嘌呤脱氨酶的催化下生成黄嘌呤，次黄嘌呤在黄嘌呤氧化酶催化下也转变成黄嘌呤。黄嘌呤在黄嘌呤氧化酶催化下进一步被氧化成尿酸，尿酸在尿酸酶催化下生成尿囊素，尿囊素在尿囊素酶催化下生成尿囊酸，尿囊酸在尿囊酸酶催化下生成尿素，尿素最后在尿素酶催化下最终被彻底分解为二氧化碳和水。

从以上可知，尿酸在人体内可以分解为尿囊素、尿素、氨及二氧化碳，从尿液、粪便或肺排出体外。在正常情况下，人体尿酸不断地生成和排泄，2/3由肾脏排出，余下的1/3从肠道排出，在血液中维持一定的浓度。正常男性每升血中所含的尿酸为0.42毫摩以下，女性则不超过0.357毫摩。

参与嘌呤代谢的酶可分为两类：促进尿酸合成的酶，主要为 5-磷酸核酸-1-焦磷酸合成酶、腺嘌呤磷酸核苷酸转移酶、磷酸核糖焦磷酸酰胺转移酶和黄嘌呤氧化酶；抑制尿酸合成的酶，主要是次黄嘌呤-鸟嘌呤核苷转移酶。嘌呤碱基分解代谢的关键酶是黄嘌呤氧化酶，它是决定体内尿酸生成速度的限速酶，主要存在于肝脏，凡是影响黄嘌呤氧化酶活性的因素，均可影响嘌呤核苷酸的分解代谢。

二、高尿酸血症的危害

高尿酸就是由于各种因素导致促进尿酸合成酶的活性增强，抑制尿酸合成酶的活性减弱，从而导致尿酸生成过多。或者由于肾脏泌尿酸障碍，使尿酸在血液中聚积，当血尿酸浓度长期过高时，尿酸即以钠盐的形式沉积在关节、软组织、软骨和肾脏中，引起关节炎、皮下高尿酸结石、肾脏结石或高尿酸肾病等一系列高尿酸血症临床表现。

高尿酸血症分为原发性和继发性两类。原发性高尿酸血症是由于遗传原因体内某些酶缺陷，使嘌呤代谢紊乱。患者常伴有肥胖、高脂血症、高血压、冠心病、动脉硬化、糖尿病及甲状腺功能亢进等，表现出一定的家族遗传倾向。一般认为，10%~35%的高尿酸血症患者有家族史，发病年龄越小，家族遗传的比例越高，如 80%的 12~19 岁病人和 50%的 25 岁左右痛风患者均有家族史，女性若是在停经前发病，多有家族史。

继发性高尿酸血症常继发于其他代谢紊乱疾病、慢性肾病和服用某些药物等。如：白血病、淋巴瘤、多发性骨髓瘤、溶血性贫血、真性红细胞增多症、恶性肿瘤、慢性肾功能不全、某些先天性代谢紊乱性疾病如糖原累积病 I 型等。某些药物，如呋塞米、乙胺丁醇、水杨酸类（阿司匹林、对氨基水杨酸）及烟酸等，均可引起继发性高尿酸血症。暴食、酗酒、感染、外伤、手术、情绪激动、铅中毒、铍中毒及乳酸中毒等也可并发继发性高尿酸血症。

一般肥胖者和脑力劳动者高尿酸血症发病率较高，常在春、秋季节发病。病人大多为 40 岁以上的男性，患病率随年龄增加而增加，女人雌性激素能促进尿酸排泄，对高尿酸血症有一定抑制作用。绝经后妇女，雌性激素分泌减少，患高尿酸血症增多。男性雄性激素没有促进尿酸排泄的作用，再加上男人喜欢饮酒、进食肉、海鲜等富含蛋白质和嘌呤的食物，会使体内尿酸增加，因此增加了患高尿酸血症的概率。男女发病比率为 20：1。

三、高尿酸血症及痛风的发展过程及症状

高尿酸血症到一定程度发展为痛风，常累及趾基底部，另外由于足弓、踝、膝、腕和肘关节、外耳等处血循环较差，温度较低，尿酸盐易在这些地方结晶、沉积，很少波及脊柱、髋或肩等部位。

痛风首发症状常出现在一个关节并持续数天，然后症状逐渐消失，关节功能恢复。两次痛风发作的间歇期一般没有症状，关节检查也无异常。多数病人第二次发作是在 6 个月至 2 年之内，随后发作次数逐渐较多。未治疗的病人，呈多关节性，约 80% 累及下肢关节，同时累及两足者罕见。如果病情加重且在发作后不积极治疗，将会导致痛风病更频繁地发作并可波及多个关节，造成永久性损害。其发展全过程可以分为以下四期。

1. 无症状性高尿酸血症

无临床症状，仅有尿酸持续或波动性增高。从尿酸增高到症状出现时间可长达数年至几十年，有些终生不出现症状。但随着年龄的增大，一般 5%~12%的高尿酸血症最终发展为痛风。尿酸浓度越高，出现痛风症状的可能性越大。

2. 痛风性关节炎期

（1）急性痛风关节炎期：急性痛风性关节炎的发作一般没有先兆，微小的损伤、手术、过量饮酒、过多食用富含蛋白质的食物、疲劳、情绪紧张或各种疾病均可诱发。由于白天活动量大，液体堆积在关节腔内，晚上关节腔内液体被再吸收。由于水分的再吸收比尿酸快，使关节处尿酸浓度增高。故急性痛风性关节炎常在夜间突然发作，单个或数个关节的剧烈疼痛，逐渐加重，如刀割或噬咬状，令人难以忍受，疼痛高峰在 24~48 小时，关节周围及软组织出现明显红肿热痛、活动受限，局部明显压痛，甚至被单覆盖或周围震动的压痛都无法忍受。随着病程进展，可出现关节积液，可有畏寒、发热、白细胞增高、血沉增快，全身不适和心率加快，单下肢关节炎，半数首发于第 1 跖趾关节，以拇指、大脚趾多见，其次顺序为足背、跟、膝、腕、指、肘等关节，偶有双侧同时或先后发作，一般在三天或几周后可自然缓解，此时受累关节局部皮肤可出现本病特有脱屑和瘙痒。开始痛风与炎症发作间歇可达数月或数年，但以后发作越来越频繁，症状越来越重，侵犯的关节也逐渐增多，变成多慢性关节炎期。

（2）慢性关节炎期：尿酸盐结晶不断在关节和肌腱周围沉积以至关节活动逐步受限。在关节周围的皮下常会形成坚硬的尿酸盐结晶（痛风石）。痛风石也可发生在肾脏和其他器官。如果不治疗，在手和足部的痛风石会破裂并释放出像石灰样的结晶块。慢性痛风性关节炎为多关节受累，关节肿大、僵硬、畸形和活动受限，反复发作，可引起畸形。

3. 痛风结节期

常见于耳轮和关节周围，呈大小不一的赘生物，皮肤破溃，排出白色的尿酸盐结晶。

4. 肾脏病变期

尿酸盐结晶引起的间质性肾炎，早期仅有间歇性蛋白尿和血尿，肾绞痛、血尿和尿路感染症状，可排出尿结石。随病情发展，出现腰痛、水肿、夜尿增多，持续性蛋白尿，肾功能衰竭尿毒症，大量尿酸结晶从尿中析出，沉积于肾小管引起梗阻，导致少尿、无尿，并迅速出现氮质血症。

四、高尿酸血症预防

高尿酸血症是一种古老的疾病，也是近年来的一种多发病，与人们生活水平的提高密切相关。防治高尿酸血症要做到如下几点：

（1）禁用或少用影响尿酸排泄的药物，如青霉素、四环素、大剂量噻嗪类及氨苯蝶啶等利尿药、维生素 B_1 和 B_2、胰岛素和小剂量阿司匹林（每天小于 2 克）等。

（2）积极治疗高血压、高血脂、糖尿病和冠心病等与痛风相关的疾病，减少热量摄入，以降低体重，糖量占总热量的 50%~60%以下，蛋白质每千克标准体重 1 克左右。

（3）临床上可常见到痛风性关节炎的发作往往与病人长途步行、关节扭伤、穿鞋不适及过度活动等因素有关，这可能与局部组织损伤后，尿酸盐的脱落所致。因此，痛风病人应注意劳逸结合，避免过劳、精神紧张、感染、手术，穿鞋要舒适，勿使关节损伤等。一般不主张痛风病人参加跑步等较强的体育锻炼，或进行长途步行旅游。

（4）适当运动有助于消除各种心理压力，保持精神愉快，可预防高尿酸血症发生，运动量一般以中等运动量为宜。50 岁左右者运动后，以心率达到 110~120 次/分、少量出汗为宜，不适宜进行剧烈运动。

（5）此外，过度疲劳、紧张、焦虑、强烈的精神创伤时易诱发高尿酸血症。平时，要注意劳逸结合，保证睡眠，生活规律。

五、降尿酸功能食品

降尿酸饮食要做到如下几点：

（1）少食肉、鱼。肉、鱼含核酸、蛋白质，小分子氮化物较高，代谢产生嘌呤和尿酸较多，且为酸性食品，增加了体液的酸性，降低了尿酸的溶解度，不利于尿酸的排泄。

（2）多吃瓜果、蔬菜。瓜果、蔬菜等含核酸、蛋白质，小分子氮化物较低，代谢产生嘌呤和尿酸较少，且为碱性食品，增加了体液的碱性，增加了尿酸的溶解度，有利于尿酸的排泄。

（3）饮食低脂低糖清淡食品。

（4）多饮水。尿路结石的发生和小便尿酸浓度与小便的酸碱度有关，为促进尿酸排泄，宜多饮水，不要等渴了再喝，这样有利于尿酸的排出。使每日尿量保持在 2 000 毫升以上，必要时可服用碱性药物，以预防尿路结石的发生。

（5）少食多餐。少食多餐可以减轻饥饿感，从而减少每日的热能摄入总量。

少食多餐有利于肠道对食物缓慢、持续的吸收，缩短了机体在空腹状态时对血尿酸的吸收，降低血尿酸的生成。

（6）摄取嘌呤低的食物。嘌呤含量等级如下。

富含嘌呤的食物有各种动物内脏（肝、肾、心、肺、肠、脑）、肉类汤汁、各种肉食（猪、牛、羊肉、火腿、香肠、鸡、鸭、鹅、兔、鸽）骨髓、海鱼（特别是凤尾鱼、沙丁鱼等）、蟹等。

含中等量嘌呤的食物有：鱼虾类、菠菜、蘑菇、香菇、香蕈、花生米、扁豆等。

含嘌呤很少的食物有：各种奶类及奶制品，各种蛋类，猪血，大多数蔬菜、各种水果、米、麦、米粉、冬粉、面线、通心粉、麦片、玉米、马铃薯、甘薯、芋头等。

（7）忌辛燥刺激食物：烟、辣椒等食品可以诱发或加重痛风，应禁止食用。

（8）严格禁酒，尤其不能酗酒。酒中所含的乙醇能使血乳酸浓度升高，后者可抑制肾小管对尿酸的分泌，降低尿酸的排出；同时乙醇还能使尿酸合成增加。乙醇对痛风的影响比膳食严重得多，特别是在饥饿后同时大量饮酒和进食高蛋白高嘌呤食物，常可引起痛风性关节炎的急性发作。即使啤酒，因其中含有大量的嘌呤，也不宜饮用。在各类酒中，啤酒最容易引发痛风，烈性酒次之，而葡萄酒与痛风基本上没有关联。

（9）注意避免暴饮暴食或饥饿。对于一般饮料，痛风患者可适量饮用，以增加尿量，进一步促尿酸排出。茶叶碱或咖啡碱在体内代谢成甲基尿酸盐，不沉积在痛风石里，所以对咖啡、可可、茶叶没有严格限制，痛风患者可适量饮用。酸奶因含乳酸较多，不宜饮用。蔗糖或甜菜糖分解代谢后一半成为果糖，而果糖能增加尿酸生成，应尽量少食。蜂蜜含果糖较高，不宜食用。

（10）控制蛋白质及脂肪的摄入。

痛风病与肥胖病、高脂血症密切相关，所以，积极地控制脂肪和蛋白质的摄入，对于预防痛风发作，有积极的意义。患者的饮食应以清淡的碱性素食为主，可以多吃一些含嘌呤较低的奶类和蛋类。蛋白质摄入量应限制在每千克体重每日 0.8~1.0 克以下。脂肪的摄入量应控制在每日 60 克以下，禁止吃动物油。

另外，由于嘌呤具有很高的亲水性，火锅中的肉类、海鲜和蔬菜等混合涮食汤汁内含有极高的嘌呤，亦应少吃。

第九章
减肥功能食品

〰〰〰〰〰〰〰〰〰〰〰〰〰〰〰〰〰〰〰〰

一、标准体重及脂肪比重

人有胖瘦之分，衡量是胖还是瘦的标准称为标准体重。标准体重的计算方法有两种。

一种是：

成年标准体重（kg）=［身高（cm）–100］×0.9

另一种是：

男性标准体重（kg）= 身高（cm）–105

女性标准体重（kg）= 身高（cm）–100

但是，由于人的体重与许多因素有关，不同人体结构之间有差异，一天不同的时间内也会有一定变化，加之所处地理位置（如地心引力的原因）、季节、气候等影响，难以用一个恒定值来表示，而应当是一个范围，我们把这个范围称之为正常值，一般在标准体重±10%以内的范围。

脂肪是人类身体结构的重要组成部分，是储备人体能量的形式，包括皮下脂肪、内脏周围的脂肪层等等。

到底人的脂肪含量是多少合适呢？不管采用怎样的测量方法来求体脂，成年男子的脂类含量约占体重的10%~20%，女子稍高。脂肪的含量随着营养状况和运动量的多少而有所变化，饥饿时，能量消耗，体内脂肪不断减少，人体逐渐消瘦，反之，进食过多，消耗减少，体内脂肪增加，身体则逐渐肥胖。

二、肥胖症的成因

如肥胖者无明显病因称为单纯性肥胖症，具有明确病因者称为继发性肥胖症。继发性肥胖症常因下丘脑-垂体病、内分泌病和营养失调等引起。我们通常耳闻目睹的肥胖即为单纯性肥胖症，引起单纯性肥胖症的因素是相当复杂的。概括起来，主要有以下些原因：

（1）遗传因素。

相当多的肥胖者有一定的家族倾向，父母肥胖者其子女肥胖者较多，约有1/3的人与父母肥胖有关。

（2）内分泌功能的改变引起物质代谢变化。

肥胖者的内分泌功能的改变主要是甲状腺素、胰岛素、肾上腺皮质激素、生长激素、性激素等代谢的异常，导致碳水化合物的代谢、脂肪代谢的异常。

（3）能量的摄入过多，消耗减少。

肥胖者往往食欲亢进，能量的摄入过多，运动减少，消耗的能量减少，多余的能量就以脂肪的形式储藏起来。

（4）脂肪细胞目的增多与肥大。

人体脂肪细胞数目与年龄增长及脂肪积累程度有关，很多从小儿时期开始肥胖的人，成年后仍肥胖则体内脂肪细胞的数目就明显增多；而缓慢持续的肥胖，则既有脂肪细胞的肥大又有脂肪细胞的增多，肥胖人的全身脂肪细胞可比正常人的脂肪细胞增加3倍以上。

（5）神经精神因素。

由于神经异常，对某食物具有强烈食欲，食量倍增，例如某些精神病人表现的食欲亢进症。

（6）生活及饮食习惯。

由于喜欢吃油腻的、具有甜味食物，这些食物脂肪、糖含量较高，因而导致肥胖。如欧洲人过多地食肉及奶油；游牧民族的大量食肉；非洲人的"蹲肥"；南非人的过多食糖饮食；等等。

然而肥胖产生，一般都是几种因素综合作用的结果，因此，在临床治疗时，大多宜采取综合性治疗方案，任何一种治疗方法和治疗药物，其减肥的有效率都是有限的。

三、肥胖病的危害

肥胖可分为两类：一类是自幼发生者全身性脂肪细胞增生肥大，肥胖程度较重，且不易控制；一类是自成年后肥胖者，仅有脂肪细胞肥大而不增生（数目不增多），分布以躯干为主，肥胖程度较轻，也较易饮食控制。

肥胖症形成之后，可导致多器官的损害，最明显的是由于脂肪压迫全身血管，使循环系统容积减小，而形成高血压病，进一步致全身动脉硬化，引起心脑血管供血不足，导致头痛、头晕、胸闷心慌、脑血管意外或心绞痛、心肌梗死、心衰。肥胖也可能导致肺动脉压增高、形成慢性肺心病而出现心衰、高胆固醇血症，进而促发糖尿病、胆石症等病，肝脏呈脂肪变性肿大等等。肥胖还可能导致性能力降低。

四、减肥原则及减肥功能食品

（一）减肥一般原则及方法

（1）每餐吃七分饱。

单纯性肥胖症通常是因食物热量过剩造成的，故减肥也必须减少热量摄入，每天吃饭时以不饥饿为度，能保证身体正常生理需要即可。晋代张华在《博物志》中指出："所食愈少、心愈旺、年愈丰；所食愈多，心愈塞，年愈损"。尤其主张"夜饭莫叫足"，少吃，特别是少吃晚餐，是防治肥胖的有效措施。因为晚饭吃了大量的食物后，活动又少，食物来不及代谢，很易造成热量过剩，脂肪沉积体内就会发胖。但不要过分地减肥，所谓杨柳细腰，争看不争用，整日疲劳、精神不振，这是入了减肥的误区，每餐食大约食量的70%为宜。

饭前喝一定的白开水，食用一定的黄瓜等能量稀少的食物以争夺消化液而抑制食欲。这样不仅有利于减肥，还可以使人精力充沛，延缓衰老，保持性能力。

（2）参加运动。

运动能增加热量的消耗。

（3）减少油脂的摄取量。

脂肪细胞增殖时，其特定脱氧核糖核酸（DNA）被转录成信使核糖核酸（mRNA）受脂肪酸正调控。脂肪在肠内被脂肪酶分解为脂肪酸和丙三醇，被身体所吸收，脂肪酸促进脂肪细胞分化。同时脂肪酸代谢产生乙酰辅酶 A，乙酰辅酶 A 很容易重新合成脂肪酸，与甘油重新合成脂肪。因此使人肥胖。

（4）减少碳水化合物的摄取量，适度增加蛋白质、维生素和矿物质的摄取量。

碳水化合物被消化为葡萄糖被人体吸收，葡萄糖被参与三羧酸循环氧化为乙酰辅酶 A，乙酰辅酶 A 合成脂肪酸，与甘油合成脂肪。所以要减少碳水化合物的摄取量，适度增加蛋白质、维生素和微量元素的摄取量，可以减肥。生活中适度减少主食（碳水化合物），补充副食（肉、奶、蛋、蔬菜、水果）即可。

（5）多吃纤维食物。

纤维素比重小、体积大，进食后充填胃腔，需要较长时间来消化，延长胃排空的时间，使人容易产生饱腹感，减少热量的摄取。纤维素在肠内会吸附脂肪使脂肪随纤维素排出体外，有助于减少脂肪积聚，达到减肥目的。

（6）补充维生素 A 和维生素 D。

脂肪细胞增殖时，其特定脱氧核糖核酸（DNA）被转录成信使核糖核酸（mRNA）受维生素 A 和维生素 D 的负调控。同时维生素 A 和维生素 D 抑制脂肪细胞分化，从而抑制了脂肪细胞的增殖，从而达到预防肥胖的效果。

（二）减肥功能食品

摄入脂肪或糖分过多、新陈代谢缓慢是肥胖的主因，所以减肥食品的特点是含脂、糖量低，纤维素含量高，营养丰富。以下几种是典型的减肥食物。

（1）紫菜。

紫菜除了含有丰富的维生素 A、B_1 及 B_2，最重要的就是它蕴含丰富纤维素及矿物质，可以帮助排走身体内之废物及积聚的水分，从而具有减肥之效。

（2）苹果。

苹果含独有的苹果酸，可以加速代谢，抑制体重增加。苹果中纤维素含量很高，让人有饱腹感，减少碳水化合物和脂肪的摄取，有很好的减肥效果。

（3）木瓜。

木瓜有独特的蛋白分解酵素，可以清除下身脂肪，而且木瓜所含的果胶更是优良的洗肠剂，可促进脂肪的排泄，减少废物的积聚。

（4）黄瓜。

黄瓜含有可抑制糖类转化为脂肪的丙醇二酸，黄瓜还含有较多的细纤维，可促进胃肠蠕动，增加排便，并可降低胆固醇的吸收。所以常吃黄瓜有减肥之效。

（5）麦片。

麦片富含维生素 B、维生素 E、矿物质锌等，营养丰富，纤维素含量高，是最有饱腹感的食物，营养吸收慢，对血糖的影响非常小，减肥效果好。

（6）魔芋。

魔芋含有大量的食物纤维和水分，其中的食物纤维—葡萄糖甘露聚糖有高膨胀、高弹性、高黏度的特性，不能被消化酶分解，不能作为热量，含热量很低，食用后会有很强的满腹感，自然就会抑制对其他热量的摄取。

（7）冬瓜。

冬瓜不含脂肪和糖分，含有丰富纤维、铁、钙、磷、胡萝卜素等，有利尿清热功效，内含丙醇二酸，可阻止体内脂肪堆积。冬瓜含钠低，也是糖尿病患者很好的食品，也是减肥食品。

（8）豆芽。

豆芽不含脂肪，热量低，含水分和纤维素多，黄豆变成豆芽后，胡萝卜素增加 3 倍、维生素 B_{12} 增加 4 倍、维生素 C 增加 4.5 倍。常吃豆芽不仅可以减肥，还对健康非常有益。炒时加入一点醋，以防维他命 B 流失，又可以加强减肥作用。

（9）香菇。

香菇的菌柄纤维素含量极高，抑制胆固醇的增加，所以可减肥。香菇还能促进血液循环，抑制黑色素，滋养皮肤，还有抗癌作用。

（10）瘦肉。

牛肉、羊肉、猪瘦肉等富含左旋肉碱，促进脂肪分解代谢，有利于减肥，其所含的优质蛋白质有助于在减肥过程中保持肌肉质量。

（11）蛋。

蛋制品蛋白质含量高，给人饱腹感，减少碳水化合物、脂肪的摄取。蛋的维生素 A、维生素 D 高，抑制脂肪细胞的增殖，有助去除脂肪，除此之外，它蕴含的烟碱酸及维生素 B_1 可以促进脂肪代谢，起减肥作用。

（12）扁豆。

扁豆中蛋白质和可溶性纤维含量很高，可以抑制胰岛素分泌量上升造成脂肪增加，尤其是腹部的。

第十章
降压功能食品

一、高血压发病原因

收缩压超过 140 毫米汞柱（1 毫米汞柱=133.3 帕），舒张压超过 90 毫米汞柱叫高血压。高血压病的发病原因是各种外界或内在不良刺激，长期反复地作用于大脑神经中枢，使中枢调节作用失调，引起丘脑下部血管运动中枢的调节障碍，交感神经兴奋性增高，儿茶酚胺类物质分泌增多，结果引起全身小动脉痉挛，使血管外周阻力加大，心缩力量增强，以致血压升高，导致脏器缺血。

当肾脏缺血时，肾小球旁细胞分泌肾素增多。肾素是一种水解蛋白酶，它能使血浆中的血管紧张素原转化为血管紧张素 Ⅰ，后者在转换酶的作用下，转化为血管紧张素 Ⅱ，又转化为血管紧张素 Ⅲ。其中血管紧张素 Ⅱ 具有很高的生物活性，能使全身小动脉痉挛加重，并能刺激肾上腺皮质分泌醛固酮，促进肾小管对钠和水的重吸收，增加血容量及钠的滞留，又可使血管对加压物质的敏感性增加，使小动脉更易痉挛。此外，丘脑下部的兴奋，还可通过脑垂体后叶分泌加压素、抗利尿激素和促肾上腺皮质激素，直接作用于血管，引起血管收缩以及使肾上腺分泌醛固酮增多，进一步升高血压。

在高血压病的早期，小动脉的紧张性增高，通常是机能性的，血压升高往往不稳定，容易受情绪和睡眠等因素的影响，但随着疾病的发展，血压升高逐渐趋向稳定，此时小动脉可发生硬化，特别是肾小动脉硬化可引起或加重肾缺血。反过来，肾缺血又进一步加重全身小动脉痉挛，这种因果交替，相互影响，进而促使高血压的发展。

二、高血压的危害

1. 对心脏的危害

高血压病对心脏损害是很大的，高血压损害心脏冠状动脉血管，而心脏其他的细小动脉则很少受累。由于血压增高，冠状动脉血管伸张，刺激血管内层下平滑肌细胞增生，使动脉壁弹力蛋白、胶原蛋白及黏多糖增多，血管内膜层和内皮细胞损伤，胆固醇和低密度脂蛋白易浸入动脉壁，逐渐使冠状动脉发生粥样硬化、狭窄，使供应心肌的血液减少，称之为冠心病，或称缺血性心脏病。

高血压能使心脏的结构和功能发生改变，由于血压长期升高，增加了左心室的负担，使其长期受累，左心室因代偿而逐渐肥厚、扩张，形成了高血压性心脏病。高血压性心脏病的出现，多是在高血压发病的数年或十几年后。在心功能代偿期，除偶感心悸或气短外，并无明显的其他症状。代偿功能失调时，可出现左心衰症状，稍一活动即心悸、气喘、咳嗽、有时痰中带血，严重时发生肺水肿。通过 X 线检查，有部分能显示左心肥厚，自超声心动用于临床之后，心室肥厚的阳性率可高达 90% 以上。

2. 对大脑的危害

高血压对脑的危害主要是影响脑动脉血管。高血压病的早期，仅有全身小动脉痉挛，且血管尚无明显器质性改变。若高血压持续多年，动脉壁由于缺氧，营养不良，动脉内膜通透性增高，血管壁逐渐发生硬化而失去弹性。管腔逐渐狭窄和闭塞。各脏器血管病变程度不一，通常以脑、心、肾等处病变最为严重。而脑内小动脉的肌层和外膜均不发达，管壁较薄弱，血管的自动调节功能较差，加上长期的血压增高，精神紧张，血压的剧烈波动，引起脑动脉痉挛等可促使脑血管病的发生。临床上高血压引起脑血管的疾病主要有脑出血、高血压脑病和腔隙性梗死等。而脑出血又是晚期高血压病的最常见并发症。脑出血的病变部位、出血量的多少和紧急处理情况对病人的预后关系极大，一般病死率较高，即使是幸存者也遗留偏瘫或失语等后遗症。所以防治脑出血的关键是平时有效地控制血压。

3. 对肾脏的危害

人体的泌尿系统就像是一个"废水排泄系统"，在维持机体内生理平衡起着重要作用。而肾脏又是泌尿系统的一个重要脏器，它就像水处理系统的中枢部，对机体非常重要。

一般情况下，高血压病对肾脏的影响是一个漫长的过程。病理研究证明，高血压对肾脏的损害，主要是从细小动脉开始的，先是肾小动脉出现硬化、狭窄，使肾脏进行性缺血，一些肾单位发生纤维化玻璃样变，而另一些正常的肾单位则代偿性肥大，随着病情的不断发展，肾脏的表面呈颗粒状，皮层变薄，由于肾单位的不断破坏，肾脏出现萎缩，继而发生肾功能不全并发展为尿毒症。

由于肾脏的代偿能力很强，开始唯一能反映肾脏自身调节紊乱的症状就是夜尿增多。但在尿常规检查时，可能在显微镜下见到红细胞、蛋白尿和管型。当出现肾功能代偿不全时，由于肾脏的浓缩能力减低，症状为多尿、口渴、多饮，尿比重较低，且固定在 1.010 左右。当肾功能不全进一步发展时，尿量明显减少，血中非蛋白氮、肌酐、尿素氮增高，全身水肿，出现电解质紊乱及酸碱平衡失调，X 线或 B 超检查示双侧肾脏呈对称性轻度缩小。选择性的肾动脉造影可显示肾内动脉有不同程度的狭窄。

肾脏一旦出现功能不全或发展成尿毒症将是不可逆转的。当然，肾功能不全阶段多数患者病情发展是缓慢的，如果注意保护肾功能，加上合理的药物治疗，患者可稳定一个较长的时期，近几年，肾移植和血液透析的出现，肾功能衰竭的生存期大大延长。

4. 对眼底的危害

高血压病早期，眼底大都是正常的。当高血压发展到一定程度时，视网膜动脉可出现痉挛性收缩，动脉管径狭窄，中心反射变窄；如血压长时间增高，视网膜动脉可发生硬化，动脉发生银线反应，动静脉出现交叉征；随着病情的发展，视网膜可出现出血、渗出、水肿，严重时出现视神经乳头水肿。久而久之，这些渗出物质就沉积于视网膜上，眼底出现放射状蜡样小黄点，此时可引起病人的视觉障碍，如视物不清、视物变形或变小等。

根据眼底的变化程度把眼底病变分为 4 级：

Ⅰ级为视网膜小动脉稍有狭窄和轻度硬化。

Ⅱ级视网膜动脉硬化明显，动脉出现"银线反应"，动静脉出现交叉征。

Ⅲ级在Ⅱ级的基础上又增加了视网膜出血、渗出和水肿。

Ⅳ级同时伴有视神经乳头水肿。从眼底的病变程度分级，足以反映了高血压的进展程度。也就是说，眼底改变的级别越高，则高血压病的患病时间越长，病情越重，即眼底视网膜动脉的硬化程度同高血压病的患病时间成正比。尤其是当视网膜出血、渗出和视神经乳头水肿时，提示体内的重要脏器如脑、心、肾等均有不同程度的损害。

三、高血压的预防

高血压是各种心脑血管病的发病基础。控制高血压是预防心脑血管病的关键。很多行之有效的治疗措施可以使一部分患者的血压得到有效的控制，治疗及的主要措施包括合理膳食、适量运动、减轻体重、戒烟限酒、心理平衡等。

1. 适量有规律的有氧运动

运动可以调节人体的高级神经活动，使血管舒张，血压下降。同时也可以增强心血管的功能，促进脂质代谢，控制肥胖，并能增强人体的抗病能力。但是，高血压患者的运动，应选择适当的项目，不宜参加过于剧烈的运动，而要量力而行，根据高血压患者个体健康状况、年龄以及个人的爱好来决定运动量。走路或骑自行车是最适合的有氧运动。如果没有特别情况，应该每天运动 1 次，每次运动 30 分钟，使运动目标心率达到期望值：例如，一个 50 岁的患者，其目标心率为 120 次/分。从而使高血压处于一种稳定的状态。运动训练要包括大腿及手臂的大肌肉群的活动，而避免仅限于小肌肉群的静态的收缩运动。此点对老年人尤为重要。

2. 减轻体重

体重增加会增加患高血压的危险，脂肪的摄入过多会增加肥胖的危险。适量的有规律的有氧运动也是减轻体重和保持体重稳定在一个理想水平的有效方法。

3. 戒烟限酒

吸烟对人体有百害而无一利，不论有无高血压都不应吸烟，并应减少或避免被动吸烟。过量饮酒会使血压明显增高，易诱发脑血管意外。对于喜欢饮酒的高血压患者，应该戒酒或少量饮酒，实在不能戒酒者，主张饮用少量红葡萄酒，因为少量红葡萄酒可以扩张血管。

4. 保持心理平衡

长期精神压力和心情抑郁是引起高血压和其他一些慢性病重要原因之一，有精神压力和心理不平衡的人，要多参与社交活动，参加体育锻炼、绘画等，在社团活动中倾诉心中的困惑，解除心理压力。安排好自己的生活，工作和娱乐，充分调动患者自身的潜力。

四、高血压功能食品

1. 高蛋白质食物

动物性蛋白和植物性蛋白各占 50%。如各种豆类及豆制品，蛋清，牛、羊、猪的瘦肉，鱼肉，鸡肉等。尽量少吃或不吃动物的内脏，因为动物内脏富含胆固醇，易使血脂增高。多吃新鲜的蔬菜和瓜果，蔬菜富含纤维素，维生素 C，可以调节胆固醇的代谢，控制动脉硬化的进展，降低血压，对于老年人来说，还可以防止便秘。

2. 低盐高钾食物

摄盐过多可使血压升高，钠盐摄入量与血压呈量效关系。有研究显示，每日摄入食盐 5~6 克，血压下降 8/5 毫米汞柱（1.1/0.7 千帕）。每日摄入食盐 2.5~3 克，血压下降 16/9 毫米汞柱（2.1/1.2 千帕）。我国人群每人每日平均食盐（包括所有食物中所含的钠折合成盐）为 7~20 克，明显高于世界卫生组织的建议（每人每日进食盐 6 克以下）。限制钠盐的摄入不但降低血压而且可以减少降压药物剂量，因而使药物的不良反应减轻。一般来讲，人们每日从食物中摄取的盐约为 2.5~4.5 克，如果将每日盐量控制在 6 克以下，做饭和吃饭时另加入的食盐量应少于 2~3 克。

钾能使血压下降。含钾量较高的食物有黄豆、小豆、绿豆、豆腐、土豆、大头菜、花生、海带、紫菜、香蕉等。

3. 含维生素 D 和烟酸高的食物

维生素 D 缺乏是高血压的一个成因。美国堪萨斯大学医学中心一项对 1500 名骨质疏松症患者的研究显示：高血压病与血内低维生素 D 水平有关；而增加维生素 D 摄入能降低高血压。烟酸又是优良的防治心血管疾病的药物，可降低血浆甘油三酯，抑制胆固醇的形成，许多烟酸酯类又具有降血脂的作用。

4. 含钙高的食物

钙降低血中胆固醇的浓度，调节心脏搏动，控制心率、血压和冠心病。缺钙会造成钙内流，持续的钙内流，促使血管壁弹性纤维和内皮细胞钙化、变性，甚至出现裂痕，外周阻力进一步增大，血压升高。由于血管内壁损伤，脂类通透性增大，血脂浸入血管壁的损伤处，在血管壁上沉积。血管内皮细胞损伤而分泌内皮素和某些激活因子，引起血小板和白细胞在血管壁上黏附、聚集，又激活补偿性生理反应，促使血管平滑肌和成纤维细胞增生和内膜下移位，致使动脉管壁增厚、变硬，于是层层叠叠，引起动脉粥样硬化和冠心病。

和血压正常者相比，高血压患者钙的摄入减少且尿中排泄增加，加上高血压患者为了减少饱和脂肪酸和钠的摄入，而减少牛奶和奶酪和摄入，从而不经意地减少了钙的摄入。高血压患者每日补充 1~2 克钙可以降低血压。因此应多吃些富含钙的食品，如黄豆、葵花子、核桃、牛奶、花生、鱼虾、红枣、鲜雪里蕻、蒜苗、紫菜等。患者每晚睡前喝牛奶 1~2 杯可以帮助补充钙，还可以预防骨质疏松。

5. 硒含量高的食物

硒对心脏和血管有保护和修复的作用。硒防止血凝块，清除胆固醇，人体血硒水平的降低，会导致体内清除自由基的功能减退，造成有害物质沉积，血管壁变厚、血管弹性降低、血流速度变慢，输氧功能下降，血压升高，从而诱发心脑血管疾病。

6. 铁含量高的食物

老年高血压患者血浆铁低于正常，因此多吃豌豆、木耳等富含铁的食物，不但可以降血压，还可预防老年人贫血。

7. 适当摄取含 EPA、DHA、亚麻酸的植物油

EPA、DHA 抑制内源性胆固醇及甘油三酯的合成，促进血液中胆固醇、甘油三酯及低密度脂蛋白的代谢，降低血脂，并且增加卵磷脂–胆固醇转移酶、脂蛋白脂酶的活性，抑制肝内皮细胞脂酶的活性，从而使抗动脉硬化因子—高密度脂蛋白升高，因此 EPA、DHA 具有抗动脉粥样硬化，防治心血管疾病的功能。EPA、DHA 抑制血小板聚集，延长凝血时间，使血小板减少及对肾上腺素敏感性降低，抑制血栓，并能增加红细胞变形性，降低血液黏度，对正常人和高血压患者的收缩压和舒张压都有降低作用，而以收缩压降低更明显。

8. 摄取皂苷

皂苷可抑制胆固醇在肠道吸收，柴胡皂苷、甘草皂苷具有明显的降低胆固醇的作用，人参皂苷、大豆皂苷可促进人体胆固醇和脂肪的代谢，降低胆固醇和甘油三脂含量。大豆皂苷具有抑制血小板减少和凝血酶引起的血栓纤维蛋白的形成，具有降血压、抗血栓的作用。

9. 摄取虾青素

虾青素还可以调节高血压的血液流变性，通过交感神经肾上腺素受体通路，使 α2 肾上腺素受体的敏感性正常；减弱血管紧张素 II 和活性氧引起的血管收缩，修复血管紧张状态而发挥抗高血压的作用。

虾青素能够调节自发性高血压大鼠体内的氧化环境，降低脂质过氧化水平，以及饱和血管的弹性蛋白，防止因高血压引起的动脉壁增厚。对自发性高血压大鼠连续喂食虾青素 14 天，可使大鼠的动脉血压显著降低；连续给予易卒中的自发性高血压大鼠虾青素 5 周，其血压降低显著，且延迟了脑卒中的发生。这种作用可能与促进 NO 合成有关。

10. 摄取辅酶 Q10

辅酶 Q10 可减轻急性缺血时的心肌收缩力的减弱和磷酸肌酸与三磷酸腺苷含量减少，保持缺血心肌细胞线粒体的形态结构，提高心肌功能，增加心输出量，降低外周阻力，有助于为心肌提供氧气，预防血管壁脂质过氧化，预防动脉粥样硬化和突发性心脏病。辅酶 Q10 能增加心力衰竭的存活力，超过 75%的心脏病患者在服用辅酶 Q10 后，病情显著改善，大大降低了猝死的风险。

11. 摄取 GABA

GABA 能作用于脊髓的血管运动中枢，促进血管扩张，降低血压，防止动脉硬化。据报

道，黄芪等中药的有效降压成分即为 GABA。

12. 少量多餐，避免过饱

高血压患者饮食应吃低热能食物，总热量宜控制在每天 8.36 兆焦左右，每天主食 150~250 克，晚餐应少而清淡，过量油腻食物会诱发中风。食用油要用富含维生素 E 和亚麻酸的素油，不吃甜食。多吃高纤维素食物，如笋、青菜、大白菜、冬瓜、番茄、茄子、豆芽、海蜇、海带、洋葱等，以及少量鱼、虾、禽肉、脱脂奶粉、蛋清等。

13. 降压功能食品

牛肉、猪瘦肉、白肉鱼、蛋、牛奶、奶制品、鲜奶油、酵母乳、冰淇淋、乳酪、大豆制品（豆腐、纳豆、黄豆粉、油豆腐）、植物油、奶油、沙拉酱。蔬菜类（菠菜、白菜、胡萝卜、番茄、百合根、南瓜、茄子、黄瓜）、水果类（苹果、橘子、梨、葡萄、西瓜）、海藻类、菌类宜煮熟才吃。淡香茶、酵母乳饮料。

14. 降压禁忌食品

牛和猪的五花肉、排骨肉、鲸鱼、鲱鱼、金枪鱼等、香肠、动物油、生猪油、熏肉、油浸沙丁鱼。纤维硬的蔬菜（牛蒡、竹笋、豆类）、刺激性强的蔬菜（香辛蔬菜、芒荽、葱、芥菜）、香辛料（辣椒、咖喱粉）酒类饮料、咖啡。

第十一章
降糖功能食品

一、血糖与糖化血红蛋白

食物中碳水化合物经消化道消化形成葡萄糖，被血液吸收，在血液中形成一定的浓度。血液中的葡萄糖称为血糖。人体血糖浓度主要是通过胰岛 β 细胞分泌的胰岛素调控的，当血糖浓度增高时，胰岛 β 细胞分泌的胰岛素增加，促进葡萄糖分解代谢，使葡萄糖浓度维持在正常水平，当胰岛 β 细胞被破坏，胰岛素分泌减少或者胰岛素受体减少时，血糖水平就会增高。

胰岛 β 细胞抗氧化酶活性较低，对活性氧（ROS）较为敏感，ROS 和氧化应激可引起多种丝氨酸激酶激活的级联反应，直接损伤胰岛 β 细胞，促进 β 细胞凋亡，还可通过影响胰岛素信号转导通路，抑制 β 细胞功能，胰岛素分泌降低、血糖波动加剧，引起胰岛素代偿性分泌增加，以保持正常糖耐量。当胰岛素抵抗增强、胰岛素代偿性分泌不能弥补胰岛素抵抗时，人体糖耐量逐渐减退，血糖开始升高。高血糖和高游离脂肪酸（FFA）共同导致 ROS 大量生成和氧化应激，激活应激敏感信号途径，从而又加重胰岛素抵抗，高血糖进一步发展。

葡萄糖含有醛基、羰基、羟基较多，可与其他化合物形成氢键、盐键等而结合。当血液中葡萄糖浓度较高时，就会与红细胞中血红蛋白缓慢、持续且不可逆地进行非酶促反应，形成糖化血红蛋白（GHb），形成两周后也不分开。人体红细胞的寿命一般为 120 天。糖化血红蛋白含量是以与葡萄糖结合的血红蛋白占全部血红蛋白的百分率表示。因此糖化血红蛋白水平反映了检测前 120 天内的平均血糖水平，而与抽血时间，是否空腹，是否使用胰岛素等因素无关，是判定糖尿病长期控制情况的良好指标。

二、高血糖的危害

当血液中葡萄糖浓度过高时，就会形成过高含量的糖化血红蛋白（GHb），糖化血红蛋白含量过高会影响红细胞对氧的亲和力，使组织与细胞缺氧，并导致血脂和血黏度增高，进而诱发心脑血管病变。当血液中葡萄糖与免疫球蛋白、补体、细胞因子等免疫相关蛋白结合时，免疫相关蛋白活性降低，使患者的免疫力下降。

血液中糖化血红蛋白含量过高时葡萄糖分子就会进入各组织器官细胞，与细胞内功能蛋白、酶分子、膜脂分子等结合，破坏蛋白质、酶分子的功能，影响膜分子的透性，从而影响人体生长发育，导致全身各种疾病。高血糖急性并发症主要是酮症酸中毒和高渗性昏迷。慢性并发症主要有大血管病变如高血压、冠心病、脑出血、脑梗死、下肢闭塞性动脉炎、高血糖足等；还有微血管病变，引起高血糖肾病、视网膜病变、神经病变等。另外，高血糖还可以引起白内障、青光眼等眼病以及男性性功能障碍等。高血糖引起的主要病变有以下几类。

1. 肾脏病变

高血糖肾脏病变包括肾小球硬化（占25%~44%，可分结节型、弥漫型及渗出型3种）。肾小管病变、肾动脉硬化症、肾脏感染（包括：急慢性肾盂肾炎、坏死性乳头炎）。

典型高血糖肾脏病变多见于幼年型（Ⅰ型），病者起病约高血糖2年后，5年后肾脏病变更明显，20年以上时约有75%的患者罹此病变，与病程长短呈正相关，为1型糖尿病患者的主要死亡原因。电镜下示肾小球基膜增厚及基质增多、扩大，糖尿病肾脏病变可分下列三组。

结节型肾小球毛细血管周围有直径20~100微米的球形结节，内含PAS（Periodic Acid-Ssiff过碘酸雪夫）阳性糖蛋白、脂质及血红蛋白，形成网状分层结构，呈洋葱头状多层纤维网状病变，染伊红色，为玻璃样块物。电镜下示间质中基膜内物质积聚或结节，晚期呈透明变性。毛细血管早期扩张，晚期闭塞。

弥漫型毛细血管壁增厚，有伊红色物质沉积于基膜上，PAS染色阳性，早期管腔扩张，晚期渐狭窄。由于基膜增厚，影响通透性和电荷改变，故常有微量白蛋白尿以致临床蛋白尿在尿常规检查时被发现。此型可与结节型同时存在。

渗出型最少见，出现于前述两型病变发生后，开始于肾小球囊腔中有透明而深伊红色纤维蛋白样物质沉积，内含甘油三酯、胆固醇及黏多糖，黏附于Bowman囊包膜表面。三型中以弥漫型最具特异性，其他两型亦可见于其他疾病，尤其是渗出型。

早期患者并无症状，尿中也无白蛋白排出，或小于29毫克/天，肾脏常增大，肾小球滤过率（GFR）增高，超过正常约40%，此为Ⅰ期表现，以后肾小球基膜增厚，但尿白蛋白排泄率仍小于29毫克/天，此属Ⅱ期表现。至Ⅲ期时，患者出现微量白蛋白尿，30~300毫克/天，但常规尿蛋白检查仍属阴性。患者GFR开始下降，可伴有高血压。Ⅳ期时，尿中出现大量白蛋白，大于30毫克/天，当白蛋白尿大于500毫克/天时，常规尿蛋白检查始呈阳性，临床上可出现浮肿和肾功能减退。至Ⅴ期时，患者已处于肾功能不全或衰竭阶段，伴有尿毒症的各种表现。

2. 心血管病变

心血管病变为高血糖患者最严重的并发症，患者脂类、黏多糖等代谢紊乱，特别是血中甘油三酯、胆固醇浓度增高、HDL降低，动脉粥样硬化的发病率远比常人高，发生较早，进展迅速而病情较重。除冠心病外，近年来还发现高血糖性心肌病。患者除心壁内外冠状动脉及其壁内分支呈广泛动脉粥样硬化伴心肌梗死等病变外，心肌细胞内肌丝明显减少，大量肌原纤维蛋白丧失，严重时心肌纤维出现灶性坏死。心肌细胞内有许多脂滴和糖原颗粒沉积，线粒体肿胀、嵴断裂、基质空化。心肌细胞膜破裂，并可见髓质小体、脂褐素颗粒等形成。

微血管病变的发病原因包括多种因素，如血液流变学改变，高灌注，高滤过，微血管基膜增厚，血液黏稠度增高，凝血机制异常，微循环障碍。近年来发现多种血浆和组织蛋白发生非酶糖化，如糖化血红蛋白HbA1C，糖化脂蛋白，糖化胶原蛋白，自由基增多，最后导致糖化终末产物（AGE）的积聚，组织损伤和缺氧等。

3. 神经病变

高血糖患者全身神经均可累及，以周围神经病变最为常见，呈鞘膜水肿、变性、断裂而脱落。轴突变性、纤维化、运动终板肿胀等。植物神经染色质溶解，胞浆空泡变性及核坏死，胆碱酯酶活力降低或丧失，组织切片示植物神经呈念珠状或梭状断裂，空泡变性等。脊髓及其神经根呈萎缩及橡皮样变，髓鞘膜、轴突变薄，重度胶质纤维化伴空泡变性，前角细胞萎缩而代之以脂肪组织。神经病变表现是多样化的，最主要表现为周围神经炎，从四肢末端开始的麻木、疼痛或感觉减退等，也可以表现为单个神经受累，如颅神经受损、中枢神经病变，引起痴呆、反应迟钝等症状；高血糖患者昏迷死亡者常见脑水肿，神经节细胞多水肿变性。

4. 眼病变

高血糖患者常视力模糊，患白内障有 47%，患者晶体包囊下呈雪花样浑浊，如呈细点对视力影响不大，如晶体完全混浊者常仅存光感。更严重的是视网膜病变，占 35.6%。患病率随病程延长而增加，视网膜病变可分非增殖期和增殖期。

非增殖期表现有微动脉瘤，毛细血管呈袋形或梭形膨出，荧光血管造影显示的微瘤多于眼底检查。微动脉瘤如有渗漏可产生视网膜水肿。尚可见到深层斑点出血水肿，硬性渗出，脂质沉着，有黄白色边界清楚，不规则渗出灶，积聚成堆，排列成环。此外，可见棉毛斑，静脉扩张，扭曲呈串珠状，提示视网膜严重缺血。

增殖期视网膜病变由于玻璃体内出血，增生许多小血管与纤维组织，可导致视网膜剥离，视力丧失。眼球内初出血时有剧痛，继以视野中似有乌云火花，常引起视力模糊，甚至失明。

三、糖化血红蛋白及其意义

总血红蛋白可以分成 A、A2、F 三种，其中 F 主要存在于胎儿期，由两个 α 链和两个 γ 链形成；A 主要存在于成人，由两个 α 链和两个 β 链构成。A2 由两个 α 链和两个 δ 链形成，成人 HbA 占 97%，又可分为 HbA0 和 HbA1 两种，HbA0 为未被糖基化部分，而 HbA1 为糖基化部分。HbA1 又包含 HbA1a、HbA1b 和 HbA1c，其中 HbA1a 和 HbA1b 的含量则非常低，HbA1c 为主要组分。正常人总 HbA1 约占 6%，HbA1c 约占 5%，HbA1a 和 HbA1b 约占 1%。因此 HbA1c 是评价血糖控制好坏的重要标准。

糖化血红蛋白是由空腹血糖和餐后血糖共同决定的。当糖化血红蛋白在小于 7.3% 的水平时，餐后血糖对糖化血红蛋白的水平影响比较大；当糖化血红蛋白水平在 7.3%~8.4% 时，空腹血糖和餐后血糖对糖化血红蛋白的功效差不多；当糖化血红蛋白超过 8.5% 以后，空腹血糖的作用就更重要。因此，对糖化血红蛋白水平很高的患者，需要更好地控制空腹血糖，而对于糖化血红蛋白在 7%~8% 者，就要更多地干预餐后血糖，对糖化血红蛋白水平大于 8% 的患者，要使用兼顾空腹血糖和餐后血糖。HbA1c 小于 7% 时，一般可采用饮食和运动疗法，HbA1c 大于 7% 时，需要药物治疗；可见，测定糖化血红蛋白是选择高血糖治疗方式的适宜标准。

葡萄糖耐量异常（IGT）者，糖化血红蛋白水平不同，其发生糖尿病的危险性不同。在糖化血红蛋白小于 7% 的患者中，视网膜病变发生率非常低；随着糖化血红蛋白的升高，视网膜病变患病率增加。当糖化血红蛋白超过 8%以后，糖尿病肾病发生率明显增高。说明不同的糖尿病病变，其发生的血糖阈值是不同的。当前定义的糖尿病的血糖切点，是以糖尿病视网膜病变为基础的。

一项研究发现，HbA1c 水平降低 1%，糖尿病相关并发症发生的风险降低 21%，相关死亡降低 25%，患者总死亡率降低 17%；患者心肌梗死的风险降低 18%，脑卒中风险降低 15%，眼和肾继发性疾病的风险降低 35%。UKPDS 强化治疗的目标是 HbA1c 控制在小于 7.0，亚洲糖尿病政策组（2002 年西太平洋地区糖尿病会议）、欧洲糖尿病政策组以及 2003 年中国糖尿病防治指南都已经提出糖尿病患者的血糖应该控制到接近正常，即糖化血红蛋白小于 6.5%。无论用什么方法控制血糖，最后都要以糖化血红蛋白作为最终评价一种药物或一个治疗方案是否有效的标准。

总之，空腹或餐后血糖值为微观控制指标，反映糖尿病具体点的血糖控制水平。HbA1c 是一个宏观控制指标，反映糖尿病患者在一段时间内血糖的水平，能更准确地反映一个阶段的疗效，因此是目前公认的衡量血糖达标的金标准。

四、降糖功能食品及方法

（一）一般饮食降糖方法

食物血糖生成指数（glycaemic index，GI）又称血糖指数，是指某种食物引起血糖升高的速度和幅度。如果把葡萄糖的升糖指数当作 100%，其他食物和葡萄糖进行比较，就得到不同食物的血糖指数，被用来衡量食物对血糖浓度的影响。

高 GI 的食物，进入胃肠后消化快、吸收率高，葡萄糖释放快，葡萄糖进入血液后峰值高，也就是血糖升得高。当血糖生成指数在 75 以上时，该食物为高 GI 食物。低 GI 食物在胃肠中停留时间长，吸收率低，葡萄糖释放缓慢，葡萄糖进入血液后的峰值低、下降速度也慢，血糖比较低。当食物血糖生成指数在 55 以下时，被认为是低 GI 食物；当血糖生成指数在 55~75 之间时，该食物为中等 GI 食物。

饮食中要根据体重和工作性质，生活习惯等限制总热量摄入。休息状态成年人每日每千克体重给予热量 25~30 千卡，根据体力劳动程度做适当调整。孕妇、乳母、儿童、营养不良者或伴有消耗性疾病者酌情增加，肥胖者酌情减少。同时，要注意营养物质配比，糖类应占总热量比 50%~60%，蛋白质占总热量比不超过 15%，脂肪约 30%，每克糖、蛋白质热量 4 千卡，每克脂肪 9 千卡，将热量换算成食品后制定食谱。

人体胰岛素会随着碳水化合物摄入量增高而增高，促进糖的分解代谢，血糖不会无限增加，长期高胰岛素反应加重胰腺负担，易引发胰岛素抵抗型糖尿病。因此，食用含高碳水化合物饮食时，选择低血糖生成指数食物。

（1）多糖。

葡萄糖等单糖不用消化，直接被吸收，寡糖只需简单消化就可以吸收，血糖指数高，而多糖需要逐步消化才能转化为单糖，如淀粉需要消化成大分子糊精、小分子糊精、麦芽糖、葡萄糖才能被吸收，血糖指数低。最好摄取复合碳水化合物，如蔬菜、豆类、全谷物等。严格限制单糖类的摄入，如蜜饯、葡萄糖、蔗糖、麦芽糖等食品，果糖的吸收与代谢不需要胰岛素的参与，可以适量摄取。蜂蜜的主要成分是果糖与葡萄糖，患者应慎食。

（2）直链淀粉。

直链淀粉分支少，淀粉被消化的起点少，消化吸收慢，血糖指数低；而支链淀粉分支多，淀粉被消化的起点多，消化吸收快，血糖指数高。

（3）含难以消化的成分的食物。

食物中其他成分对糖的浓度有稀释作用，影响淀粉酶与糖的接触面积，不利于糖的消化吸收。豆类含蛋白酶抑制剂，既影响蛋白质的消化，也影响了糖的消化，血糖生成指数低；而可溶性黏性纤维由于增加了肠道内容物的黏性，从而降低了淀粉和消化酶的相互作用，如燕麦、豆类等含有大量黏性纤维，都是低血糖生成指数食物。食物中膳食纤维不仅有利于降低 GI，还有改善肠道菌群等作用。

（4）糖、脂肪和蛋白质比例恰当。

脂肪和蛋白质增多，可以降低胃排空速度及小肠中食物的消化率，所以，高脂肪食物比低脂肪食物具有相对低的血糖生成指数，但是脂肪比例的增高可增加热量摄入，增加动脉粥样硬化风险，脂肪食物应该在限量范围内。蛋白质比例的增高则增加肾脏负担，因此应按比例摄入。

（5）发酵食品。

食物经发酵后产生酸性物质，酸能延缓食物的胃排空率，延长进入小肠的时间，可使整个膳食的血糖生成指数降低。在副食中加醋是简便易行的方法。在各类型的醋中发现红曲醋最好。

（6）食物的形状和特征。

较大颗粒的食物需经咀嚼和胃的机械磨碎过程，延长了消化和吸收的时间，使得糖缓慢、温和释放。因此，"粗"粮不要细作，要控制粮食碾磨的精细程度。以面包为例，白面包食物血糖生成指数为 70，但掺入 75%~80%大麦粒的面包为 34，所以，提倡用粗制粉或带碎谷粒制成的面包代替精白面包。在厨房要"懒"点，蔬菜能不切就不切，豆类能整粒吃就不要磨。一般薯类、蔬菜等不要切得太小或成泥状。多嚼几下，肠道多运动，对血糖控制有利。

（7）富含纤维素的食物。

纤维素比重小、体积大，进食后充填胃腔，难以消化，延长胃排空的时间，使人容易产生饱腹感，减少糖的摄取；食物纤维含量高的食品，可利用性糖含量低，给人体提供的能量较少，降低了葡萄糖的吸收速度，使进餐后血糖不会急剧上升。

（8）粗加工食品。

不同的加工烹饪方法影响食物的消化率。一般来说，加工越细的食物，越容易被吸收，升糖也越快。同样的原料，烹调时间越长，食物的 GI 也越高。在加工过程中，淀粉颗粒在水和热的作用下，发生膨胀，有些淀粉颗粒甚至破裂并分解，变得更容易消化，如煮粥时间越长，血糖指数越高。选用甜味剂时，选用木糖醇等不产生热量的添加剂。

附：常见食物血糖生成指数

糖类：

葡萄糖 100.0，绵白糖 83.8，蔗糖，方糖 65.0，麦芽糖 105.0，蜂蜜 73.0，胶质软糖 80.0，巧克力 49.0。

谷类及制品：

面条（小麦粉，湿）81.6，面条（全麦粉，细）37.0，面条（小麦粉，干，扁粗）46.0，面条（强化蛋白质，细，煮）27.0，馒头（富强粉）88.1，烙饼 79.6，油条 74.9，大米粥（普通）69.4，大米饭 83.2，糙米饭 70.0，黑米饭 55.0，黑米粥 42.3，玉米（甜，煮）55.0，玉米面粥（粗粉）50.9，玉米片（市售）78.5，小米（煮饭）71.0，小米粥 61.5，荞麦面条 59.3，荞麦面馒头 66.7。

薯类、淀粉及制品：

马铃薯 62.0，马铃薯（煮）66.4，马铃薯（烤）60.0，马铃薯（蒸）65.0，马铃薯泥 73.0，马铃薯片（油炸）60.3，马铃薯粉条 13.6，甘薯（红，煮）76.7，炸薯条 60.0，藕粉 32.6。

豆类及制品：

黄豆（浸泡，煮）18.0，豆腐（炖）31.9，豆腐（冻）22.3，豆腐干 23.7，绿豆 27.2，蚕豆（五香）16.9，扁豆 38.0，青刀豆 39.0，黑豆 42.0，四季豆 27.0，利马豆（棉豆）31.0，鹰嘴豆 33.0。

蔬菜类：

甜菜 64.0，胡萝卜 71.0，南瓜 75.0，山药 51.0，雪魔芋 17.0，芋头（蒸）47.7，芦笋，绿菜花，菜花，芹菜，黄瓜，茄子，鲜青豆，莴笋，生菜，青椒，西红柿，菠菜均<15.0。

水果类及制品：

苹果，梨 36.0，桃 28.0，杏干 31.0，李子 24.0，樱桃 22.0，葡萄 43.0，葡萄（淡黄色，小，无核）56.0，葡萄干 64.0，猕猴桃 52.0，柑 43.0，柚 25.0，菠萝 66.0，芒果 55.0，香蕉 52.0，香蕉（生）30.0，芭蕉 53.0，西瓜 72.0，巴婆果 58.0。

乳及乳制品：

牛奶 27.6，牛奶（加糖和巧克力）34.0，全脂牛奶 27.0，脱脂牛奶 32.0，低脂奶粉 11.9，降糖奶粉 26.0，老年奶粉 40.8，酸奶（加糖）48.0，豆奶 19.0，酸乳酪（普通）36.0。

方便食品：

白面包 87.9，面包（全麦粉）69.0，面包（70%~80%大麦粒）34.0，面包（45%~50%燕麦麸）47.0，面包（混合谷物）45.0，棍子面包 90.0，梳打饼干 72.0，酥皮糕点 59.0，爆玉米花 55.0。

混合膳食：

馒头+芹菜炒鸡蛋 48.6，饼+鸡蛋炒木耳 48.4，饺子（三鲜）28.0，包子（芹菜猪肉）39.1，牛肉面 88.6，米饭+鱼 37.0，米饭+红烧猪肉 73.3，猪肉炖粉条 16.7，西红柿汤 38.0，二合面窝头 64.9。

（二）降糖食品

（1）苦瓜。

苦瓜味极苦，性寒，有清热解暑、清肝明目、解毒的功能。现代医学研究发现，苦瓜含苦瓜甙、5-羟色胺、谷氨酸、丙氨酸及维生素 B_1 等成分。苦瓜甙有类似胰岛素的作用，能降低血糖，对糖尿病有良好的防治作用。

（2）洋葱。

味甘、辛，性微温，与葱、蒜性味相近，具有健胃、增进食欲、行气宽中的功效，与大蒜一起食用有降糖效果。经常食用洋葱，既可充饥，又能降糖治病。

（3）麦麸。

麦麸食物纤维含量高，富含维生素和矿物质，营养价值高，脂肪和糖含量低，用麦麸、面粉按6∶4的比例，拌和鸡蛋，做成糕饼，可作为糖尿病病人食品。

（4）魔芋。

魔芋是一种低热能、高纤维素食物。因其分子量大，黏性高，在肠道内排泄缓慢，能延缓葡萄糖的吸收，有效降低餐后血糖升高。魔芋中所含的葡萄甘露聚糖对降低糖尿病患者的血糖有较好的效果。又因为其吸水性强，含热能低，既能增加饱腹感，减轻饥饿感，又能减轻体重，所以是糖尿病患者的理想食品。

（5）猪胰。

猪胰含胰岛素，焙干研成粉末，长期服用对降血糖和维持血糖稳定有明显疗效。

（6）南瓜。

味甘，性温，有补中益气、消炎止痛的功能。现代研究发现，南瓜能促进胰岛素的分泌。

（7）紫菜。

紫菜含有丰富的紫菜多糖、蛋白质、脂肪、胡萝卜素、维生素等，其中的紫菜多糖能显著降低空腹血糖。糖尿病患者可于饭前食用紫菜，以降低血糖。

（8）黑木耳。

黑木耳含木耳多糖、维生素、蛋白质、胡萝卜素和钾、钠、钙、铁等矿物质，其中木耳多糖有降糖效果。黑木耳可炒菜或炖汤，也可作配料。

（9）西葫芦。

促进人体内的胰岛素分泌。

参考文献

[1] 郑建仙. 功能性食品学[M]. 北京：中国轻工业出版社，2019.

[2] 张小莺，孙建国，陈启和. 功能性食品学[M]. 北京：科学出版社，2022.

[3] 邓泽元. 功能食品学[M]. 北京：科学出版社，2017.

[4] 宋春丽，任健. 食品营养学[M]. 哈尔滨：哈尔滨工程大学出版社，2018.

[5] 牛天贵，贺稚菲. 食品免疫学[M]. 北京：中国农业大学出版社，2010.

[6] 蒋燕明. 卵巢癌相关抗原的筛选及鉴定[D]. 南宁：广西医科大学，2005.

[7] 彭良平. 食管癌特异及相关肿瘤抗原的研究[D]. 北京：中国协和医科大学，2001.

[8] 曹颖平，郑泽铣，李宁丽，等. 自体角朊细胞引起 Th1 向 Th2 极化抑制同种异体免疫应答[J]. 上海免疫学杂志，2000（1）.

[9] 赵涛，何尔斯泰. 肝细胞胸腺内注入对大鼠异位小肠移植物的影响[J]. 中华器官移植杂志，2000（1）.

[10] 丁宁，姜勇. 巨噬细胞 LPS 相关模式识别受体的研究进展[J]. 中国病理生理杂志. 2008（8）.

[11] 刘利本，平家奇，刘婧陶，等. 蒲公英提取物对 LPS 激活小鼠腹腔巨噬细胞炎症因子分泌的影响[J]. 动物医学进展，2011，32（2）：45-47.

[12] 黄莺，徐芳，万勇，等. 雷帕霉素对肺间质纤维化大鼠 IL-17、IL-2、TGF-β 和 IL-6 及调节性 T 细胞的影响[J]. 安徽医药，2014，（3）：6.

[13] 刘静波，林松毅. 功能食品学[M]. 北京：化学工业出版社，2008.

[14] DUNN D L, NAJARIAN J S. New approaches o the diagnosis, prevention, and treatment of cytomegalovirus nfection after transplantation[J]. Ann J Surg,1991,161:250.

[15] QUINNAN GV JR, KIRMANE N, ROOK A H. Cytotoxic T cells in cytomegalovirus infection: HLA-restricted T-lymphocyte and non-T-lymphocyte cytotoxic responses correlate with recovery from cytomegalovirus in bone-marrow- transplant recipients[J]. N Engl J Med,1982,307:6.

[16] VILLAMOR N,MONTSERRAT E,COLOMER D. Blymphocyte mediated by reactive oxygen species[J]. Curr Pharm Des,2004,10(8):841-853.[17] Toren Finke. Signal transduction by reactive oxygen species[J]. Cell Biol,2011,194(1):7-15.

[18] MARY JANE THOMASSEN,LISA T,BUHROW. Nitric Oxide Inhibits Inflammatory Cytokine Production by Human Alveolar Macrophages[J].American Journal of Respiratory Cell and Molecular Biology 1997(17).

[19] SALVEMINI D,I SCHIROPOULOS H,CUZZOCREA S. Roles of nitric oxide and superoxide in inflammation[J]. Methods in Molecular Biology 2003(225).

[20] CHRISTIAN BOGDAN. Nitric oxide and the immune response[J].Nature immunology 2001,10(10).

[21] 王兰，张丽，江淑芳. C-反应蛋白与自身免疫性疾病的关系[J]. 检验医学与临床，2011（16）.

[22] 雷建军. 乳鼠角朊细胞分离表达 CD80/CD86 及混合培养诱导免疫耐受机制的探讨[D]. 成都：四川大学，2004.

[23] 倪斌. 胸腺修饰预处理受体对异种小动物心脏移植免疫排斥反应的作用研究[D]. 苏州：苏州大学，2002.

[24] 刘媛. 羊软骨Ⅱ型胶原蛋白的提纯及其对小鼠佐剂性关节炎作用的研究[D]. 保定：河北农业大学，2006.

[25] 陈涛. 雷公藤多甙联合白细胞介素 10 修饰树突状细胞诱导大鼠小肠移植免疫耐受的研究[D]. 南京：南京医科大学，2006.

[26] 汤文彬. 自、异体皮肤混合移植鼠全层皮肤缺损创面的研究[D]. 广州：暨南大学，2010.

[27] 杨晓剑. T 细胞疫苗诱导大鼠胰肾联合移植免疫耐受的实验研究[D]. 西安：第四军医大学，2007.

[28] 李卫东，冉国侠，沈建英，等. 口服鸡源性Ⅱ型胶原蛋白诱导实验性 CIA 小鼠免疫耐受[J]. 北京医科大学学报，2000（3）.

[29] 杨静，乔海灵. IgG 抗体及其亚类在超敏反应中的作用[J]. 中国药理学与毒理学杂志，2008（3）.

[30] 孟荔，欧阳建. CD4+CD25+调节性 T 细胞与自身免疫病[J]. 中国组织工程研究与临床康复，2007，33，6676-6680.

[31] 欧薇，孙月吉，李凤光，等. 注意缺陷多动障碍与多不饱和脂肪酸的关联性[J]. 中国心理卫生杂志，2008，22（10）：763-764.

[32] 刘波，刘芳，范志红，等. 稻米碳水化合物消化速度影响因素的研究进展[J]. 中国粮油学报，2006，21（4）：11-15.

[33] 中国营养学会. 我国营养科学研究的进展[J]. 营养学报，1995，17（3）：243-252.

[34] 张蓉，刁其玉. 不同碳水化合物对犊牛消化生理功能影响的研究进展[J]. 中国奶牛，2007（9）：10-12.

[35] 李铎，李玲. 新世纪对营养学的展望[J]. 浙江师范大学学报（自然科学），2007，30（1）：100-102.

[36] BEAUMAN C,CANNON G,ELMADFA I. The principles, definition and dimensions of the new nutrition science[J]. Public Health Nutr.2005,8(6A):695-698.

[37] GARDNER M L G. Glastrointestinal absorption of intact proteins[J]. Annu Rev Nutr,1998,(8):329-350.

[38] 马凤楼，许超. 近五十年来中国居民食物消费与营养、健康状况回顾[J]. 营养学报，1999，21（3）：249-257.

[39] 蔡东联. 实用营养师手册[M]. 北京：人民卫生出版社，2009.

[40] 赵功玲，师玉忠. 膳食纤维生理功能的研究进展[J]. 食品研究与开发，1999（4）：51-53.

[41] 曾翔云. 维生素 C 的生理功能与膳食保障[J]. 中国食物与营养，2005，（4）：52-54.

[42] 朱永洙. 维生素 C 的配伍禁忌探析[J]. 中国医药指南，2014，（28）：398-399.

[43] 闫敏，葛卫红. 维生素 C 的临床应用进展[J]. 西藏医药志，2003，（1）：30-31.

[44] 金锋. 认识维生素 C[J]. 中国食物与营养，2006，（1）：47-48.

[45] 周勇，郭钦丽，杨唐健，等. 分析研究维生素 C 对患者部分检验项目结果的影响[J]. 当代医学，2014，（26）：132-133.

[46] 于平. 天然维生素 E 的开发及应用前景[J]. 中国食品工业，2001（5）：49-50.

[47] 李靖. 维生素的生理功能及抗癌作用[J]. 河南科技大学学报（医版），1999（3）：12-19.

[48] 陈国烽，王亚军. 维生素 C 在新陈代谢中的生理功能[J]. 中国食物与营养，2014，20（1）：71-74.

[49] 焦艳.维生素的合理应用[J]. 医学信息（上旬刊），2010，23（10）：3882-3883.

[50] 高倩，刘扬. 中国人群维生素 D 缺乏研究进展[J]. 中国公共卫生，2012，28（12）：1670-1672.

[51] 尤新. 天然维生素 E 的生理功能和开发前景分析[J]. 中国食品添加剂，2000（4）：30-33.

[52] 文杰. 维生素 E 和维生素 C 生理功能的相互关系[J]. 中国畜牧兽医，1995（1）：6-9.

[53] 王淑芝，孟淑芳，石学明. 试谈蛋白质与人体健康[N]. 医药养生保健报，2005-12-13.

[54] 袁建平，望江梅. 褪黑激素新论(1)，褪黑激素生物节律与睡眠[J]. 中国食品学报，2002，2（2）：40-45.

[55] 张永军. 矿物质与健康[J]. 中国保健食品，2005：32-33.

[56] 杨月欣. 21 世纪膳食营养指南. 食物中的矿物质与健康[M]. 北京：中国轻工业出版社，2002.

[57] 董晓蕙. 水中部分微量元素对人体的作用的影响[C]. 全国工业与环境流体力学会议，1995.

[58] 王在民，陆瑞芳，徐达道. 山东清泉寺矿泉水中矿物质与健康关系的调查研究[C]. 中国营养学会营养资源学术会议. 1989.

[59] 王立，段维，钱海峰，等. 糙米食品研究现状及发展趋势[J]. 食品与发酵工业，2016，42（2）：236-243.

[60] 唐丽. 矿物质元素与人体健康[J]. 新疆职业大学学报，2002，10（4）：94-96.

[61] 中华医学会. 维生素矿物质补充剂在保持孕期妇女和胎儿健康中的应用：专家共识[J]. 中华临床营养杂志，2014，22（1）：60-66.

[62] 王柏玲，于昕平，郭敏哲，等. 2965 例入托儿童健康状况与矿物质关系的分析[J]. 中国妇幼保健，2006，21（21）：3029-3030.

[63] 陈寿祺. 易缺矿物质与健康长寿[C]. 中国老年学学会老年学学术高峰论坛，2006.

[64] 王在民，陆瑞芳，徐达道. 清泉寺矿泉水中矿物质与人群健康关系的研究[J]. 环境与健康杂志，1991（3）：111-114.

[65] 边同华，陈启瑞. 蛋白质与健康[N]. 光明日报，2002-12-13.

[66] 陈银基，周光宏，徐幸莲. N-3 多不饱和脂肪酸对疾病的预防与治疗作用[J]. 中国油脂，2006，31（9）：31-34.

[67] 张洪涛，单雷，毕玉平. N-6 和 n-3 多不饱和脂肪酸在人和动物体内的功能关系[J]. 山东农业科学，2006，2：115-120.

[68] WIEGAND R D, KOUTZ C A, SISNSON A M. Conservation of docosahexaenoic acid in rod outer segments of rat retina during n-3 and n-6 fatty acid deficiency[J]. J. Neurochem, 1991, 57: 1690-1699.

[69] INNIS S M. Essential .fatty acid in growth and development[J].Prog.lipid Res, 1991, 30: 39-103.

[70] 徐章华，邵玉芬，住国会. 苏子油对大鼠血脂及血液流变性的影响[J]. 营养学报，1997，9（1）：11.

[71] SANDERS T A, LEWIS F, SLAUGHTER S. Effect of varying the ratio of n-6 to n-3 fatty acids by increasing the dietary intake of alpha-linolenic acid, eicosapentaenoic and docosahexaenoic acid, or both on fibrinogen and clotting factors VII and XII in persons aged 45-70 y: the OPTILIP study[J].Am J Clin Nutr, 2006, 84(3):513-522.

[72] 赵晓燕，马越. 亚麻酸的研究进展[J]. 中国食品添加剂，2004，（1）：27-29.

[73] BERRT E M, HIRSH J. Dose dietary linolenic acid influence blood pressure[J].Am J Clin Nutr,1986.44:336.

[74] HORI T,SATOUCHI K, KOBAYASHI Y. Effect of the dietary alpha-linolenate on platelet-activating factor production in rat peritoneal polymorphonuclear leukocytes[J]. Jimmunol,1991,147(5):1607-1613.

[75] 肖玫，欧志强. 深海鱼油中两种脂肪酸的生理功效及机理的研究进展[J]. 食品科学，2005，26（8）：522-525.

[76] 谢克勤，陈丽宇.多烯脂肪酸药理研究综述[J].天津药学，1998，10（2）：1-5.

[77] 萧家捷. DHA、EPA 的功能综述[J]. 中国食物与营养，1996，（2）：8-11.

[78] RAO C V, SIMI B, WYNN T T. Modulating effect of amount and types of dietary fat on mucosal phospholipase A2, phosphatidylinositol-specific phospholipase C activities and cyclooxygenase metabolite formation during different stages of colon tumor promotion in male F344 rats[J].Cancer Res,1996,56(3):532-577.

[79] PALAKURTHI S S, FLUCKIGER R, AKTAS H. inhibition of translation initation mediates the anticancer effect of the n-3polyunsaturated fatty acid eicosapentaenoic acid[J].Cancer research.2000,60(11):2919-2925.

[80] 余纲哲. 幔骨鱼的提取与分析[J]. 食品工业科技，1994，（3）：66-69.

[81] PASCALE A W,EHRINGER W D, STILLWELL W.Omega-3fatty acid modification of membrance structure and function[J].Nutr Cancer,1993,19(2):147-157.

[82] 马栋柱，孙克任，赵丽，等. 药物 AC-88 的抗肿瘤作用和对荷瘤小鼠 T 细胞的 Fas，NF-kB/I-kB 的影响[J]. 上海：免疫学杂志，2002，22（4）：246-249.

[83] 曾晓雄，罗泽民.DHA 和 EPA 的研究现状与趋势[J]. 天然产物的研究与开发，1997，9（1）：65-70.

[84] 阮征，吴谋成，胡波，等. 多不饱和脂肪酸的研究进展[J]. 中国油脂，2003.28（2）: 55-59.

[85] PATTEN G S, ABEYWARDENA M Y, MCMURCHIE E J. Dietary fish oil increases acetylcholine- and eicosanoid-induced contractility of isolated rat ileum[J]. Nutr, 2002, 132(9):2506-2513.

[86] OSHER Y, BELMAKER R H. Omega-3 fatty acids in depression: a review of three studies[J]. CNS Neurosci Ther,2009,15(2):128-133.

[87] 徐天宇. 利用生物技术生产二十碳五烯酸和二十碳六烯酸[J]. 食品与发酵工业，1962，22（1）: 56-65.

[88] 金惠民，卢建，殷莲华. 细胞分子病理学[M]. 郑州：郑州大学出版社，2002.210-211.

[89] HUNG P, KAKU S. Dietary effect of EPA rich and DHA rich fish oil on the immune function of sprague-dawley rats[J]. Biosci Biotechnol Biochem,1999,63(1):135-140.

[90] STOLL B A. N-3fatty acids and lipid peroxidation in breast cancer inhibition[J].Br Jnutr,2002,87（3）:193-198.

[91] 吴堡杰. 各种脂肪酸与冠心病猝死关系的研究进展[J]. 中国生化药物杂志，1997，18（6）: 317-320.

[92] REN H, GHEBREMSKEL K, OKPALA I. Patients with sickle cell disease have reduced blood antioxidant protection[J].Int J Vitam Nutr Res,2008,78（3）:139-147.

[93] PAWLAK K, PAWLAK D, MYSLIWIEC M. Oxidative stress effects fibrinolytic system in dialysis uraemic patients[J].Thromb Res,2006,117（5）:517-522.

[94] 中国营养学会. 中国居民膳食指南[M]. 北京：中国轻工业出版社，1998.

[95] 王淑芝，孟淑芳，石学明.试谈蛋白质与人体健康［N］.医药养生保健报，2005-12-13.

[96] VANSCHOONBEEK K, FEIJGE M A, PAQUAY M. Variable hypocoagulant effect of fish oil intake in humans: modulation of fibrinogen level and thrombin generation[J].Arterioscler Thromb Vasc Biol,2004,24（9）:1734-1740.

[97] 刘纳新，陈周浔，余震，等. 鱼油对坏死性胰腺炎大鼠胃肠功能的影响[J]. 中华肝胆外科杂志，2009，15（5）: 534-536.

[98] 中国营养学会. 平衡膳食宝塔及其应用[M].北京：中国轻工业出版社，2000.

[99] 陆茂松，闽吉海. 大蒜有机硫化合物的研究[J]. 中草药，2001，32（10）: 867-870.

[100] 陈义凤，游海. 食品营养与营养食品[J]. 南昌大学学报（工程技术版），1994(2): 14-17.

[101] 薛建平. 食物营养与健康[M]. 合肥：中国科学技术大学出版社，2004.

[102] 贾冬英，姚开. 饮食营养与食疗[M]. 成都：四川大学出版社，2004.

[103] 胡承康，白玉成. 食品营养与食品卫生监管并重应对食品安全"双重挑战"探讨[M]. 中国食品卫生杂志，2010，22（5）: 427-430.

[104] 中国营养学会. 中国居民膳食营养素参考摄入量[M]. 北京：中国轻工业出版社，2000.

[105] 宋学岐，刘海青. 黑木耳对中老年疗养员高脂血症的干预效果[J]. 实用医药杂志，2014（5）: 415-415.

[106] BELITZ H D,GROSCH W,SCHIEBERLE P. Food Chemistry[M].4th ed.Springer.2009.

[107] ANN-SOFIE SANDBERG. Bioavailability of minerals in legumes. British Journal of Nutrition.2002,88:281-285.

[108] MEGUID N A, ATTA H M, GOUDA A S. Role of polyunsaturated fatty acids in the management of Egyptian children with autism[J]. Clinical Biochem,2008,41（13）:1044-1048.

[109] 王炜，张伟敏. 单不饱和脂肪酸的功能特征[J]. 中国食物与营养，2005，4：44-46.

[110] 早克然·司马义. 牛至抗氧化活性及抗炎作用研究[D]. 乌鲁木齐：新疆医科大学，2018.

[111] 陈虎. 药桑椹总黄酮的抗炎镇痛活性研究[D]. 重庆：西南大学，2018.

[112] 张旭娜. 鹰嘴豆多糖结构及活性研究[D]. 济南：齐鲁工业大学，2018.

[113] 王淑琪. 霍山石斛（栽培）抗炎多糖的结构鉴定及活性评价[D]. 合肥：合肥工业大学，2018.

[114] 李鹏飞，曹晓瑞，杨重飞，等. 二氢青蒿素对超高分子量聚乙烯颗粒诱导的巨噬细胞源性炎性因子释放的影响[J]. 现代生物医学进展，2014（19）.